합격보답

합격이 보이는 정답!

건 설 기 계 시 리 즈

굴착기
운전기능사 기출문제집

JH건설기계자격시험연구회 편저

행복한 상상, 바른교육
정훈사
www.정훈에듀.com

굴착기 운전기능사 필기 무료동영상

건설기계/운송 자격증 소통 공간

합격보답
합격이 보이는 정답

행복한 상상, 바른교육
정훈사

▶ 굴착기 필기 무료동영상 보는 방법 — ☐ ✕

01 네이버(www.naver.com)에 접속 > 로그인
※ 네이버 계정이 없을 경우 가입

02 주소창에 cafe.naver.com/goseepass 접속

03 카페 가입하기 클릭 > 가입하기

04 아래 기입란에 아이디를 기재하신 후 해당 페이지 전체가 보이게 촬영
(연필로 인증 시 강의 신청이 반려됩니다.)

05 합격보답 > 강의인증(왼쪽 메뉴) > 글쓰기 > 인증사진만 업로드하면 끝!

※ 무료강의 신청 및 수강은 PC 버전에서만 가능합니다.

아이디 기입란
(유성펜 또는 볼펜으로 기입)

정훈사에서는 교재의 잘못된 부분을 아래의 홈페이지에서 확인할 수 있도록 하였습니다.

www.정훈에듀.com > 고객센터 > 정오표

굴착기 운전기능사는 건설현장에서 흙이나 자갈과 같은 물질을 굴착하거나 이동시키기 위하여 굴착기를 운전하며 장비의 일상점검과 예방정비를 하는 업무를 수행합니다. 주로 도로, 주택, 댐 등 각종 건설공사나 광산 작업 등에 쓰이며, 건설기계 중 가장 많이 활용됩니다. 고속철도, 신공항 건설 등 대규모 국책사업이나 민간주택 건설 증가 등으로 꾸준히 이용·발전하고 있으며, 이렇듯 현장에서 땀 흘리는 굴착기 운전기능사는 전문운전인력으로서의 국가기능자격인으로 대우받고 있습니다.

이러한 흐름에 발맞춰 정훈사는 핵심이론과 기출문제에 집중하여 시험 합격에 최적화한 기출문제집을 출간하였습니다. 여러 해 동안 출제된 기출문제와 시험 출제기준의 세부항목을 분석하여 꼭 알아야 할 내용으로 핵심이론을 구성하였으며, 자주 출제되는 문제를 반복 수록하여 자연스럽게 출제 흐름을 파악할 수 있도록 하였습니다. 수험생들의 고충과 어려움을 해소하고자 노력한 이 책의 특징은 다음과 같습니다.

이 책의 특징

☝ 2022년부터 적용되는 새로운 출제기준을 반영하여 반드시 알아두어야 할 핵심내용으로 구성하였으며, 기출문제를 단원별로 분석하여 자주 출제되는 내용에는 ★표시를 하여 한눈에 확인할 수 있도록 하였습니다.

☝ 출제빈도가 높은 기출문제의 지문을 활용하여 `자주나와요` `꼭 암기` 를 배치하였고, 최근 출제유형을 쏙쏙 뽑아 `신유형` 으로 강조함으로써 다른 책들과 차별화를 두었으며, 시험 보기 전 한눈에 볼 수 있도록 `Keyword` 를 정리하여 완성도를 높였습니다.

☝ 건설기계관리법, 도로교통법 등 최신 개정 법률을 완벽 반영하였습니다.

☝ 최신 기출문제를 완벽 복원하여 수록하였으며, 그중 출제 빈도가 높은 문제들은 ★표시하였습니다. 상세한 해설을 통해 부족한 부분을 보완하면 단기간에 실력 향상을 경험할 수 있을 것입니다.

자격증 시험은 60점만 획득하면 합격하는 시험으로 총 60문항 중 36문항만 맞히면 되는 시험입니다. 교재 전반에 걸쳐 출제 빈도가 높았던 기출문제는 유사문제 형식으로 반복해서 수록하였기 때문에, 이 책 한 권만 정독하신다면 자연스럽게 빈출내용과 기출유형이 정리될 수 있을 거라 생각됩니다. 이 책 한 권으로 여러분 모두에게 합격의 영광이 있기를 간절히 소망합니다.

– J 건설기계자격시험연구회

주요항목	세부항목	세세항목		
1. 점검	1. 운전 전·후 점검	1. 작업 환경 점검	2. 오일·냉각수 점검	3. 구동계통 점검
	2. 장비 시운전	1. 엔진 시운전	2. 구동부 시운전	
	3. 작업상황 파악	1. 작업공정 파악	2. 작업간섭사항 파악	3. 작업관계자간 의사소통
2. 주행 및 작업	1. 주행	1. 주행성능 장치 확인	2. 작업현장 내·외 주행	
	2. 작업	1. 깎기 4. 선택장치 연결	2. 쌓기	3. 메우기
	3. 전·후진 주행장치	1. 조향장치 및 현가장치 구조와 기능 2. 변속장치 구조와 기능 3. 동력전달장치 구조와 기능 4. 제동장치 구조와 기능 5. 주행장치 구조와 기능 6. 타이어		
3. 구조 및 기능	1. 일반사항	1. 개요 및 구조	2. 종류 및 용도	
	2. 작업장치	1. 암, 붐 구조 및 작동	2. 버켓 종류 및 기능	
	3. 작업용 연결장치	1. 연결장치 구조 및 기능		
	4. 상부회전체	1. 선회장치	2. 선회 고정장치	3. 카운터웨이트
	5. 하부회전체	1. 센터조인트	2. 주행모터	3. 주행감속기어
4. 안전관리	1. 안전보호구 착용 및 안전장치 확인	1. 산업안전보건법 준수	2. 안전보호구 및 안전장치	
	2. 위험요소 확인	1. 안전표시	2. 안전수칙	3. 위험요소
	3. 안전운반 작업	1. 장비사용설명서	2. 안전운반	3. 작업안전 및 기타 안전 사항
	4. 장비 안전관리	1. 장비안전관리 4. 장비안전관리교육	2. 일상 점검표 5. 기계·기구 및 공구에 관한 사항	3. 작업요청서
	5. 가스 및 전기 안전관리	1. 가스안전관련 및 가스배관 2. 손상방지, 작업 시 주의사항(가스배관) 3. 전기안전관련 및 전기시설 4. 손상방지, 작업 시 주의사항(전기시설물)		
5. 건설기계관리법 및 도로교통법	1. 건설기계관리법	1. 건설기계 등록 및 검사	2. 면허·사업·벌칙	
	2. 도로교통법	1. 도로통행방법에 관한 사항	2. 도로통행법규의 벌칙	
6. 장비구조	1. 엔진구조	1. 엔진본체 구조와 기능 4. 흡배기장치 구조와 기능	2. 윤활장치 구조와 기능 5. 냉각장치 구조와 기능	3. 연료장치 구조와 기능
	2. 전기장치	1. 시동장치 구조와 기능 3. 등화 및 계기장치 구조와 기능 4. 퓨즈 및 계기장치 구조와 기능	2. 충전장치 구조와 기능	
	3. 유압일반	1. 유압유 3. 제어밸브 5. 기타 부속장치	2. 유압펌프, 유압모터 및 유압실린더 4. 유압기호 및 회로	

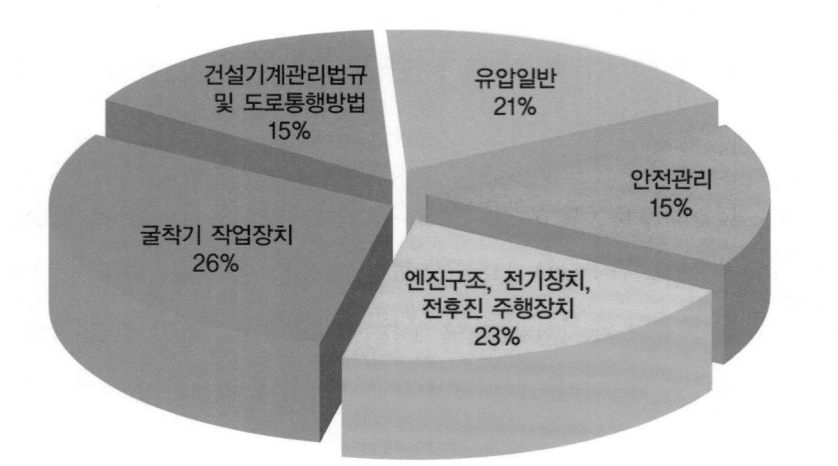

※ 시험에 관한 자세한 사항은 반드시 www.q-net.or.kr에서 확인하시기 바랍니다.

차 례

굴착기 운전기능사

01 ▶ 핵심요약정리

02 ▶ 기출복원문제

CBT 상시기출복원문제

도로명주소

도로명주소 도입의 필요성

(1) 물류기반 주소정보 인프라(Infra) → 물류비용 절감
(2) 전자상거래의 확대에 따른 주소 정보화
(3) 국제적으로 보편화된 주소제도 사용 → 국가경쟁력 및 위상 제고
(4) 행정적 측면 : 소방 · 방범 · 재난 등 국민의 생명과 재산 관련 업무 긴급출동 시 시간 단축

도로명주소의 부여

(1) 도로구간의 시작지점과 끝지점은 '서쪽에서 동쪽, 남쪽에서 북쪽 방향'으로 설정 · 변경한다.
(2) 도로구간이 설정된 모든 도로에는 도로구간별로 고유한 도로명을 부여한다.
(3) 도로명부여 대상 도로별 구분
 • 대로(大路) : 도로의 폭이 40미터 이상 또는 왕복 8차로 이상인 도로
 • 로(路) : 도로의 폭이 12미터 이상 40미터 미만 또는 왕복 2차로 이상 8차로 미만인 도로
 • 길 : '대로'와 '로' 외의 도로

도로명주소 표기방법

행정구역명 + 도로명 + 건물번호 + " , " + 상세주소 + 참고항목
(시 · 도/시 · 군 · 구/읍 · 면)　　　　　　　　　　　　(동 · 호수 등)　(법정동, 아파트단지 명칭 등)

(1) 도로명은 모두 붙여 쓴다. 〔예〕 국회대로62길, 용호로21번길
(2) 도로명과 건물번호는 띄어 쓴다. 〔예〕 국회대로62길 25, 용호로21번길 15
(3) 건물번호와 상세주소(동 · 층 · 호) 사이에는 쉼표(" , ")를 찍는다.
 • 단 독 주 택 : 경기도 파주시 문산읍 문향로85번길 6
 • 업무용빌딩 : 서울특별시 종로구 세종대로 209, 000호(세종로)
 • 공 동 주 택 : 인천광역시 부평구 체육관로 27, 000동 000호(삼산동, 00아파트)

도로명주소 안내시설

(1) 도로명판

| 왼쪽 또는 오른쪽 한 방향용(시작지점) | 왼쪽 또는 오른쪽 한 방향용(끝지점) | 양방향용(중간지점) | 앞쪽 방향용(중간지점) |

넓은 길, 시작지점을 의미

강남대로 1 → 699
Gangnam-daero

강남대로는 6.99km(699×10m)
1 → 현 위치는 도로 시작점

'대정로' 시작지점에서부터 약 230m 지점에서 왼쪽으로 분기된 도로

1 ← 65 대정로23번길
Daejeong-ro23beon-gil

이 도로는 650m(65×10m)
← 65 현 위치는 도로 끝지점

전방 교차도로는 중앙로

92 중앙로 96
Jungang-ro

좌측으로 92번　우측 96번
이하 건물 위치　이상 건물 위치

중간지점을 의미

사임당로 250↑ 92
Saimdang-ro

남은 거리는 1.5km
92 → 현 위치는 도로상의 92번

| 예고용 도로명판 | 기초번호판 |

현 위치에서 다음에 나타날 도로는 '종로'

종 로 200m
Jong-ro

현 위치로부터 전방 200m에 예고한 도로가 있음

종로 → 도로명
Jong-ro
2345 → 기초번호

다음 도로명판에 대한 설명으로 옳지 않은 것은?

1 ← 65 대정로23번길
Daejeong-ro23beon-gil

☑ 대정로 시작점 부근에 설치된다.
② 대정로 종료지점에 설치된다.
③ 대정로는 총 650m이다.
④ 대정로 시작점에서 230m에 분기된 도로이다.

〔해설〕 제시된 도로명판은 대정로 종료지점에 설치된다.

(2) 건물번호판

세종대로 → 도로명
Sejong-daero
209 → 건물번호

※ 현재 굴착기 · 지게차 등 운전기능사 시험에서 도로명주소 · 도로명표지에 관한 내용이 출제되고 있습니다. 이 책 뒤표지 안쪽의 내용도 함께 보시면 좋습니다.
　도로명주소 안내시스템(http://www.juso.go.kr), 주소정보시설규칙(법제처 http://www.law.go.kr)에서 자세한 내용을 확인할 수 있습니다.

자료출처 : 도로명주소 안내시스템(http://www.juso.go.kr)

Keyword

01 디젤기관의 특징
- 연료 소비율이 적고 열효율이 높음
- 화재의 위험이 적음
- 전기 점화장치가 없어 고장률이 적음
- 냉각손실이 적음

02 디젤기관에서 시동이 되지 않는 원인
- 연료계통에 공기가 들어있을 때
- 배터리 방전으로 교체가 필요한 상태일 때
- 연료분사 펌프의 기능이 불량할 때, 연료가 부족할 때

03 기관이 과열되는 원인
- 라디에이터 코어의 막힘
- 냉각장치 내부에 물때가 끼었을 때
- 냉각수의 부족
- 무리한 부하 운전
- 팬벨트의 느슨함
- 물펌프 작동 불량

04 디젤기관의 진동원인
- 연료공급 계통에 공기 침입
- 분사압력이 실린더별로 차이가 있을 때
- 피스톤 및 커넥팅로드의 중량차가 클 때
- 4기통 엔진에서 한 개의 분사노즐이 막혔을 때

05 압력식 라디에이터 캡 : 냉각장치 내부압력이 부압이 되면 진공밸브는 열림

06 과급기(터보차저)를 사용하는 목적
기관 출력 증대, 회전력 증대, 실린더 내의 흡입 공기량 증가

07 교류 발전기의 특징
경량이고 출력이 큼, 브러시 수명이 김, 저속회전 시 충전이 양호함, 전기적 용량이 큼, 전압조정기만 필요함

08 클러치가 미끄러지는 원인
클러치 페달의 자유간극 없음, 압력판의 마멸, 클러치 판에 오일 부착

09 베이퍼 록 발생원인
드럼의 과열, 지나친 브레이크 조작, 잔압의 저하, 오일의 변질에 의한 비등점 저하

10 페이드 현상
브레이크를 연속하여 자주 사용하면 브레이크 드럼이 과열되어 마찰계수가 떨어지고 브레이크가 잘 듣지 않는 것으로, 짧은 시간 내에 반복 조작이나 내리막길을 내려갈 때 브레이크 효과가 나빠지는 현상

11 노킹의 원인
연료의 분사압력이 낮음, 연소실의 온도가 낮음, 착화지연 시간이 김, 노즐의 분무상태가 불량함

12 운전 중 엔진부조를 하다가 시동이 꺼지는 원인
- 연료필터 막힘
- 연료에 물 혼입
- 분사노즐이 막힘
- 연료파이프 연결 불량
- 탱크 내에 오물이 연료장치에 유입

13 에어클리너가 막혔을 때 나타나는 현상 : 배출가스 색은 검고 출력은 저하됨

14 토크컨버터의 설명
- 펌프, 터빈 스테이터 등이 상호 운동을 하여 회전력을 변환시킴
- 조작이 용이하고 엔진에 무리가 없음
- 기계적인 충격을 흡수하여 엔진의 수명을 연장함
- 부하에 따라 자동적으로 변속

15 기계식 변속기가 설치된 건설기계에서 클러치판의 비틀림 코일 스프링의 역할
클러치 작동 시 충격을 흡수

16 프론트 아이들러 : 트랙의 진로를 조정하면서 주행방향으로 트랙을 유도함

17 무한궤도식 굴착기 주행 중 트랙이 벗겨지는 원인
- 고속주행 중 급커브를 했을 때
- 유동륜과 스프로킷의 마모
- 트랙장력이 느슨할 때
- 트랙의 정렬이 불량할 때

18 굴착기의 3대 주요부 : 작업장치, 상부 선회체, 하부 추진체

19 굴착기의 조정과정 : 굴착 → 붐 상승 → 스윙 → 적재 → 스윙 → 굴착

20 무한궤도식 굴착기의 하부 추진체 동력전달순서
기관 → 유압펌프 → 컨트롤밸브 → 센터조인트 → 주행모터 → 트랙

21 굴착기 붐의 자연하강량이 많은 원인
- 유압 실린더 배관의 파손
- 컨트롤밸브의 스풀에서 누출이 많음
- 유압 실린더의 내부 누출이 있음

22 피벗 회전 : 굴착기의 한쪽 주행레버만 조작하여 회전하는 방법

23 굴착기의 작업장치 연결부(작동부) 니플에 주유하는 것 : 그리스(G.A.A)

24 센터 조인트
호스, 파이프 등이 꼬이지 않고 상부 회전체의 유압유를 하부 주행체(주행모터)로 공급해 주는 부품

25 선회 로크장치 : 작업 중 자연적으로 회전하는 것을 방지하는 장치

26 굴착기의 트레일러 상차 방법
가급적 경사대 사용(10~15° 정도 경사), 붐을 이용하여 버킷으로 차체를 들어 올려 탑재하는 방법은 전복의 위험이 있어 주의를 요함

27 굴착기의 스윙이 원활하게 안 되는 원인
선회모터 내부 손상, 컨트롤밸브 스풀 불량, 릴리프밸브 설정 압력 부족

28 밸런스 웨이트 : 굴착 작업 시 앞으로 넘어지는 것을 막아줌

29 굴착기의 아워미터(시간계)의 설치 목적
- 가동시간에 맞춰 예방정비를 함
- 가동시간에 맞춰 오일을 교환함
- 각 부위의 주유를 정기적으로 하기 위해 설치

30 굴착기 무한궤도 트랙유격 조정방법
2~3회 반복 조정, 트랙을 들고 늘어지는 양 점검, 평탄한 지면에 주차

31 유압유의 구비조건
- 점도변화가 적을 것
- 내열성이 클 것
- 화학적 안정성이 클 것
- 적정한 유동성과 점성을 갖고 있을 것
- 압축성이 낮을 것
- 밀도가 작을 것
- 발화점이 높을 것

32 유압유의 점도

점도가 높을 때	점도가 낮을 때
• 동력 손실의 증가 • 관내의 마찰 손실 증가 • 열발생의 원인이 될 수 있음	• 펌프 효율 저하 • 오일 누설 • 유압회로 내 압력 저하 • 유압실린더의 속도가 늘어짐

33 캐비테이션 현상
유압이 진공에 가까워지고, 기포가 생기며 국부적인 고압이나 소음이 발생하는 현상

34 유압유의 온도가 상승할 때 나타나는 결과
- 기계적 마모가 발생할 수 있음
- 유압유의 산화작용을 촉진
- 작동 불량 현상 발생
- 펌프 효율 저하
- 밸브류 기능 저하
- 온도변화에 의한 유압기기가 열변형되기 쉬움

35 유압오일 내에 기포(거품)가 형성되는 이유 : 오일에 공기 혼합

36 유압펌프의 소음 발생원인
- 오일의 양이 적을 때
- 오일의 점도가 너무 높을 때
- 오일 속에 공기가 들어 있을 때
- 펌프의 회전이 너무 빠를 때

37 겨울철에 연료를 가득 채우는 이유
연료탱크 빈 공간의 수분이 응축되어 물이 생기는 것을 방지하기 위하여

38 축압기(어큐뮬레이터)의 사용 목적
압력 보상, 유체의 맥동 감쇠, 보조 동력원으로 사용

39 유압회로에서 유량제어를 통하여 작업속도를 조절하는 방식
미터 인 방식, 미터 아웃 방식, 블리드 오프 방식

40 유압탱크의 구비조건
- 드레인(배출밸브) 및 유면계 설치
- 적당한 크기의 주유구 및 스트레이너를 설치
- 오일에 이물질이 혼입되지 않도록 밀폐되어야 함

41 건설기계를 등록할 때 필요한 서류
- 건설기계제작증(국내에서 제작한 건설기계)
- 수입면장 등 수입사실을 증명하는 서류(수입한 건설기계)
- 매수증서(행정기관으로부터 매수한 건설기계)
- 건설기계의 소유자임을 증명하는 서류
- 건설기계제원표
- 보험 또는 공제의 가입을 증명하는 서류

42 등록이전 신고를 하는 경우
건설기계 등록지(등록한 주소지)가 다른 시·도로 변경되었을 경우

43 특별표지판을 부착해야 하는 건설기계
- 길이가 16.7m를 초과하는 건설기계
- 너비가 2.5m를 초과하는 건설기계
- 높이가 4.0m를 초과하는 건설기계
- 최소 회전반경 12m를 초과하는 건설기계

44 건설기계관리법상 1년 이하 징역 또는 1천만 원 이하 벌금
- 정비명령을 이행하지 아니한 자
- 건설기계조종사면허를 받지 아니하고 건설기계를 조종한 자
- 건설기계조종사면허가 취소된 상태로 건설기계를 계속하여 조종한 자

45 건설기계의 출장검사가 허용되는 경우
- 도서지역에 있는 경우
- 자체중량이 40톤을 초과하거나 축하중이 10톤을 초과하는 경우
- 너비가 2.5m를 초과하는 경우
- 최고속도가 시간당 35km 미만인 경우

46 건설기계검사의 종류 : 신규등록검사, 정기검사, 구조변경검사, 수시검사

47 자동차 등의 속도

최고속도의 20/100 감속	최고속도의 50/100 감속
• 비가 내려 노면이 젖어 있는 경우 • 눈이 20mm 미만 쌓인 경우	• 폭우·폭설·안개 등으로 가시거리가 100m 이내인 경우 • 노면이 얼어붙은 경우 • 눈이 20mm 이상 쌓인 경우

48 정차 및 주차 금지장소
- 횡단보도, 교차로, 건널목
- 교차로의 가장자리나 도로의 모퉁이로부터 5m 이내인 곳
- 건널목의 가장자리 또는 횡단보도로부터 10m 이내인 곳

49 신호기의 신호와 경찰공무원의 수신호가 다른 경우 통행방법
경찰공무원의 수신호를 우선적으로 따름

50 술에 취한 상태의 기준 : 혈중 알코올 농도 0.03% 이상일 때

51 안전·보건표지의 색채 및 용도
빨간색(금지·경고), 노란색(경고), 파란색(지시), 녹색(안내)

52 산업재해 발생원인 중 직접 원인 : 불안전한 행동

53 산업재해를 예방하기 위한 재해예방 4원칙
손실 우연의 원칙, 예방 가능의 원칙, 원인 계기의 원칙, 대책 선정의 원칙

54 해머 작업 시 주의사항
- 장갑이나 기름 묻은 손으로 자루를 잡지 않을 것
- 타격면이 닳아 경사진 것은 사용하지 않을 것
- 자루 부분을 확인하고 사용할 것
- 열처리 된 재료는 때리지 않도록 주의할 것

55 렌치 작업 시 주의사항
- 렌치를 해머로 두드리면 안 됨
- 너트에 맞는 것을 사용함
- 너트에 렌치를 깊이 물려야 함
- 적당한 힘으로 볼트와 너트를 죄고 풀어야 함

56 복스렌치가 오픈렌치보다 많이 사용되는 이유
볼트, 너트 주위를 완전히 감싸게 되어 있어서 사용 중에 미끄러지지 않기 때문

57 먼지가 많이 발생하는 건설기계 작업장에서 사용하는 마스크 : 방진 마스크

58 장갑을 끼고 작업할 때 위험한 작업
드릴 작업, 해머 작업, 연삭 작업, 정밀기계 작업

59 전선로 주변에서 굴착작업 시 주의사항
- 붐이 전선에 근접되지 않도록 함
- 디퍼(버킷)를 고압선으로부터 안전이격거리 이상 떨어져서 작업해야 함
- 작업감시자를 배치하여 전력선 인근에서는 작업감시자의 지시에 따를 것

60 건설기계가 고압전선에 근접 또는 접촉으로 가장 많이 발생할 수 있는 사고유형
감전

61 화재의 분류
- A급 화재 : 일반 가연물의 화재
- B급 화재 : 유류화재
- C급 화재 : 전기화재
- D급 화재 : 금속화재

62 교통사고 발생 시 운전자 조치사항 순서
탈출 → 인명구조 → 후방방호 → 연락 → 대기

쉽게 따는 必기 합격노트

01
핵심요약정리

※ 최신 출제기준을 반영하여 시험에 자주 나오는 핵심내용을 4개 영역으로 나누어 요약 정리하였습니다.
　법령의 경우, 최근 개정된 사항은 개정 전후 내용을 알아두어야 합니다.

제1장 구조 및 기능

1 일반사항

(1) 구조

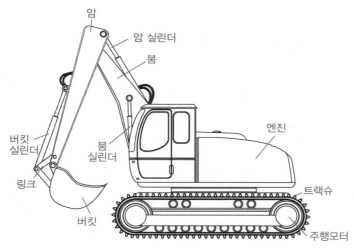

[무한궤도식 크롤러 굴착기]

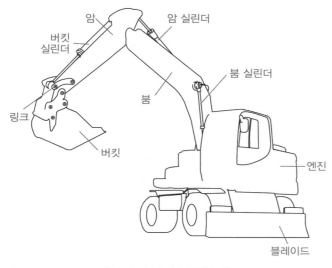

[타이어식 휠 굴착기]

(2) 기능
① 토사 굴토, 굴착작업, 도랑 파기 작업, 토사 상차 작업 등
② 브레이커, 버킷, 셔블 등 별도의 작업장치를 부착하여 여러 가지 작업을 수행하는 건설기계

(3) 분류

주행 장치	크롤러형 (무한궤도식)	• 주행장치가 트랙식으로 된 형식 • 접지 면적이 크고 접지 압력이 작으며 견인력이 큼 • 습지나 사지에서 작업이 용이함 • 장거리 이동이 곤란함
	휠형 (타이어식)	• 주행장치가 고무 타이어로 된 형식 • 이동성이 뛰어난 반면 안정성 도모를 위해 아웃트리거를 사용해야 함 • 주행저항이 적고, 견인력이 약하며, 연약 지반에서의 작업 불가능

주행 장치	반정치형	타이어와 이동용 다리가 함께 있어 크롤러형과 타이어형 굴착기가 할 수 없는 부정지, 측면이 고르지 못한 경사지 작업에 효과적이나 자체 이동이 불가능함
	트럭 탑재형	• 화물차의 적재함에 전부장치를 부착해서 굴착 작업을 하는 형식 • 작업장치를 조종하기 위한 조종석이 별도로 있음 • 소형으로만 이용됨
기구 작동 형식	유압식	유압펌프, 유압실린더, 유압모터 등에 의해 각 작동 부분들이 움직이는 형식
	기계(로프)식	와이어로프에 의한 각 윈치 기구를 작동하는 형식

> **⚠ 참고**
>
> 유압식 굴착기의 특징
> • 구조가 간단하고 정비가 용이하다.
> • 주행이 쉽고 운전 조작이 용이하다.
> • 프런트 어태치먼트(작업 장치) 교환이 쉽다.

2 작업장치, 상부회전체, 하부회전체

굴착기는 작업장치, 상부회전체(상부선회체), 하부회전체(하부추진체)로 구성된다.

(1) 작업장치
작업장치(전부장치)는 붐, 암, 버킷으로 구성되며, 3~4개의 유압실린더에 의해 작동된다. 굴착기 앞에 백호, 브레이커, 셔블 등의 다양한 작업장치를 설치하여 작업을 수행한다.

붐	붐은 상부회전체에 풋 핀에 의해 연결되어 있음 • 원피스 붐 : 백호 버킷을 달아 174~177°의 굴착작업과 정지작업 등 일반작업에 적합함 • 투피스 붐 : 굴착 깊이를 크게 할 수 있고, 토사 이동 적재, 클램셸 작업이 용이함 • 로터리 붐 : 붐과 암의 연결 부분에 회전모터를 두어 굴착기의 이동 없이도 암이 360° 회전함 • 오프셋 붐 : 좁은 도로 양쪽의 배수로 구축 등 특수작업에 적합함
암	암은 붐과 버킷 사이를 연결하며, 버킷이 굴착작용을 하도록 함 • 표준암 : 일반 굴착작업에 이용됨 • 롱암 : 주로 깊은 굴착을 위해 사용되며, 표준형보다 깊음 • 쇼트암 : 협소한 장소에서의 작업에 이용됨 • 익스텐션 암 : 암을 연장해 깊고 넓은 작업에 용이하게 함
버킷(디퍼)	• 직접 작업을 하는 부분 • 굴착력을 높이기 위해 투스를 부착함
브레이커	암석·콘크리트·아스팔트의 파괴(파쇄), 말뚝박기 등에 사용되는 장치
퀵커플러	작업장치의 장착 및 분리를 신속하게 할 수 있는 연결장치
블레이드	도랑을 메우는 작업에 사용하는 작업장치
셔블	• 장비 위치보다 높은 곳을 굴착하는 데 적합함 • 암석이나 토사 등을 트럭에 적재하기 쉽도록 디퍼 덮개를 개폐하도록 제작됨
백호	• 장비의 위치보다 낮은 곳의 땅을 파는 데 적합함 • 수중 굴착 가능
이젝터 버킷	버킷 안에 토사를 밀어내는 이젝터가 있어 진흙 등의 굴착작업을 할 때 용이

파일 드라이브 및 어스 오거	• 파일 드라이브 장치를 붐과 암에 설치하여 주로 항타·항발 작용에 사용함 • 유압식과 공기식이 있음
클람셀	• 수직 굴토작업, 배수구 굴착 및 청소 작업 등에 적합함 • 유압실린더로 버킷을 개폐함
리퍼	• 버킷 대신 1포인트 또는 3포인트의 리퍼를 설치함 • 암석 및 콘크리트 파괴, 나무뿌리 뽑기 등에 사용함
우드 그래플	• 전신주, 파일, 기중 작업 등에 이용됨 • 목재 운반 및 적재 하역에 효과적

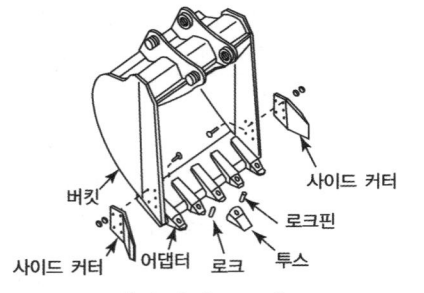

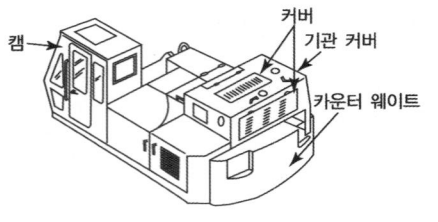

[버킷의 구조]

버킷의 종류 : 틸팅 버킷, 락 버킷, 클리닝 버킷, 디칭 버킷

(2) 상부회전체

하부 구동체 프레임 위에 스윙 볼 레이스와 결합되어 360° 선회할 수 있도록 되어 있다.

[상부회전체]

① 상부 회전체 프레임

선회장치	• 스윙모터는 레디얼 플런저형을 사용하고, 스윙 링기어는 하부 구동체 프레임에 볼트로 고정되어 있음 • 링기어와 스윙 볼 레이스 사이에는 볼 베어링이나 롤러 베어링이 들어 있어 상부 회전체와 하부구동체가 자유롭게 360° 회전할 수 있음
선회 고정장치	• 상부회전체와 하부구동체를 고정시켜 자연적으로 회전하는 것을 막아줌 • 트레일러에서 하차 시 반드시 고정장치를 풀어야 함
카운터 웨이트 (평형추)★	작업 시 뒷부분에 무게를 실음으로써 굴착기의 롤링을 방지하고 임계 하중을 크게 하기 위해 부착

② 유압장치 : 작업장치와 무한궤도식의 주행장치를 작동시킴

작동유 탱크	• 상자 모양으로 위쪽에는 주입구가, 아래쪽에는 배출구가 있고 작동유의 양을 점검할 수 있도록 유량계가 있음 • 내부에는 격리판을 두고 있음
유압펌프	기관의 플라이휠에 의하여 구동되며 작동유 탱크 내의 오일을 흡입·가압하여 액추에이터로 압송함
제어밸브	작동유 통로를 개폐하여 작동유 흐름의 방향을 바꾸어 줌
선회 감속기어	• 선회모터의 회전 속도를 감속시켜 상부회전체의 회전력을 크게 함 • 상부회전체의 고속 작동으로 인한 선회모터, 감속 기어 어셈블리, 링기어 등의 마멸 및 파손 방지 • 주로 유성기어 형식을 사용

(3) 하부구동체

상부회전체와 전부장치 등의 하중을 지지하고 장비를 이동시키는 장치

스윙 링기어	• 스윙 베어링, 외부 베어링 케이싱 등으로 구성됨 • 하부구동체의 볼트로 고정되어 있음

센터조인트★	• 상부회전체의 중심부에 설치되어 있음 • 상부회전체의 오일을 하부 주행모터에 공급함 • 상부회전체가 회전하더라도 호스, 파이프 등이 꼬이지 않고 원활히 송유함
트랙 및 롤러	링크 및 슈로 구성된 트랙은 상부 롤러(캐리어 롤러), 하부 롤러(트랙 롤러), 하부 롤러 아이들러에 의해 지지되며 스프로킷이 회전시킴
주행모터	• 센터 조인트로부터 유압을 받아서 회전하면서 감속 기어·스프로킷 및 트랙을 회전시켜 주행하도록 함 • 양쪽 트랙을 회전시키기 위해 한쪽에 1개씩 설치하며, 주로 레디얼 플런저형을 사용함
주행감속기어	주행모터의 회전속도를 감속하여 견인력을 증대시켜 모터의 동력을 스프로킷으로 전달
스프로킷	주행 감속기어로부터 전달된 구동력을 트랙에 전해 줌

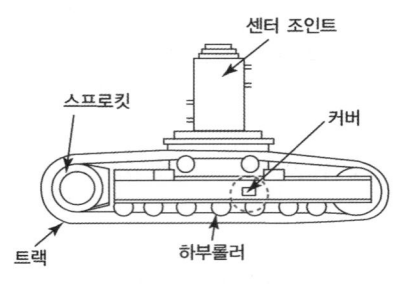

[하부구동체]

> **참고**
>
> 굴착기 동력전달순서
>
> | 유압식★ | 기관 → 메인 유압펌프 → 컨트롤밸브 → 고압 파이프 → 주행모터 → 트랙 |
> |---|---|
> | 기계식 | 기관 → 클러치 → 변속기 → 상부 베벨기어 → 센터 자재 이음 → 하부 베벨기어 → 뒤자재 이음 → 차동장치 → 액슬축 → 바퀴 |

자주나와요 쏙 암기

1. 굴착기의 기본 작업 사이클 과정은?
　　굴착 → 붐 상승 → 스윙 → 적재 → 스윙 → 굴착
2. 굴착기 붐의 자연하강이 많은 원인은?　유압실린더 배관의 파손, 컨트롤밸브의 스풀에서 누출이 많음, 유압실린더 내의 누출
3. 상부회전체의 회전에는 영향을 주지 않고 주행모터에 작동유를 공급할 수 있는 부품은?　센터 조인트
4. 크롤러 굴착기가 경사면에서 주행모터에 공급되는 유량과 관계없이 자중에 의해 빠르게 내려가는 것을 방지해 주는 밸브는?　카운터 밸런스 밸브
5. 굴착기의 3대 주요 구성부품은?　작업장치, 상부 선회체, 하부 추진체
6. 진흙 등의 굴착 작업을 할 때 용이한 버킷은?　이젝터 버킷
7. 굴착기의 한쪽 주행레버만 조작하여 회전하는 것은?　피벗 회전
8. 무한궤도식(크롤러형) 굴착기의 하부추진체 동력전달순서로 맞는 것은?
　　기관 → 유압펌프 → 컨트롤밸브 → 센터조인트 → 주행모터 → 트랙
9. 굴착기에서 작업장치의 동력전달 순서로 맞는 것은?
　　엔진 - 펌프 - 제어밸브 - 실린더
10. 무한궤도식 굴착기에서 상부롤러의 설치 목적은?　트랙을 지지한다.

신유형

1. 굴착기의 양쪽 주행레버를 조작하여 급회전하는 것은?　**스핀 회전**
2. 굴착기의 조종레버 중 굴착작업과 직접 관계있는 것은?
　버킷 제어 레버, 붐 제어 레버, 암(스틱) 제어 레버
3. 굴착작업을 하면 좌우에 경사면이 만들어져서 배수로 작업에 적합한 버킷은?　**V형 버킷**
4. 무한궤도식 굴착기에서 프런트 아이들러와 스프로킷이 일치하게 하기 위해 브래킷 옆에 조정하는 것은?　**심(shim)**
5. 굴착기의 버킷 용량표시(단위)는?　**m³(루베, 1회에 담을 수 있는 산적용량)**

참고

굴착기 작업장치 안전기준

등판능력 및 제동능력	• 굴착기는 100분의 25(무한궤도식 굴착기는 100분의 30) 기울기의 견고한 건조 지면을 올라갈 수 있어야 함 • 정지상태를 유지할 수 있는 제동장치 및 제동장금장치를 갖춰야 함
굴착잠금장치	• 굴착 작업 중 차체 이동을 방지할 수 있어야 함 • 굴착 반발력에 대응할 수 있는 잠금장치 또는 브레이크의 기능을 가진 구조여야 하고, 주행 제동장치로서 이를 겸용할 수 있음
붐과 암	• 붐은 상부선회체의 앞쪽에 연결핀으로 설치되어 암 및 버킷 등을 지지하고 굴착 시 충격에 견딜 수 있도록 균열, 만곡 및 절단된 곳이 없어야 함 • 암은 버킷과 붐을 연결하는 구조로 굴착 시 충격에 견딜 수 있어야 함
좌우의 안정도	타이어식 굴착기는 견고한 땅 위에서 자체중량 상태로 좌우로 25도까지 기울여도 넘어지지 않는 구조여야 함
버킷 기울기의 변화량	굴착기는 최대작업반경 상태에서 버킷 끝단의 기울기 변화량이 10분당 5도 이내여야 함
선회주차 브레이크	• 굴착기는 선회할 때 작업의 안전을 위해 선회주차브레이크를 설치해야 함 • 선회주차브레이크는 선회조작이 중립에 위치할 때 자동으로 제동되어야 하며, 엔진이 가동 및 정지된 상태에서도 제동기능을 유지해야 함
퀵커플러 설치기준	• 버킷 잠금장치는 이중 잠금으로 할 것 • 유압잠금장치가 해제된 경우 조종사가 알 수 있을 정도로 충분한 크기의 경고음이 발생되는 장치를 설치할 것 • 퀵커플러에 과전류가 발생할 때 전원을 차단할 수 있어야 하며, 작동스위치는 조종사의 조작에 의해서만 작동되는 구조일 것
조종사 보호구조	• 운전중량 1,500kg을 초과하는 굴착기는 위쪽 또는 앞쪽에서 접근하는 물체로부터 조종사를 보호하는 가드를 설치할 수 있는 구조일 것 • 운전중량 1,500kg 초과, 6,000kg 이하인 굴착기는 전도 시 좌석안전띠를 착용한 상태의 조종사를 보호하기 위해 전도보호구조를 설치할 것 • 전복보호구조를 설치하는 경우에는 전복보호구조의 시험방법 및 기준에 적합할 것

제2장 주행, 작업 및 점검

1 주행 및 작업★

(1) 굴착기 주행 시 주의사항

① 연약한 땅은 피하고, 가능한 평탄한 지면을 택하여 주행한다.
② 급격한 출발이나 급정지를 하지 않는다.
③ 굴착하면서 주행하지 않는다.
④ 굴착기 주행 시 천천히 속도를 증가시킨다.
⑤ 지면이 고르지 못한 곳은 저속으로 통과한다.
⑥ 버킷의 높이는 약 30~50cm를 유지하도록 한다.
⑦ 버킷, 암, 붐 실린더는 오므리고 하부주행체 프레임에 올려놓는다.
⑧ 상부회전체를 선회로크장치로 고정시킨다.
⑨ 돌이나 암반 및 기타 물체가 주행모터에 부딪치지 않도록 주의하여 운행한다.
⑩ 운전 반경 내에 사람이 있을 경우 절대 회전하지 않는다.
⑪ 지정된 제한속도를 준수하고, 승차석 이외의 곳에 근로자의 탑승을 금지한다.
⑫ 주행 중에 소음이나 냄새 등 이상을 발견한 경우에는 즉시 점검한다.

(2) 운전자 하차 시 주의사항

① 버킷을 땅에 완전히 내린다.
② 엔진을 정지시킨다.
③ 타이어식인 경우 경사지에서 정차 시 고임목을 설치한다.
④ 운전위치 이탈 시 버킷, 디퍼 등 작업장치는 지면에 내려두고, 원동기 정지 및 브레이크를 걸어둔다.

(3) 정차 및 주차 시 주의사항

① 단단하고 평탄한 지면에 정차시키고 침수지역은 피한다.
② 경사지에서는 트랙 밑에 고임대를 고인다.
③ 연료를 충만하고 각 부분을 세척한다.
④ 작업장치는 굴착기 중심선과 일치시킨다.
⑤ 유압계통의 압력을 제거한다.
⑥ 레버는 중립위치로 하고, 버킷은 지면에 내려놓는다.

(4) 굴착기 작업 시 안전사항

① 사용하는 기계의 종류, 능력, 운행경로, 작업방법 등을 포함하여 작업계획을 수립한다.
② 굴착기 안전장치 및 작동상태와 작업장소의 지반상태 등을 사전에 점검하고, 위험요인을 제거한다.
③ 주변 시설물의 손괴 방지를 위해 시설물의 위치를 확인한다.
④ 전담 유도자를 배치하고 유도자의 신호에 따라 작업한다.
⑤ 굴착기 작업반경 내에는 근로자의 출입을 통제하고, 운전자의 시야에서 벗어난 장소에서의 작업을 제한한다.
⑥ 버킷 연결용 유압 커플러에 안전핀을 체결한다.
⑦ 작업 시작 전 브레이크, 클러치 등의 기능을 점검한다.
⑧ 굴착작업 시 굴착장소에 케이블, 전기 고압선, 수도 배관, 가스 송유관 등의 매설여부를 확인한다.
⑨ 기중작업은 가급적 피하도록 한다.
⑩ 땅을 깊이 팔 때는 붐의 호스나 버킷실린더의 호스가 지면에 닿지 않도록 한다.
⑪ 스윙하면서 버킷으로 암석을 부딪쳐 파쇄하지 않는다.
⑫ 작업 시 실린더의 행정 끝에서 약간 여유를 남기도록 운전한다.
⑬ 작업을 중지할 때는 파낸 모서리로부터 장비를 이동시킨다.
⑭ 한쪽 트랙을 들 때는 암과 붐 사이의 각도는 90~110° 범위로 해서 들어주는 것이 좋다.
⑮ 견고한 땅을 굴착할 때에는 버킷 투스로 표면을 얇게 여러 번 굴착 작업을 한다.
⑯ 타이어식 굴착기로 작업 시 안전을 위하여 아웃트리거를 받치고 작업한다.
⑰ 작업 후에는 암과 버킷 실린더 로드를 최대로 줄이고 버킷을 지면에 내려놓는다.
⑱ 운전석을 떠날 때에는 엔진을 정지시킨다.
⑲ 굴착기로 수중작업을 한 후에는 세차하고, 각 베어링에 주유를 한다.
⑳ 굴착작업 시 굴착작업을 한 끝단과 충분한 거리를 두어 지반이 붕괴되지 않도록 한다.

참고

굴착기를 크레인으로 들어 올릴 때 주의사항
• 굴착기 중량에 맞는 크레인을 사용한다.
• 와이어는 충분한 강도가 있어야 한다.
• 배관, 암과 붐 등에 와이어가 닿지 않도록 한다.

굴착기를 트레일러에 상차하는 방법
• 가급적 경사대를 사용한다.
• 경사대는 10~15° 정도 경사시키는 것이 좋다.
• 붐을 이용하여 버킷으로 차체를 들어 올려 탑재하는 방법도 이용되지만 전복의 위험이 있어 특히 주의를 요한다.

덤프트럭에 토사 상차 시 주의사항
• 굴착기와 덤프트럭의 높이가 같은 지면에서 적재함 앞쪽부터 적재한다.
• 버킷이 덤프트럭이나 다른 작업자의 위를 지나가지 않도록 한다.
• 덤프트럭에 토사 상차작업 시 가능한 선회하는 각도를 작게 한다.

굴착기 무한궤도 트랙유격 조정방법
• 2~3회 반복 조정한다.
• 트랙을 들고 늘어지는 양을 점검한다.
• 평탄한 지면에 주차시킨다.

② 굴착기 점검

(1) 작업 전·후 점검사항

작업 전 점검	• 안전장치 설치 및 사용상태 : 버킷 유압커플러 이탈방지장치 체결상태, 후진경보장치 및 후방카메라 작동상태 • 붐(암), 유압장치, 선회장치 등 주요 구조부 상태 • 트랙, 슈, 링크핀, 롤러상태 • 브레이크 및 클러치 등의 기능 점검 • 타이어 공기압 및 마모상태 • 트랙의 장력 및 마모상태 • 오일 점검 : 유량·점도 및 누유, 그리스 주입 상태 • 냉각수 누수 상태 점검 • 팬벨트 장력과 마모 상태 • 전기장치 점검 : 배터리 충전상태, 배터리 터미널 조임상태, 전선의 단선과 단락 여부, 램프의 점등 여부
작업 중 점검	• 장비의 이상 음과 냄새로 이상 유무 확인 • 냉각수, 엔진오일, 기어오일, 유압유의 누출 여부 확인 • 계기판으로 장비의 정상작동 여부 확인
작업 후 점검	• 연료 계기판과 외부 게이지 확인 후 연료 보충 • 에어클리너 필터 상태 확인 후 청소 및 교환 • 각부 필터 및 오일 교환주기 확인 • 엔진 오일, 유압유 등 누유 점검 • 냉각수 누수 점검 • 타이어 휠 볼트 체결상태 • 유압라인 고정 볼트의 체결상태 • 각부 체결 핀·부싱의 마모상태 • 볼트의 체결상태와 핀의 끼움상태 • 각 연결 부위 그리스 주입 • 굴착기 외관 변형 및 손상 점검

(2) 점검 및 정비

매 50시간마다 점검·정비	• 연료탱크의 침전물 제거 • 연결 부위의 그리스 주입 • 엔진오일 및 배터리(전해액) 점검 • 팬벨트의 장력 및 손상 점검·조정
매 500시간마다 점검·정비	• 브레이크 디스크 마모 점검 • 연료 및 엔진오일 필터 교환 • 작동부의 오일 점검 및 교환 • 계기판의 램프 점검 • 라디에이터 및 오일냉각기(오일쿨러) 점검
매 1000시간마다 점검·정비	• 냉각계통 내부 세척 • 어큐뮬레이터 압력 점검 • 작동유 흡입여과기 교환 • 기동전동기 및 발전기 점검 • 주행감속기 기어 오일 교환 • 선회감속기 케이스 오일 교환
매 2000시간마다 점검·정비	• 냉각수 교환 • 유압오일 교환 • 차동장치 오일 교환 • 액슬 케이스 오일 교환 • 작동유 탱크 오일 교환 • 트랜스퍼 케이스 오일 교환 • 탠덤 구동 케이스 오일 교환

자주나와요 꼭 암기

1. 굴착기에서 그리스를 주입하지 않아도 되는 곳은? 트랙 슈
2. 굴착기의 일상 점검사항은? 엔진오일양, 냉각수 누출 여부, 유압오일양
3. 건설기계장비의 운전 중에도 안전을 위하여 점검하여야 하는 곳은? 계기판 점검
4. 무한궤도식 굴착기가 주행 중 트랙이 벗겨지는 원인은?
   고속주행 중 급커브를 돌았을 때, 전부 유동륜과 스프로킷의 마모
   전부 유동륜과 스프로킷의 중심이 맞지 않았을 때
5. 굴착기를 트레일러로 수송할 때 붐은 어느 쪽으로 향하여야 되는가? 뒷방향
6. 유압식 굴착기의 시동 전 점검사항은? 엔진오일 및 냉각수 점검, 유압유탱크의 오일양 점검, 각종 계기판의 경고등의 램프 작동 상태 점검
7. 굴착기에서 매 1,000시간마다 점검정비해야 할 항목은?
   어큐뮬레이터 압력 점검, 주행감속기 기어의 오일 교환, 발전기 및 기동전동기 점검
8. 굴착기에서 매 2,000시간마다 점검, 정비해야 할 항목은?
   액슬 케이스 오일 교환, 트랜스퍼 케이스 오일 교환, 작동유 탱크 오일 교환

신유형

1. 우드 클램프(그래플)로 할 수 있는 작업은? 전신주, 목재 운반과 적재 하역
2. 굴착기의 규격 표시 방법은? 표준 버킷의 산적용량(m^3)
3. 굴착기 붐의 자연 하강량이 많을 때의 원인은? 유압실린더의 내부 누출이 있다. 컨트롤밸브의 스풀에서 누출이 많다. 유압실린더 배관이 파손되었다.
4. 토사를 덤프트럭에 상차작업 시 굴착기의 위치는? 선회거리를 짧게 한다.
5. 굴착기 작업 중 운전자가 관심을 가져야 할 사항은? 엔진속도게이지, 온도게이지, 장비의 잡음상태
6. 굴착기로 콘크리트관을 매설한 뒤 매설된 관 위를 주행하는 방법은? 콘크리트관 위로 흙을 덮고 서행한다.
7. 시동 후 정상 운전 가능 상태를 확인하기 위해 가장 먼저 점검해야하는 것은? 오일압력계

참고

버킷의 종류
• 틸팅 버킷 : 경사면 작업을 위해 설계된 버킷으로 스윙 기능을 제외하고는 일반 버킷과 유사하다.
• 락 버킷 : 그물처럼 생긴 버킷으로 토사에 섞인 큰 돌이나 바위 등을 골라내어 치우고, 토지를 정리하는 데 사용된다.
• 클리닝 버킷 : 물이 잘 빠지는 구멍이 있는 버킷으로 배수로 작업에 특히 용이하다.
• 디칭 버킷 : 폭이 좁은 버킷으로 좁은 도랑을 굴착할 때 유용하다.

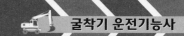
제1장 엔진구조

1 엔진 본체

(1) 실린더와 크랭크 케이스

① 실린더블록 : 기관의 기초 구조물로, 위쪽에는 실린더헤드가, 아래 중앙부에는 평면 베어링을 사이에 두고 크랭크축이 설치

② 실린더(기통) : 피스톤이 기밀을 유지하면서 왕복운동을 하여 열에너지를 기계적 에너지로 바꿔 동력 발생

실린더 라이너	• 건식 : 라이너가 냉각수와 직접 접촉하지 않고 실린더블록을 거쳐 냉각 • 습식 : 라이너의 바깥 둘레가 냉각수와 직접 접촉
실린더★ 마멸 원인	• 가속 및 공회전 • 윤활유 사용의 부적절 • 피스톤링과 링홈 및 실린더와 피스톤 사이의 간극 불량 • 피스톤링 절개 부분의 간극이 매우 좁은 경우 • 피스톤핀의 끼워 맞춤이 너무 단단하거나 커넥팅 로드가 휜 경우 • 공기청정기 엘리먼트가 불량하거나 습식의 경우 오일의 양이 부족할 때

③ 크랭크 케이스

ㄱ 크랭크축을 지지하는 기관의 일부로 윤활유의 저장소 역할과 윤활유 펌프와 필터를 지지함

ㄴ 상부는 실린더블록의 일부로 주조되고, 하부는 오일팬으로 실린더블록에 고착됨

(2) 실린더헤드

구성	• 개스킷을 사이에 두고 실린더블록에 볼트로 설치되며 피스톤, 실린더와 함께 연소실 형성 • 헤드 아래쪽에는 연소실과 밸브 시트가 있고, 위쪽에는 예열플러그 및 분사노즐 설치 구멍과 밸브개폐기구의 설치 부분이 있음
실린더헤드 개스킷의 역할	• 실린더헤드와 블록의 접합면 사이에 끼워져 양면을 밀착시켜서 압축가스, 냉각수 및 기관오일의 누출을 방지하기 위해 사용하는 석면계열의 물질 • 실린더 헤드 개스킷에 대한 구비조건 : 강도가 적당할 것, 기밀 유지가 좋을 것, 내열성과 내압성이 있을 것
연소실의 구비조건	• 연소실 체적이 최소가 되게 하고 가열되기 쉬운 돌출부가 없을 것 • 밸브면적을 크게 하여 흡·배기작용을 원활히 할 것 • 압축행정 끝에 와류가 일어날 것 • 화염 전파에 요하는 시간을 최소화할 것

 자주나와요 암기

1. 4행정 디젤기관에서 동력행정을 뜻하는 것은? 폭발행정
2. 4행정 사이클기관의 행정순서는? 흡입 → 압축 → 동력 → 배기
3. 4행정 사이클기관에서 엔진이 4000rpm일 때 분사펌프의 회전수는? 2000rpm
4. 실린더 마모(마멸) 원인은? 연소 생성물(카본)에 의한 마모, 흡입 공기 중의 먼지·이물질 등에 의한 마모, 실린더 벽과 피스톤 및 피스톤링의 접촉에 의한 마모
5. 기관에서 실린더 마모가 가장 큰 부분은? 실린더 윗부분
6. 피스톤과 실린더 사이의 간극이 너무 클 때 일어나는 현상은? 엔진오일의 소비증가

(3) 피스톤

① 구비조건 및 구조

구비조건★		• 가스 및 오일 누출 없을 것 • 폭발압력을 유효하게 이용할 것 • 마찰로 인한 기계적 손실 방지 • 기계적 강도 클 것 • 열전도율 좋고 열팽창률 적을 것 • 고온·고압가스에 잘 견딜 것
구조	피스톤 헤드	연소실의 일부로, 안쪽에 리브를 설치하여 피스톤 헤드의 열을 피스톤링이나 스커트부에 신속히 전달, 피스톤 보강
	링홈	피스톤링을 끼우기 위한 홈(압축링, 오일링 설치)
	랜드	피스톤링을 끼우기 위한 링홈과 홈 사이
	스커트부	피스톤의 아래쪽 끝부분으로 피스톤이 상하 왕복운동할 때 측압을 받는 부분
	보스	피스톤핀에 의해 피스톤과 커넥팅 로드의 소단부를 연결하는 부분
	히트 댐	피스톤 헤드와 제1링홈 사이에 가느다란 홈을 만들어 피스톤 헤드부의 열을 스커트부에 전달되지 않도록 함

② 피스톤 간극★

피스톤 간극이 작을 경우	• 오일 간극의 저하로 유막이 파괴되어 마찰·마멸 증대 • 마찰열에 의해 피스톤과 실린더가 눌어붙는 현상 발생
피스톤 간극이 클 경우	• 압축압력 저하 • 블로바이(실린더와 피스톤 사이에서 미연소가스가 크랭크 케이스로 누출되는 현상) 및 피스톤 슬랩 발생 • 연소실 기관오일 상승 • 기관 기동성 저하 • 기관 출력 감소 • 엔진오일의 소비 증가

참고

피스톤 고착의 원인
• 냉각수의 양이 부족할 때   • 기관오일이 부족할 때
• 기관이 과열되었을 때   • 피스톤의 간극이 적을 때

(4) 피스톤링과 피스톤핀

① 피스톤링★

3대 작용		기밀 유지작용(밀봉작용), 열전도작용(냉각작용), 오일 제어작용
구비조건		• 열팽창률이 적고 고온에서 탄성을 유지할 것 • 실린더 벽에 동일한 압력을 가하고, 실린더 벽보다 약한 재질일 것 • 오래 사용해도 링 자체나 실린더의 마멸이 적을 것
종류	압축링	블로바이 방지 및 폭발행정에서 연소가스 누출 방지
	오일링	압축링 밑의 링홈에 1~2개가 끼워져 실린더 벽을 윤활하고 남은 과잉의 기관오일을 긁어내려 실린더 벽의 유막 조절
피스톤링 이음부 간극 클 때		• 블로바이 발생 • 기관오일 소모 증가
피스톤링 이음부 간극 작을 때		• 링 이음부가 접촉하여 눌어붙음 • 실린더 벽을 긁음

② 피스톤핀

기능	• 피스톤 보스에 끼워져 피스톤과 커넥팅 로드 소단부 연결 • 피스톤이 받은 폭발력을 커넥팅 로드에 전달
구비조건	강도 크고, 무게 가볍고, 내마멸성 우수할 것

(5) 크랭크축

기능	• 피스톤의 직선운동을 회전운동으로 바꿔 기관의 출력을 외부로 전달하고, 동시에 흡입·압축·배기행정에서 피스톤에 운동을 전달 • 4행정 1사이클 완료 시 크랭크축은 2회전
형식	직렬 4기통기관, 직렬 6기통기관, 직렬 8기통기관, V-8기통기관
비틀림 진동 방지기	• 크랭크축 앞 끝에 크랭크축 풀리와 일체로 설치하여 진동 흡수 • 비틀림 진동은 회전력이 클수록, 속도가 빠를수록 큼

> **참고**
>
> 6기통 기관이 4기통 기관보다 좋은 점
> • 가속이 원활하고 신속함
> • 기관 진동이 적음
> • 저속회전이 용이하고 출력이 높음

(6) 커넥팅 로드

기능	피스톤의 왕복운동을 크랭크축에 전달
구조	피스톤을 연결하는 소단부, 크랭크핀에 연결되는 대단부
커넥팅 로드 길이가 짧은 경우	• 기관의 높이가 낮아지고 무게를 줄일 수 있음 • 실린더 측압이 커져 기관 수명이 짧아지고 기관의 길이가 길어짐
커넥팅 로드 길이가 긴 경우	• 실린더 측압이 작아져 실린더 벽 마멸이 감소하여 수명이 길어짐 • 강도가 낮아지고 무게가 무거워지고 기관 높이가 높아짐

(7) 플라이휠

기관의 맥동적인 회전을 플라이휠의 관성력을 이용하여 원활한 회전으로 바꿔 줌

(8) 베어링

지지방법	• 베어링 돌기 : 베어링을 캡 또는 하우징에 있는 홈과 맞물려 고정시키는 역할 • 베어링 스프레드 : 베어링을 장착하지 않은 상태에서 바깥 지름과 하우징의 지름의 차이, 조립 시 밀착을 좋게 하고 크러시의 압축에 의한 변형 방지 • 베어링 크러시 : 베어링을 하우징과 완전 밀착시켰을 때 베어링 바깥 둘레가 하우징 안쪽 둘레보다 약간 큰데, 이 차이를 크러시라 하며 볼트로 압착시키면 차이는 없어지고 밀착된 상태로 하우징에 고정
필수조건	• 마찰계수가 작고, 고온 강도가 크고, 길들임성이 좋을 것 • 내피로성·내부식성·내마멸성이 클 것 • 매입성, 추종 유동성, 하중 부담 능력 있을 것

(9) 밸브기구

① 기능 : 실린더에 흡·배기되는 공기와 연소가스를 알맞은 시기에 개폐
② 밸브기구의 형식 : 오버헤드 밸브기구(캠축, 밸브 리프터, 푸시로드, 로커암 축 어셈블리 및 밸브 등으로 구성), 오버헤드 캠축 밸브기구(캠축을 실린더헤드 위에 설치하고 캠이 직접 로커암을 움직여 밸브를 열게 하는 형식)

③ 캠과 캠축

캠	• 밸브 리프터를 밀어 주는 역할을 하며, 캠의 수는 밸브의 수와 같음 • 종류 : 접선 캠, 원호 캠, 등가속 캠 등
캠축	• 엔진의 밸브 수와 동일한 캠이 배열됨 • 구동 방식 : 기어 구동식, 체인 구동식, 벨트 구동식

④ 밸브

기능	• 연소실에 설치된 흡·배기 구멍을 각각 개폐하고 공기를 흡입하며 연소가스 내보냄 • 압축과 폭발행정에서는 밸브 시트에 밀착되어 연소실 내의 가스 누출 방지
구비조건	• 밸브 헤드 부분의 열전도율이 클 것 • 고온에서의 충격과 부하에 견디고 고온가스에 부식되지 않을 것 • 가열이 반복되어도 물리적 성질이 변화하지 않을 것 • 관성을 작게 하기 위해 무게가 가볍고 내구성 클 것 • 흡·배기가스 통과에 대한 저항이 적은 통로 만들 것
밸브 주요부 기능	• 밸브 헤드 : 고온·고압 가스에 노출되어 높은 열적 부하를 받는 부분 • 밸브 마진 : 기밀 유지를 위한 보조 충격에 대해 지탱력을 가지며 밸브의 재사용 여부 결정 • 밸브 면 : 밸브 시트에 접촉되어 기밀 유지 및 밸브 헤드의 열을 시트에 전달하고 밸브 헤드의 열을 75% 냉각 • 밸브 스템 : 그 일부가 밸브 가이드에 끼워져 밸브 운동을 보호하며 밸브 헤드의 열을 가이드를 통하여 25% 냉각 • 밸브 스템 엔드 : 밸브에 캠의 운동을 전달하는 로커암과 충격적으로 접촉하는 부분
밸브 시트	• 기능 : 밸브 면과 밀착되어 연소실의 기밀 유지작용과 밸브 헤드의 냉각작용 • 밸브 시트 폭 넓은 경우 : 밸브의 냉각효과는 크지만 압력이 분산되어 기밀 유지 불량 • 밸브 시트 폭 좁은 경우 : 밀착압력이 커 기밀 유지는 양호하나 냉각효과 감소
★ 밸브 간극	• 밸브 스템 엔드와 로커암 사이의 간극 • 밸브 간극 클 때 　– 소음이 심하고 밸브 개폐기구에 충격을 줌 　– 정상작동 온도에서 밸브가 완전하게 열리지 못함 　– 흡입밸브의 간극이 크면 흡입량 부족 초래 　– 배기밸브의 간극이 크면 배기 불충분으로 기관 과열 • 밸브 간극 작을 때 　– 블로바이로 인해 기관 출력 감소 　– 밸브 열림 기간 길어짐 　– 흡입밸브의 간극이 작으면 역화 및 실화 발생 　– 배기밸브의 간극이 작으면 후화 발생 용이
밸브 가이드	• 밸브의 상하운동 및 밸브 면과 시트의 밀착이 바르게 되도록 밸브 스템 안내 • 가이드 간극 클 때 : 오일의 연소실 유입, 시트와 밀착 불량 • 가이드 간극 작을 때 : 스틱 현상 발생
밸브 스프링	압축과 폭발행정에서는 밸브 면과 시트를 밀착시켜 기밀을 유지시키고 흡입과 배기행정에서는 캠의 형상에 따라서 밸브가 열리도록 작동
밸브 오버랩	피스톤이 TDC에 있을 때 흡입 및 배기밸브가 동시에 열려 있는 것

2 윤활장치

(1) 윤활유

① 윤활의 기능 : 마멸 방지, 냉각작용, 방청작용, 세척작용, 밀봉작용, 응력 분산작용

② 윤활유

정의	윤활에 사용되는 오일(기관오일)
구비조건	• 비중과 점도가 적당하고 청정력이 클 것 • 인화점 및 자연발화점이 높고, 기포 발생이 적을 것, 유성이 좋을 것 • 응고점이 낮고, 열과 산에 대한 저항력이 클 것

(2) 윤활장치의 구성

오일팬	기관오일이 담겨지는 용기, 냉각작용
오일 스트레이너	고운 스크린으로 되어 있으므로 펌프 내에 오일을 흡입할 때 입자가 큰 불순물을 제거하여 오일펌프에 유도하는 작용
유압조절밸브	• 윤활 회로 내를 순환하는 유압이 과도하게 상승하는 것을 방지하여 유압이 일정하게 유지되도록 하는 작용 • 유압이 규정값 이상일 경우에는 유압조절밸브가 열리고 규정값 이하로 내려가면 다시 닫힘 • 스프링의 장력을 받고 있는 유압조절밸브의 유압이 스프링의 장력보다 커지면 유압조절밸브가 열려 과잉압력을 오일팬으로 되돌아가게 함
오일펌프	• 오일을 스트레이너를 거쳐 흡입한 후 가압하여 각 윤활 부분으로 압송하는 기구 • 종류 : 기어펌프, 로터리펌프, 플런저펌프, 베인펌프
오일여과기★	• 오일 속의 수분, 연소 생성물, 금속 분말, 오일 슬러지 등의 미세한 불순물 제거 • 여과기에 들어온 오일이 엘리먼트(여과지, 면사 등을 사용)를 거쳐 가운데로 들어간 후 출구로 나가면 엘리먼트를 거칠 때 오일에 함유된 불순물을 여과하고 제거된 불순물은 케이스 밑바닥에 침전 • 오일의 색깔 : 검정(심하게 오염), 붉은색(가솔린 혼입), 우유색(냉각수 혼입), 회색(금속분말 혼입) • 오일 오염의 원인 : 오일 질 및 오일여과기 불량, 피스톤링 장력 약함, 크랭크 케이스 환기장치 막힘
유면 표시기	• 오일팬 내의 오일량을 점검할 때 사용하는 금속막대 • 오일량은 항상 F선 가까이 있어야 하며, F선보다 높으면 많은 양의 오일이 실린더 벽에 뿌려져 오일이 연소하고, L선보다 훨씬 낮으면 오일 공급량 부족으로 윤활이 불완전
유압계	윤활장치 내를 순환하는 오일압력을 운전자에게 알려주는 계기
유압경고등	기관이 작동되는 도중 유압이 규정값 이하로 떨어지면 경고등 점등
오일냉각기	주로 라디에이터 아래쪽에 설치되며 기관오일이 냉각기를 거쳐 흐를 때 기관 냉각수로 냉각되거나 가열되어 윤활 부분으로 공급

> **⚠ 참고**
>
> 유압 상승 및 하강 원인
>
> | 유압 상승 | • 윤활유의 점도가 높음
• 윤활 회로의 일부 막힘(오일여과기가 막히면 유압 상승)
• 기관온도가 낮아 오일 점도 높음
• 유압조절밸브 스프링의 장력 과다 |
> |---|---|
> | 유압 하강 | • 기관오일의 점도가 낮고 윤활유의 양이 부족
• 기관 각부의 과다 마모
• 오일펌프의 마멸 또는 윤활 회로에서 오일 누출
• 유압조절밸브 스프링 장력이 약하거나 파손
• 윤활유의 압력 릴리프밸브가 열린 채 고착 |

1. 엔진오일이 많이 소비되는 원인은?
   피스톤링의 마모가 심할 때, 실린더의 마모가 심할 때, 밸브 가이드의 마모가 심할 때
2. 오일여과기에 대한 설명은? 여과기가 막히면 유압이 높아진다. 작업조건이 나쁘면 교환 시기를 빨리 한다. 여과능력이 불량하면 부품의 마모가 빠르다.
3. 건설기계기관에 설치되는 오일냉각기의 주 기능은? 오일 온도를 정상 온도로 일정하게 유지한다.

> **신유형**
>
> 1. 기관에 사용되는 윤활유 사용 방법으로 옳은 것은?
>   여름용은 겨울용보다 SAE 번호가 크다.
> 2. 계기판을 통하여 엔진오일의 순환 상태를 알 수 있는 것은? 오일 압력계
> 3. 윤활유에 첨가하는 첨가제의 사용 목적은?
>   거품 방지제(소포제), 유동점 강하제, 산화 방지제, 점도지수 향상제 등
> 4. 여과기 종류 중 원심력을 이용하여 이물질을 분리시키는 형식은?
>   원심식 여과기
> 5. 오일 여과 방식의 종류는? 전류식, 분류식, 샨트식(복합식)

3 연료장치

(1) 디젤기관의 장단점★

장점	• 가솔린기관에 비해 구조가 간단하여 열효율이 높고 연료 소비율이 적음 • 연료의 인화점 높은 경유를 사용하여 취급·저장·화재의 위험성이 적음 • 배기가스에 함유되어 있는 유해성분이 적고, 저속에서 큰 회전력이 발생함 • 점화장치가 없어 고장률이 적음
단점	• 평균 유효압력 및 회전속도가 낮음 • 마력당 무게와 형체, 운전 중 진동과 소음이 큼 • 연소 압력이 커 기관 각부를 튼튼하게 해야 함 • 압축비가 높아 큰 출력의 기동전동기가 필요함 • 연료분사장치가 매우 정밀하고 복잡하여 제작비가 비쌈

> **⚠ 참고**
>
> 디젤기관의 진동원인★
> • 연료의 분사압력, 분사량, 분사시기 등의 불균형이 심할 때
> • 다기관에서 한 실린더의 분사노즐이 막혔을 때
> • 피스톤 커넥팅 로드 어셈블리 중량 차이가 클 때
> • 크랭크축 무게가 불평형이거나 실린더 내경(안지름)의 차가 심할 때
> • 연료공급 계통에 공기 침입

(2) 디젤노크

① 정의 : 착화 지연 기간 중에 분사된 다량의 연료가 화염 전파 기간 중에 일시적으로 연소하여 실린더 내의 압력이 급격히 증가함으로써 피스톤이 실린더 벽을 타격하여 소음이 발생하는 현상

② 발생원인
   ㉠ 연료의 분사압력이 낮을 때
   ㉡ 연소실의 온도가 낮을 때
   ㉢ 착화지연시간이 길 때
   ㉣ 노즐의 분무상태가 불량할 때
   ㉤ 기관이 과도하게 냉각되어 있을 때
   ㉥ 세탄가가 낮은 연료 사용 시

③ 노크가 기관에 미치는 영향★
   ㉠ 기관 과열 및 출력의 저하
   ㉡ 배기가스 온도의 저하
   ㉢ 실린더 및 피스톤의 손상 또는 고착의 발생

④ 노크의 방지책

  ㉠ 기관의 온도와 회전속도 높임

  ㉡ 압축비, 압축압력 및 압축온도 높임

  ㉢ 분사시기 알맞게 조정

  ㉣ 착화성이 좋은 경유 사용

  ㉤ 연소실 벽의 온도를 높게 유지함

  ㉥ 착화기간 중의 분사량을 적게 함

(3) 디젤기관의 시동 보조기구★

감압장치	• 디젤기관에서 캠축의 회전과 관계없이 흡·배기밸브를 열어주어 압축압력을 감소시킴으로써 기동을 쉽게 할 수 있도록 함 • 종류 : 홈형식, 조정 스크루식
예열장치	• 디젤기관은 압축착화방식이므로 한랭상태에서는 경유가 잘 착화하지 못해 시동이 어려우므로 예열장치는 흡입다기관이나 연소실 내의 공기를 미리 가열하여 기동을 쉽도록 하는 장치 • 종류 : 예열플러그 방식, 흡기가열 방식(흡기 히터와 히트 레인지)

> **참고**
>
> 디젤기관에서 시동이 되지 않는 원인
> • 연료계통에 공기가 들어 있을 때
> • 배터리 방전으로 교체가 필요한 상태일 때
> • 연료분사 펌프의 기능이 불량할 때
> • 연료가 부족할 때

(4) 디젤기관의 연소실 및 연료장치

① 연소실★

종류	직접분사실식, 예연소실식, 와류실식, 공기실식
구비조건	• 평균 유효압력이 높고 기관 시동이 쉬울 것 • 연료 소비율과 디젤기관 노크 발생이 적을 것 • 분사된 연료를 가능한 한 짧은 시간 내에 완전연소시킬 것 • 고속회전에서의 연소상태가 좋을 것

② 연료장치

연료의 공급 순서	연료탱크 → 연료 공급펌프 → 연료 필터 → 연료 분사펌프 → 분사노즐
연료탱크	건설기계의 주행 및 작업에 소요되는 경유를 저장하는 탱크
연료 파이프	연료장치의 각 부품을 연결하는 통로
연료 공급펌프	연료탱크 내의 연료를 일정한 압력(약 2~3kgf/cm²)을 가하여 분사펌프에 공급하는 장치로 분사펌프 옆에 설치되어 분사펌프 캠축에 의해 구동
연료 여과기	연료 속에 들어 있는 먼지와 수분을 제거·분리하며 경유는 분사펌프 플런저 배럴과 플런저 및 분사노즐의 윤활도 겸하므로 여과 성능이 높아야 함
연료 분사펌프	• 연료 공급펌프와 여과기로부터 공급받은 연료를 고압으로 압축하여 폭발 순서에 따라 각 실린더의 분사노즐로 압송 • 분사펌프 구조 : 펌프 하우징, 캠축, 태핏, 플런저 배럴, 플런저
분사량 조절기구	가속 페달이나 조속기의 움직임을 플런저로 전달하는 기구 (가속 페달 → 제어래크 → 제어피니언 → 제어슬리브 → 플런저 회전)
딜리버리밸브	• 플런저의 상승행정으로 배럴 내 압력이 규정값(약 10kgf/cm²)에 도달하면 이 밸브가 열려 연료를 분사 파이프로 압송 • 연료 역류 및 분사노즐 후적 방지
연료 분사시기 조정기(타이머)	기관의 부하 및 회전속도에 따라 연료 분사시기 조정
조속기 (거버너)	기관의 회전속도나 부하변동에 따라 자동적으로 래크를 움직여 분사량을 조절하는 것으로서 최고 회전속도를 제어하고 저속운전을 안정시킴

분배형 분사펌프	소형 고속 디젤기관의 발달과 함께 개발된 것으로 연료를 하나의 펌프 엘리먼트로 각 실린더에 공급하도록 한 형식
연료 분사 파이프	분사펌프의 각 펌프 출구와 분사노즐을 연결하는 고압 파이프
분사노즐★	분사펌프에서 보내온 고압의 연료를 미세한 안개 모양으로 연소실 내에 분사(핀틀형, 스로틀형, 홀형)

> **자주나와요 꼭 암기**
>
> 1. 연소실 구조가 간단하며 에너지 효율이 높고 냉각 손실이 적은 분사방식은? 직접분사식
> 2. 연료탱크의 연료를 분사펌프 저압부까지 공급하는 것은? 연료 공급펌프
> 3. 다음은 어느 구성품을 형태에 따라 구분한 것인가? 연소실
>
> > 직접분사실식, 예연소실식, 와류실식, 공기실식
>
> 4. 디젤기관에서 공급하는 연료의 압력을 높이는 것으로 조속기와 분사시기를 조절하는 장치가 설치되어 있는 것은? 연료 분사펌프
>
> **신유형**
>
> 1. 커먼레일 디젤기관의 공기유량센서(AFS)로 많이 사용되는 방식은? **열막 방식**
> 2. 엔진과 분사펌프 회전수의 비는? **2:1**
> 3. 디젤기관의 연료분사노즐에서 섭동 면의 윤활은? **연료**
> 4. 착화성 지수를 나타내는 것은? **세탄가**

4 흡·배기장치

(1) 흡입(기)장치

역할		공기를 실린더 내로 이끌어 들이는 장치
구성	공기 청정기	• 실린더에 흡입되는 공기를 여과하고 소음을 방지하며 역화 시에 불길 저지 • 실린더와 피스톤의 마멸 및 오일의 오염과 베어링의 소손 방지
	흡기 다기관	• 공기를 실린더 내로 안내하는 통로 • 헤드 측면에 설치
	터보차저 (과급기)	• 흡기관과 배기관 사이에 설치 • 실린더 내의 흡입 공기량 증가 • 기관출력의 증가 • 체적 효율의 증대 • 평균유효압력과 회전력 상승 • 기관이 고출력일 때 배기가스의 온도 낮춤 • 고지대에서 운전 시 기관의 출력 저하 방지

> **참고**
>
> 건식·습식 공기청정기
>
> | 건식 공기청정기 | • 설치 또는 분해조립이 간단함
• 작은 입자의 먼지나 오물을 여과할 수 있음
• 기관 회전속도의 변동에도 안정된 공기청정 효율을 얻을 수 있음 |
> |---|---|
> | 습식 공기청정기 | • 청정효율은 공기량이 증가할수록 높아짐
• 회전속도가 빠르면 효율이 좋아짐
• 흡입공기는 오일로 적셔진 여과망을 통과하여 여과
• 공기청정기 케이스 밑에는 일정량의 오일이 들어 있음 |

(2) 배기장치

역할		실린더 내에서 연소된 배기가스를 대기 중으로 배출하는 장치
구성	배기 다기관	엔진의 각 실린더에서 배출되는 배기가스를 모으는 것
	배기 파이프	배기다기관에서 나오는 배기가스를 대기 중으로 내보내는 강관
	소음기	배기가스를 대기 중에 방출하기 전에 압력과 온도를 저하시켜 급격한 팽창과 폭음을 억제하기 위한 구조

자주나와요 암기

1. 에어클리너가 막혔을 때 발생되는 현상은?   배기색은 검은색이며, 출력은 저하됨
2. 과급기를 부착하는 주된 목적은?   출력의 증대
3. 터보차저(과급기)에 사용하는 오일은?   기관오일
4. 기관의 엔진오일 여과기가 막히는 것을 대비하여 설치하는 것은?   바이패스밸브

5 냉각장치

(1) 냉각장치의 역할 및 구분

역할	작동 중인 기관이 폭발행정을 할 때 발생되는 열(1,500~2,000°C)을 냉각시켜 일정 온도(75~80°C)가 되도록 함
기관 과열 시 발생 현상	• 작동 부분의 고착 및 변형 발생 • 조기점화 또는 노크 발생 • 냉각수 순환 불량 및 금속 산화 촉진 • 윤활이 불충분하여 각 부품 손상

구분	공랭식	• 기관을 대기와 직접 접촉시켜서 냉각시키는 방식 • 장점 : 냉각수 보충·동결·누수 염려 없음, 구조가 간단하여 취급 용이 • 단점 : 기후·운전상태 등에 따라 기관의 온도가 변화하기 쉬움, 냉각이 불균일하여 과열되기 쉬움
	수랭식	실린더블록과 실린더헤드에 냉각수 통로를 설치하여 이곳에 냉각수를 순환시켜 기관을 냉각시키는 방식

참고

기관 과열의 원인
• 라디에이터의 코어 막힘
• 냉각장치 내부에 물때가 끼었을 때
• 냉각수의 부족
• 물펌프의 벨트가 느슨해졌을 때
• 정온기가 닫힌 상태로 고장이 났을 때
• 냉각팬의 벨트가 느슨해졌을 때(유격이 클 때)
• 무리한 부하운전을 할 때

(2) 냉각장치의 구성

물재킷 (물 통로)	• 실린더블록과 실린더헤드에 설치된 냉각수가 순환하는 물 통로 • 실린더 벽, 밸브 시트, 밸브 가이드 및 연소실 등과 접촉되어 혼합기가 연소 시에 발생된 고온을 흡수하여 냉각
워터펌프	• 구동벨트에 의해 구동되어 물재킷 내로 냉각수를 순환시키는 펌프 • 기관 회전수의 1.2~1.6배로 회전하며 펌프의 효율은 냉각수 온도에 반비례하고 압력에 비례
구동벨트	• 장력이 팽팽할 때 : 각 풀리의 베어링 마멸 촉진, 워터펌프의 고속회전으로 기관 과냉 • 장력이 헐거울 때 : 발전기 출력 저하, 워터펌프 회전속도가 느려 기관 과열 용이, 소음 발생, 구동벨트 손상 촉진
냉각팬	• 워터펌프 축과 일체로 회전하며 라디에이터를 통해 공기를 흡입함으로써 라디에이터 통풍을 도움 • 팬 클러치 : 냉각팬의 회전을 자동적으로 조절하여 냉각팬의 구동으로 소비되는 기관의 출력을 최대한으로 줄이고 기관의 과냉이나 냉각팬의 소음을 감소시킴
냉각수	• 기관에서 사용하는 냉각수 : 빗물, 수돗물, 증류수 등의 연수 • 열을 잘 흡수하지만 100°C에서 비등하고 0°C에서 얼며 스케일이 생김 • 동절기 냉각수가 빙결될 경우 기관의 동파를 유발함

부동액	• 냉각수가 동결되는 것을 방지하기 위해 냉각수와 혼합하여 사용하는 액체 예 메탄올, 글리세린, 에틸렌글리콜 • 구비조건 : 침전물 없고 물과 쉽게 혼합될 것, 부식성이 없을 것, 팽창계수 작을 것, 순환 잘되고 휘발성 없을 것, 비등점이 물보다 높고 빙점은 물보다 낮을 것
수온조절기	• 실린더헤드 물재킷 출구 부분에 설치되어 냉각수 온도에 따라 냉각수 통로를 개폐하여 기관의 온도를 알맞게 유지하는 기구 • 냉각수의 온도가 차가울 때는 수온조절기가 닫혀서 라디에이터 쪽으로 냉각수가 흐르지 못하게 하고 냉각수가 가열되면 점차 열리기 시작하며 정상온도가 되면 완전히 열려서 냉각수가 라디에이터로 순환 • 펠릿형은 냉각장치에서 왁스실에 왁스를 넣어 온도가 높아지면 팽창축을 열게 하는 방식이고, 벨로즈형은 벨로즈 안에 에테르를 밀봉한 방식

라디에이터 (방열기)	• 실린더블록과 실린더헤드의 냉각수 통로에서 열을 흡수한 냉각수를 냉각하고 기관에서 뜨거워진 냉각수를 방열판에 통과시켜 공기와 접촉하게 함으로써 냉각시킴
	• 라디에이터 구비조건 : 공기 흐름 저항과 냉각수 흐름 저항이 적을 것, 단위면적당 방열량과 강도가 클 것, 작고 가벼울 것
	• 라디에이터 캡
	  – 냉각수 주입구 뚜껑으로 냉각장치 내의 비등점을 높이고 냉각 범위를 넓히기 위하여 압력식 캡 사용
	  – 압력이 낮을 때 압력밸브와 진공밸브는 스프링의 장력으로 각각 시트에 밀착되어 냉각장치 기밀 유지

자주나와요 암기

1. 방열기의 캡을 열어 보았더니 냉각수에 기름이 떠 있을 때, 그 원인은?   헤드가스켓 파손
2. 기관에 온도를 일정하게 유지하기 위해 설치된 물 통로에 해당되는 것은?   워터재킷(물재킷)
3. 냉각장치에서 냉각수의 비등점을 올리기 위한 것은?   압력식 캡
4. 기관에서 워터펌프의 역할은?   기관의 냉각수를 순환시킨다.
5. 압력식 라디에이터 캡에 대한 설명은?   냉각장치 내부압력이 부압이 되면 진공밸브는 열린다.
6. 냉각팬의 벨트 유격이 너무 클 때 일어나는 현상은? 기관 과열의 원인이 된다.
7. 기관에서 팬벨트 장력 점검 방법은?   정지된 상태에서 벨트의 중심을 엄지손가락으로 눌러서 점검

신유형

1. 엔진의 냉각장치에서 수온조절기의 열림 온도가 낮을 때 발생하는 현상은? **엔진의 워밍업 시간이 길어진다.**
2. 가압식 라디에이터의 장점은? **냉각수에 압력을 가하여 비등점을 높일 수 있음, 방열기를 작게 할 수 있음, 냉각장치의 효율을 높일 수 있음**

제2장 전기장치

1 전기 일반

(1) 전류, 전압 및 저항

전류	• 전자가 (−)쪽에서 (+)쪽으로 이동하는 것 • 측정단위 : 암페어(Ampere ; A)
전압	• 전기적인 높이를 전위, 그 차이를 전위차 또는 전압 • 측정단위 : 볼트(voltage ; V)
저항	• 물질 속을 전류가 흐르기 쉬운가, 어려운가를 표시하는 것 • 측정단위 : 옴(Ohm ; Ω)

신유형

12V 축전지에 3Ω, 4Ω, 5Ω 저항을 직렬로 연결하였을 때 회로내에 흐르는 전류는?   1V

(2) 전력과 전력량

전력	• 전기가 단위시간 동안에 한 일의 양으로 전등, 전동기 등에 전압을 가하여 전류를 흐르게 하면 열이 나고 기계적 에너지를 발생시켜 여러 가지 일을 할 수 있도록 함 • 단위 : 와트(W)
전력량	• 전류가 어떤 시간 동안에 한 일의 총량으로 전력에 전력을 사용한 시간을 곱한 것으로 나타냄 • 단위 : Ws, kWh

(3) 직류(DC)와 교류(AC)★

직류 전기	• 시간의 변화에 따라 전류 및 전압이 일정 값을 유지하며 전류가 한 방향으로만 흐르는 전기 • 건설기계의 축전지 충전기는 입력을 교류로 사용하지만 정류용 다이오드를 이용하여 직류전기로 바꿔 충전
교류 전기	• 시간의 흐름에 따라 전류 및 전압이 변화되고 전류가 정방향과 역방향으로 반복되어 흐르는 전기 • 건설기계에서는 직류전기를 사용하므로 발전기에 정류용 실리콘 다이오드를 설치하여 교류전기를 직류전기로 변화시켜 사용

(4) 전기와 자기

① 전류가 만드는 자장

솔레노이드	전선을 원형으로 굽혀서 만든 코일에 전류가 흐르면 코일 내부에는 자장이 생김 → 코일을 서로 밀접하게 통형으로 감음 → 전류가 흐르면 자장이 축에 코일의 감긴 수만큼 겹쳐서 발생 → 코일 내부의 자장은 코일의 감긴 수에 비례 → 막대자석과 같은 작용을 함
오른나사의 법칙	• 오른쪽 나사가 진행하는 방향으로 전류가 흐르면 → 오른쪽 나사가 회전하는 방향으로 자력선이 생김 • 나사가 회전하는 방향으로 전류가 흐르면 → 진행하는 방향으로 자력선이 생김
오른손 엄지손가락의 법칙	• 오른손의 엄지손가락을 다른 네 손가락과 직각이 되게 펴고 네 손가락 끝을 전류가 흐르는 방향과 일치시켜 잡으면 엄지손가락의 방향이 솔레노이드 내부에 생기는 자력선의 방향(N극)이 됨 • 코일 및 전자석의 자장의 방향을 알아내는 데 이용

② 자장과 전류 사이에 작용하는 힘

전자력	자계 속에 도체를 직각으로 놓고 전류를 흐르게 할 때 자계와 전류 사이에서 발생되는 힘(기동전동기, 전류계 및 전압계)
플레밍의 왼손 법칙	자계 속의 도체에 전류를 흐르게 하였을 때 도체에 작용하는 힘의 방향을 가리키는 법칙

③ **전자유도작용** : 자계 속에 도체를 자력선과 직각으로 넣고 도체를 자력선과 교차시키면 도체에 유도전기력이 발생하는 현상

② 축전지

(1) 축전지

① **정의** : 양극판, 음극판 및 전해액이 가지는 화학적 에너지를 전기적 에너지로 꺼낼 수 있고 전기적 에너지를 주면 화학적 에너지로 저장할 수 있는 장치

② **기능**
  ㉠ 시동전동기의 작동
  ㉡ 시동 시의 전원으로 사용
  ㉢ 주행 중 필요한 전류 공급
  ㉣ 발전기의 여유 출력 저장
  ㉤ 발전기의 출력 부족 시 전류 공급

③ **구비조건**
  ㉠ 다루기 쉽고 심한 진동에 잘 견딜 것
  ㉡ 소형·경량, 저렴하고 수명이 길 것

(2) 납산 축전지★

정의	• 전해액으로 묽은 황산을, (+)극판에는 과산화납을, (−)극판에는 순납을 사용하는 축전지 • 급속 감소시 원인 : 전압조정기 불량, 과충전, 케이스 손상

특성	• 기전력 : 전해액 온도 및 비중 저하, 방전량이 많은 경우 조금씩 낮아짐
	• 방전종지전압 : 축전지를 방전종지전압 이하로 방전하면 극판이 손상되어 축전지 기능 상실
	• 자기방전 : 충전된 축전지를 사용하지 않아도 자연적으로 방전되어 용량 감소
	• 축전지 연결에 따른 용량과 전압의 변화
	  − 직렬연결 : 같은 전압, 같은 용량의 축전지 2개 이상을 (+)단자 기둥과 다른 축전지의 (−)단자 기둥에 서로 연결하는 방식, 전압은 연결한 개수만큼 증가, 용량 1개일 때와 같음
	  − 병렬연결 : 같은 전압, 같은 용량의 축전지 2개 이상을 (+)단자 기둥을 다른 축전지의 (+)단자 기둥에, (−)단자 기둥은 (−)단자 기둥에 접속하는 방식, 용량은 연결한 개수만큼 증가하지만 전압은 1개일 때와 같음

전해액의 비중	• 표준 비중 : 20°C에서 완전 충전됐을 때(1.280) • 완전 방전됐을 때 비중 : 1.050 정도 • 온도가 상승하면 비중이 작아지고 온도가 낮아지면 비중이 커짐 • 온도가 1°C 변화함에 따라 비중은 0.0007씩 변화 • 전해액 비중과 충전상태 : 축전지를 방전상태로 오랫동안 방치해 두면 극판이 영구 황산납이 되거나 여러 가지 고장을 유발하여 축전지 기능 상실 → 비중이 1.200 (20°C) 정도 되면 보충충전을 실시 • 급속 감소 시 원인 : 전압조정기 불량, 과충전, 케이스 손상
보충충전	• 자기방전에 의하거나 사용 중에 소비된 용량을 보충하기 위해 실시하는 충전으로, 보통 전해액 비중을 20°C로 환산해서 비중이 1.200 이하로 됐을 때 실시 • 보충충전이 요구되는 경우 : 주행거리가 짧아 충분히 충전되지 않았을 때, 주행충전만으로 충전량이 부족할 때, 사용하지 않고 보관 중인 축전지는 15일에 1번씩 보충충전
충전 시 주의사항	• 방전상태로 두지 말고 즉시 통풍이 잘되는 곳에서 충전 • 충전 중 전해액의 온도를 45°C 이상으로 상승시키지 않을 것 • 과다충전하지 말고(산화방지) 충전 중인 축전지 근처에서 불꽃을 일으키지 말 것 • 축전지 2개 이상 충전 시 반드시 직렬접속 • 축전지와 충전기를 서로 역접속하지 말고 각 셀의 벤트 플러그를 열어 놓을 것 • 화학반응에 의해 수소가스가 발생하므로 화기를 멀리한다.

자주나와요 꼭 암기

1. 겨울철 축전지 전해액의 비중이 낮아지면 전해액이 얼기 시작하는 온도는? 높아진다.
2. 납산 축전지의 용량은 어떻게 결정되는가?
  극판의 크기, 극판의 수, 황산의 양에 의해 결정된다.
3. 납산축전지 충전 시 주의사항은? 충전시간은 짧게 한다. 통풍이 잘 되는 곳에서 충전한다. 전해액 온도가 45°C를 넘지 않도록 한다.
4. 납산 축전지의 일반적인 충전방법으로 가장 많이 사용되는 것은? 정전류 충전
5. 축전지를 병렬로 연결하였을 때 맞는 것은? 전류가 증가한다.

신유형

1. 축전지가 서서히 방전이 되기 시작해 일정 전압 이하로 방전될 경우 방전을 멈추는데 이때의 전압은? **방전종지전압**
2. 축전지의 전해액으로 알맞은 것은? **묽은황산**
3. 12V 납산축전지는 몇 개의 셀이 어떤 방식으로 연결되어 있는가? **6개, 직렬**

❸ 시동장치

(1) 시동장치의 정의와 구성요소
① 정의 : 기관을 시동시키기 위해 최초의 흡입과 압축행정에 필요한 에너지를 외부로부터 공급하여 기관을 회전시키는 장치
② 구성요소 : 회전력을 발생시키는 부분, 그 회전력을 기관의 크랭크 축 링기어에 전달하는 부분, 피니언 기어를 접동시켜 링기어에 물리게 하는 부분

(2) 시동전동기★
① 종류 : 직권전동기(건설기계 기동모터), 분권전동기(건설기계 전동팬 모터, 히터팬 모터), 복권전동기(건설기계 윈드 실드 와이퍼 모터)
② 구조와 기능

전동기 부분	전기자	회전력을 발생하는 부분으로 전자기축 양쪽이 베어링으로 지지되어 자계 내에서 회전
	계철	자력선의 통로와 기동전동기의 틀이 되는 부분
	계자 철심	주위에 코일을 감아 전류가 흐르면 전자석이 되어 자계 형성, 자속이 통하기 쉽게 하고 계자 코일을 유지
	계자 코일	계자 철심에 감겨져 전류가 흐르면 자력을 일으켜 계자 철심을 자화시키는 역할
	브러시	정류자를 통해 전기자 코일에 전류를 출입시킴
	브러시 홀더	브러시를 지지하는 곳
	브러시 스프링	브러시를 정류자에 압착시켜 홀더 내에서 접동하도록 함
	베어링	전기자 지지
동력 전달 기구	역할	기동전동기에서 발생한 회전력을 관 플라이휠 링기어로 전달하여 크랭킹시킴
	피니언을 링기어에 물리는 방식	벤딕스식, 피니언 접동식(전자식), 전기자 접동식

③ 시동전동기가 회전하지 않는 원인 : 시동전동기의 소손, 축전지 전압이 낮음, 배선과 스위치 손상, 브러시와 정류자의 밀착 불량
④ 시동전동기의 취급 시 주의사항
  ㉠ 항상 건조하고 깨끗이 사용할 것
  ㉡ 브러시의 접촉은 전면적의 80% 이상 되도록 할 것
  ㉢ 기관이 시동한 다음 시동전동기 스위치를 닫으면 안 됨
  ㉣ 시동전동기의 조작은 5~15초 이내로 작동하며, 시동이 걸리지 않았을 때는 30초~2분을 쉬었다가 다시 시작

> **🛠 참고**
> 전동기의 종류와 그 특성
> • 직권전동기는 계자 코일과 전기자 코일이 직렬로 연결된 것이다.
> • 분권전동기는 계자 코일과 전기자 코일이 병렬로 연결된 것이다.
> • 복권전동기는 직권전동기와 분권전동기의 특성을 합한 것이다.

자주나와요 🌟 꼭 암기

1. 엔진이 기동되었을 때 시동스위치를 계속 ON 위치로 할 때 미치는 영향은? 시동전동기의 수명이 단축된다.
2. 겨울철에 기동전동기 크랭킹 회전수가 낮아지는 원인은? 엔진오일의 점도 상승, 온도에 의한 축전지의 용량 감소, 기온저하로 기동부하 증가
3. 일반적으로 건설기계장비에 설치되는 좌·우 전조등 회로의 연결방법은? 병렬

신유형

시동전동기에서 전기자 철심을 여러층으로 겹쳐서 만드는 이유는? **맴돌이 전류 감소**

❹ 충전장치

(1) 충전장치의 정의와 구성요소
① 정의 : 건설기계 운행 중 각종 전기장치에 전력을 공급하는 전원인 동시에 축전지에 충전 전류를 공급하는 장치
② 구성요소 : 기관에 의해 구동되는 발전기, 발전 전압 및 전류를 조정하는 발전 조정기, 충전상태를 알려주는 전류계

(2) 직류발전기와 교류발전기

구분	직류(DC) 발전기	교류(AC) 발전기
정의	계자 철심에 남아 있는 잔류 자기를 기초로 하여 발전기 자체에서 발생한 전압으로 계자 코일을 여자하는 자려자식 발전기	자계를 형성하는 로터 코일에 축전지 전류를 공급하여 도체를 고정하고 자석을 회전시켜 발전하는 타려자식 발전기
구조	전기자, 정류자, 계철, 계자 철심, 계자 코일, 브러시	스테이터, 로터, 슬립링, 브러시, 정류기, 다이오드
조정기의 기능 및 구조	• 기능 : 계자 코일에 흐르는 전류의 크기를 조절하여 발생되는 전압과 전류 조정 • 구조 : 컷아웃 릴레이, 전압조정기, 전류조정기	교류 발전기 조정기에는 다이오드가 사용되므로 컷아웃 릴레이가 필요 없고, 발전기 자체가 전류를 제한하므로 전압조정기만 있으면 됨
중량	무거움	가볍고 큰 출력
브러시 수명	짧음	긺
정류	정류자와 브러시	실리콘 다이오드
공회전 시	충전 불가능	충전 가능
사용 범위	고속회전에 부적합	고속회전에 적합
소음	라디오에 잡음이 들어감	잡음이 적음
정비	정류자의 정비 필요	슬립링의 정비 필요 없음

> **🛠 참고**
> 발전기의 출력이 일정하지 않거나 낮은 이유
> • 정류자의 오손
> • 밸트가 풀리에서 미끄러짐
> • 정류자와 브러시의 접촉 불량
> • 정류자의 편마멸

자주나와요 🌟 꼭 암기

1. 발전기의 전기자에 발생되는 전류는? 교류
2. AC 발전기에서 작동 중 소음 발생의 원인은? 베어링이 손상되었다. 고정볼트가 풀렸다. 벨트 장력이 약하다.
3. AC와 DC 발전기의 조정기에서 공통으로 가지고 있는 것은? 전압조정기
4. 교류 발전기의 특징은? 브러시의 수명이 길다. 저속회전 시 충전이 양호하다. 경량이고 출력이 크다.
5. AC발전기에서 다이오드의 역할은? 교류를 정류하고 역류를 방지한다.

신유형

1. 교류(AC) 발전기에서 전류가 발생되는 곳은? **스테이터**
2. 건설기계에 주로 사용되는 전동기의 종류는? **직류직권 전동기**

❺ 계기장치

속도계	건설기계의 주행 속도를 km/h로 나타내는 계기
유압계	기관 가동 중 작동되는 유압을 나타내는 계기
온도계	기관의 물재킷 내의 온도를 나타내는 계기
연료계	연료탱크 내의 잔류 연료량을 나타내는 계기
전압계	축전지 전압을 나타내는 계기

6 등화장치

(1) 종류

조명용	전조등, 안개등, 후진등, 실내등, 계기등
신호용	방향지시등, 제동등
지시용	차고등, 주차등, 차폭등, 번호등, 미등
경고용	유압등, 충전등, 연료등, 브레이크오일등

(2) 전조등의 종류

실드빔식★	• 반사경에 필라멘트를 붙이고 여기에 렌즈를 녹여 붙인 후 내부에 불활성가스를 넣어 그 자체가 1개의 전구가 되도록 한 것 • 대기의 조건에 따라 반사경이 흐려지지 않고 사용에 따르는 광도의 변화가 적으며 필라멘트가 끊어지면 렌즈나 반사경에 이상이 없어도 전조등 전체 교환
세미 실드빔식	• 렌즈와 반사경은 일체이고, 전구는 교환이 가능한 것 • 필라멘트가 끊어지면 전구만 교환하면 되지만 전구 설치 부분으로 공기 유통이 있어 반사경이 흐려지기 쉽고 최근에는 전구로 할로겐램프를 주로 사용

(3) 전조등의 회로

① 퓨즈, 라이트스위치, 딤머스위치, 필라멘트
② 배선 방식

단선식	(+)선만 회로 구성, (−)선은 직접 차체에 접속
복선식	(+), (−)선 모두를 구성한 것(전류 소모 적음)

자주나와요 꼭 암기

1. 전조등의 좌우 램프 간 회로에 대한 설명으로 옳은 것은? 병렬로 되어 있다.
2. 방향지시등의 한쪽 등 점멸이 빠르게 작동하고 있을 때, 운전자가 가장 먼저 점검하여야 할 곳은? 전구(램프)
3. 운전 중 갑자기 계기판에 충전경고등이 점등되었다. 그 현상으로 맞는 것은? 충전이 되지 않고 있음을 나타낸다.
4. 최고속도 15km/h 미만의 타이어식 건설기계가 필히 갖추어야 할 조명장치는? 후부반사기

신유형

1. 고장진단 및 테스트용 출력단자를 갖추고 있으며 항상 시스템을 감시하고 필요하면 운전자에게 경고신호를 보내주거나 고장점검 테스트용 단자가 있는 것은? 자기진단기능
2. 야간작업 시 헤드라이트가 한쪽만 점등되었다. 고장원인은? 전구접지 불량, 한쪽 회로의 퓨즈 단선, 전구 불량
3. 방향지시등의 전류를 일정한 주기로 단속, 램프를 점멸 작동시키는 장치는? 플래셔 유닛

제3장   전·후진 주행장치

1 조향장치

(1) 정의

① 차량의 진행 방향을 운전자가 의도하는 바에 따라 임의로 조작할 수 있는 장치
② 조향핸들을 조작하면 조향기어에 그 회전력이 전달되며, 조향기어에 의해 감속하여 앞바퀴 방향을 바꿀 수 있도록 되어 있음

(2) 기능

① 조향핸들을 돌려 원하는 방향으로 조향
② 운전자의 핸들 조작력이 바퀴를 조작하는 데 필요한 조향력으로 증강
③ 선회 시 좌우 바퀴의 조향각에 차이가 나도록 함
④ 선회 시 저항이 적고 옆 방향으로 미끄러지지 않도록 함
⑤ 노면의 충격이 핸들에 전달되지 않도록 함

(3) 조향장치기구의 분류

① 역할에 따른 분류★

조향 조작 기구	조향핸들 (조향휠)	스포크나 림의 내부에는 강이나 경합금 심이 들어 있고 바깥쪽은 합성수지로 성형
	조향축	• 조향핸들의 회전을 조향기어의 웜으로 전하는 축 • 35~50°의 경사를 두고 설치
	탄성체 이음	조향기어와 축의 연결 시 오차를 완화하고 노면으로부터의 충격을 흡수하여 조향핸들로 전달되지 않도록 하기 위해 조향핸들과 축 사이에 설치된 장치
	조향기어기구	• 조작력의 방향을 바꿔줌과 동시에 회전력을 증대하여 조향링크기구에 전달 • 조향기어 사이의 간극이 너무 작을 경우에는 조향핸들이 무거워지고, 너무 클 경우에는 기어의 파손, 핸들의 유격이 커짐
조향 링크 기구	피트먼암	조향핸들의 움직임을 드래그링크나 센터링크로 전달하는 것
	드래그 링크	일체차축방식 조향기구에서 피트먼암과 너클암(제3암)을 연결하는 로드로, 피트먼암을 중심으로 원호운동을 함
	센터링크	독립차축방식 조향기구에서 좌·우 타이로드와 연결
	타이로드	• 독립차축방식 조향기구에서는 센터링크의 운동을 양쪽 너클암으로 전달하며 2개로 나누어져 볼이음으로 각각 연결 • 일체차축방식 조향기구에서는 1개의 로드로 되어 있고 너클암의 움직임을 반대쪽의 너클암으로 전달하여 양쪽 바퀴의 관계를 바르게 유지
	너클암 (제3암)	일체차축방식 조향기구에서 드래그링크의 운동을 조향너클에 전달하는 기구
	조향 너클	킹핀을 통해 앞차축과 연결되는 부분과 바퀴 허브가 설치되는 스핀들 부로 되어 있어 킹핀을 중심으로 회전하여 조향작용
	킹핀	차축과 조향너클을 조립하는 굵은 핀

② 차축방식에 따른 분류

일체 차축방식	조향핸들, 조향축, 조향기어박스, 너클암, 드래그링크, 타이로드, 피트먼암 등
독립 차축방식	일체차축방식과 다른 점은 드래그링크가 없고 타이로드가 둘로 나누어짐

참고

조향핸들★

조향핸들이 무거운 원인	조향핸들이 한쪽으로 쏠리는 원인
• 조향기어의 백래시 작음 • 앞바퀴 정렬 상태 불량 • 타이어의 공기 압력 부족 • 타이어의 마멸 과다 • 조향기어박스 내의 오일 부족 • 유압계통 내의 공기 혼합	• 앞바퀴 정렬 상태 및 쇼크업소버의 작동 상태 불량 • 타이어의 공기 압력 불균일 • 허브 베어링의 마멸 과다 • 앞 액슬축 한쪽 스프링 파손 • 뒤 액슬축이 차량 중심선에 대하여 직각이 되지 않았음

자주나와요 꼭 암기

1. 조향바퀴의 토인을 조정하는 곳은? 타이로드
2. 조향핸들의 조작을 가볍고 원활하게 하는 방법은? 동력조향 사용, 바퀴의 정확한 정렬, 공기압을 적정압으로 조정

(4) 동력조향장치

① 기능 : 기관의 동력으로 오일펌프를 구동시켜 발생한 유압을 이용하는 동력장치를 설치하여 조향핸들의 조작력을 가볍게 하는 장치

② 이점

　㉠ 조향 조작이 경쾌·신속

　㉡ 노면으로부터 진동이나 충격을 흡수하여 조향휠에 전달되는 것을 방지

　㉢ 앞바퀴 시미현상 방지

③ 분류

링키지형	동력 실린더를 조향 링키지 중간에 둔 것
일체형	동력 실린더를 조향기어박스 내에 설치한 형식

④ 구조

동력부	• 동력원이 되는 유압을 발생시키는 부분 • 구성 : 오일펌프, 제어밸브, 압력조절밸브
작동부	• 유압을 기계적 에너지로 바꿔 앞바퀴의 조향력을 발생하는 부분 • 복동식 동력 실린더 사용
제어부	• 조향핸들의 조작으로 작동장치의 오일회로를 개폐하는 부분 • 안전체크밸브 : 제어밸브 속에 있으며, 기관이 정지된 경우, 오일펌프의 고장, 회로에서의 오일 누출 등의 원인으로 유압이 발생하지 못할 때 조향핸들의 조작을 수동으로 할 수 있도록 해주는 밸브

(5) 앞바퀴 정렬

① 필요성 : 조향핸들에 복원성을 주고 조향핸들의 조작을 확실하게 하고 안전성을 줌, 타이어 마멸 감소

② 요소

구분	의미	역할
캠버	차량을 앞에서 보면 그 앞바퀴가 수직선에 대해 어떤 각도를 두고 설치되어 있는 것	• 앞차축의 처짐 및 회전 반지름을 적게 하고 조향핸들의 조작을 가볍게 함 • 볼록 노면에 대하여 앞바퀴를 직각으로 둘 수 있음
캐스터	차량의 앞바퀴를 옆에서 보면 조향너클과 앞차축을 고정하는 킹핀이 수직선과 어떤 각도를 두고 설치되는 것	• 주행 중 조향바퀴에 방향성을 부여 • 조향 시 직진 방향으로의 복원력을 줌
킹핀 경사각 (조향축 경사각)	차량을 앞에서 보면 킹핀의 중심선이 수직에 대하여 어떤 각도를 두고 설치되는 것	• 조향핸들의 조작력을 적게 함 • 앞바퀴 시미현상 방지 • 조향 시에 앞바퀴의 복원성을 부여하여 조향휠의 복원이 용이
토인	차량의 앞바퀴를 위에서 내려다보면 바퀴 중심선 사이의 거리가 앞쪽이 뒤쪽보다 약간 좁게 되어 있는 것	• 앞바퀴 사이드슬립과 타이어 마멸 방지 • 캠버, 조향 링키지 마멸 및 주행 저항과 구동력의 반력에 의한 토아웃 방지 • 앞바퀴를 평행하게 회전시킴

② 현가장치

(1) 현가장치의 구조와 기능★

① 정의 : 차축과 차체 사이에 스프링을 두고 연결하여 주행할 때 차축이 노면에서 받는 진동이나 충격을 차체에 직접 전달되지 않도록 하여 차체나 하물의 손상을 방지하고 승차감을 좋게 하는 장치

② 구성

섀시 스프링	스프링은 차축과 프레임 사이에 설치되어 바퀴에 가해지는 충격이나 진동을 완화하고 차체에 전달되지 않게 함 예 판 스프링, 코일 스프링, 토션바 스프링, 고무 스프링, 공기 스프링
쇼크업소버	• 건설기계가 주행할 때 스프링이 받는 충격에 의해 발생하는 고유진동을 흡수하고 진동을 빨리 감쇠시켜 승차감을 좋게 하며 상하 운동에너지를 열로 바꾸는 작용 • 유압식 쇼크업소버 : 유체에 의한 저항을 이용하여 진동의 감쇠작용
스테빌라이저	건설기계의 롤링을 작게 하고 가능한 빨리 평형상태를 유지하도록 하는 것

(2) 앞현가장치

프레임과 차축 사이를 연결하여 차의 중량을 지지하고, 바퀴의 진동을 흡수함과 동시에 조향기구의 일부를 설치하고 있는 장치

① 독립현가식

형식	• 프레임에 컨트롤 암을 설치하고 이것에 조향너클을 결합한 형식 • 소형차(승용차)에서 많이 사용
특징	• 차의 높이를 낮게 할 수 있어서 차의 안정성 향상 • 조향바퀴에 옆방향으로 요동하는 진동이 잘 일어나지 않고 타이어와 노면의 접지성이 좋아짐 • 스프링 아래 무게가 가벼워 승차감이 좋아짐 • 휠 얼라인먼트가 변하기 쉬우며 타이어가 빨리 마모

② 차축현가식

형식	• 좌우의 바퀴가 1개의 차축으로 연결된 일체차축식 앞차축을 스프링으로 차체와 연결시킨 형식 • 강도가 크고 구조가 간단하여 건설기계(대형트럭), 버스에서 많이 사용
특징	• 차축의 위치를 정하는 링크나 로드가 필요하지 않아 부품수가 적고 구조가 간단함 • 선회 시 차체의 기울기 적음 • 스프링 정수가 너무 작은 것은 사용할 수 없고 스프링 및 질량이 커서 승차감이 좋지 않음

(3) 뒤현가장치

① 독립현가식

특징	뒤현가장치를 독립현가식으로 하면 스프링 아래 무게를 가볍게 할 수 있어 승차감이나 로드 홀딩이 좋아지고 보디의 바닥을 낮출 수 있어 실내공간이 커짐
스윙 차축식	차축을 중앙에서 2개로 분할하여 분할한 점을 중심으로 하여 좌우 바퀴가 상하운동을 하도록 한 것으로 코일 스프링을 많이 사용
트레일링 암식	앞바퀴 구동차의 뒤현가장치로 많이 사용하며 뒷바퀴 구동차에서는 별로 사용되지 않음
세미트레일링 암식	트레일링 암식과 스윙 차축식의 중간적인 현가장치
다이애거널 링크식	일체식 암을 사용하고 그 끝으로 차축을 지지

② 차축현가식

평행판 스프링식	• 언더형 현가방식 : 차축을 스프링 위에 설치 • 오버형 현가방식 : 차축을 스프링 아래에 설치
토크 튜브식	• 승용차 등에서 뒤차축에 토크 튜브를 설치하고 그 앞쪽 끝을 프레임이나 변속기의 뒷부분에 볼 소킷을 이용하여 연결한 방식 • 토크 튜브가 뒤차축이 받는 반동 회전력이나 전후 방향의 힘을 받기 때문에 유연한 스프링을 사용할 수 있음
코일 스프링식	트레일링 링크식에 속하는 것으로, 차축이 받는 반동 회전력이나 전후 방향의 힘은 컨트롤 로드를 통해 차체로 전달되고 옆 방향의 힘은 래터럴 로드를 통해 차체에 전달하는 구조

(4) 공기현가장치

기능	하중이 감소하여 차 높이가 높아지면 레벨링밸브가 작용하여 공기 스프링 안의 공기가 방출되고 하중이 증가하여 차 높이가 낮아지면 공기탱크에서 공기를 보충하여 차 높이를 일정하게 유지하도록 함
특징	• 고주파 진동을 잘 흡수하고, 하중의 변화에 따라 스프링 상수가 자동적으로 변함 • 하중의 증감에 관계없이 고유 진동수는 거의 일정하게 유지 • 하중의 증감에 관계없이 차의 높이가 항상 일정하게 유지되어 차량이 전후좌우로 기우는 것을 방지 • 승차감이 좋고, 진동을 완화하기 때문에 자동차의 수명이 길어짐

❸ 동력전달장치

(1) 클러치

① 기능
  ㉠ 플라이휠과 변속기의 사이에 설치되어 변속기에 전달되는 기관의 동력을 필요에 따라 단속하는 장치
  ㉡ 기관 시동 및 기어 변속 시에는 기관과의 연결을 차단하고, 출발 시에는 기관의 동력 연결

② 구비조건
  ㉠ 회전 관성이 작고 회전 부분의 평형이 좋을 것
  ㉡ 내열성이 좋고 방열이 잘되는 구조
  ㉢ 구조가 간단하고 조작이 쉬우며 고장이 적을 것
  ㉣ 동력 전달 시 미끄럼을 일으키면서 서서히 전달되고 전달 후에는 미끄러지지 않을 것

③ 종류

마찰 클러치	원판 클러치(기관의 동력 전달용), 원뿔 클러치(일반기계용)
자동 클러치	유체클러치(자동변속기용), 전자클러치(에어컨 압축기 클러치)

④ 구조

클러치판 (클러치 디스크)	• 기관의 동력을 변속기 입력축을 통하여 변속기로 전달하는 마찰판 • 구조 : 페이싱(라이닝), 토션 스프링(회전 충격 흡수), 쿠션 스프링(접촉 충격을 흡수하고 서서히 동력 전달, 클러치의 편마멸·변형·파손 방지) • 과대 마모되면 엔진의 회전 변화가 동력전달장치로 제대로 이행되지 않아 차속이 증식되지 않음
클러치축 (변속기 입력축)	클러치 디스크가 받은 기관의 동력을 변속기로 전달
클러치 커버	압력판, 릴리스 레버, 클러치 스프링 등이 조립되어 플라이휠에 함께 설치되는 부분

클러치 페달	• 자유간극(유격) : 페달을 밟은 후부터 릴리스 베어링이 릴리스 레버에 닿을 때까지 페달이 이동한 거리 • 자유간극이 너무 작으면 클러치가 미끄러지며 이 미끄럼으로 인해 클러치 디스크가 과열되어 손상 • 자유간극이 너무 크면 클러치 차단이 불량하여 변속기의 기어 변속 시 소음이 발생하고 기어가 손상 • 자유간극을 두는 이유 : 변속기어의 물림 용이, 클러치판의 미끄럼 방지, 클러치판의 마멸 감소
클러치 스프링	압력판에 압력을 발생시키는 작용
압력판	클러치 페달을 놓으면 클러치 스프링의 장력에 의해 클러치판을 플라이휠에 밀어붙이는 역할
릴리스 베어링	페달을 밟았을 때 릴리스 포크에 의해 변속기 입력축 길이 방향으로 이동하여 회전 중인 릴리스 레버를 눌러 기관의 동력을 차단
릴리스 포크	릴리스 베어링 컬러에 끼워져 릴리스 베어링에 페달의 조작력을 전달하는 작용

⑤ 조작기구

기계식	페달을 밟는 힘을 케이블을 거쳐 릴리스 포크로 전달하여 릴리스 베어링을 이동시키는 방식
유압식	클러치 페달을 밟으면 유압이 발생하는 마스터 실린더와 이 유압을 받아서 릴리스 포크를 이동시키는 슬레이브 실린더 등으로 구성

⑥ 이상현상★

클러치가 미끄러지는 이유	• 클러치 라이닝, 클러치판, 압력판 마멸 • 클러치판의 오일 부착 및 클러치 페달의 자유간극 작음 • 클러치 스프링의 장력이 약하거나 자유 높이 감소
클러치 차단 불량 원인	• 클러치 페달의 자유간극 큼 • 유압 계통에 공기 침입 • 클러치판의 흔들림이 큼 • 릴리스 베어링의 손상·파손 • 클러치 각 부의 심한 마멸
클러치의 떨림 원인	• 클러치 링키지 이상 • 댐퍼 스프링 및 쿠션 스프링 파손
클러치의 소음 원인	• 릴리스 베어링 마멸 • 클러치 허브 스플라인부 헐거움

(2) 변속기

① 기능과 구비조건

기능	클러치와 추진축 또는 클러치와 종감속 기어장치 사이에 설치되어 기관의 동력을 건설기계의 주행상태에 알맞도록 회전력과 속도를 바꿔 구동바퀴에 전달하는 장치
구비조건	• 단계 없이 연속적으로 변속될 것 • 소형·경량이고 조작이 쉬울 것 • 신속·정확·정숙하게 작동할 것 • 전달 효율이 좋고 수리하기 쉬울 것

② 변속기 조작기구 : 로킹볼(기어 빠짐 방지), 스프링, 인터 로크(기어 이중 물림 방지), 후진 오조작 방지 기구 등이 설치

③ 트랜스퍼 케이스 : 험한 도로 및 구배 도로에서 구동력을 증가시키기 위해 기관의 동력을 앞뒤 모든 차축에 전달하도록 하는 장치로 앞바퀴 구동레버와 고속 및 저속 변속레버로 구성

④ 오버드라이브 : 평탄한 도로의 주행 시 기관의 여유 출력을 이용하여 추진축의 회전속도를 기관의 회전속도보다 빠르게 하는 장치

⑤ 변속기의 이상

기어 변속이 잘 안 되는 원인	• 클러치 페달 유격의 과대 • 싱크로나이저 링의 마멸 • 변속 레버 선단과 스플라인 홈의 마모
주행 중 변속기어가 잘 빠지는 원인	• 각 기어의 과도한 마멸 • 시프트 포크의 마멸 • 인터로크 및 로킹볼의 마모 • 베어링 또는 부싱의 마멸 • 기어축이 휘었거나 물림이 약한 경우
주행 중 변속기에서 소음이 나는 원인	• 기어 및 축 지지 베어링의 심한 마멸 • 기어오일 및 윤활유가 부족하거나 규정품이 아닌 경우

(3) 자동변속기

① 자동변속기의 장단점

장점	• 기어의 변속 조작을 하지 않아도 되므로 운전 편리 • 조작 미숙에 의한 기관 정지가 적어 운전자 피로 감소 • 출발, 가속 및 감속이 원활하고 주행 시 진동·충격 흡수 • 과부하가 걸려도 직접 기관에 가해지지 않으므로 기관을 　보호하고 각 부분의 수명 연장
단점	• 구조가 복잡하고 값이 비싸며, 연료 소비율이 약 10% 정도 　많아짐 • 건설기계를 밀거나 끌어서 시동할 수 없음

② 유체클러치★

기능		기관의 회전력을 오일의 운동에너지로 바꾸고 이 에너지를 다시 동력으로 바꿔 변속기에 전달하는 장치
구 조	펌프 (임펠러)	크랭크축에 연결되어 플라이휠과 함께 회전하며 유체의 구 동펌프 역할
	터빈(러너)	펌프의 유체 구동을 받아 회전하며 변속기에 동력 전달
	가이드링	오일의 와류를 방지하여 전달 효율 증가

③ 토크컨버터 : 유체클러치를 개량하여 유체클러치보다 회전력의 변
화를 크게 한 것으로 스테이터, 펌프, 터빈 등이 상호운동을 하여
회전력을 변환

④ 유성 기어장치
　㉠ 토크컨버터의 토크 변환능력을 보조하고 후진조작을 하기 위한
　　장치로 토크컨버터의 뒷부분에 결합되어 있고 유압제어장치에
　　의해 차의 주행상태에 따라 자동적으로 변속
　㉡ 변속기구

다판 디스크 클러치	한쪽의 회전 부분과 다른 한쪽의 회전 부분을 연결하거 나 차단하는 작용
브레이크 밴드와 서보기구	유성 기어장치의 선기어, 유성기어 캐리어 및 링기어의 회전운동을 필요에 따라 고정시키기 위해 브레이크 밴 드를 사용하며 서보기구에 의해 작동
프리휠	오직 한쪽 방향으로만 회전(일방향 클러치)

⑤ 유압조절기구

오일펌프	자동변속기가 요구하는 적당한 유량과 유압을 제공하고, 윤 활과 작동유압을 발생시키는 부분으로 주로 내접형 기어펌 프를 사용
밸브 보디	• 오일펌프에서 공급된 유압을 각 부로 공급하는 유압회로 　형성 • 종류 : 매뉴얼밸브(오일 회로 단속), 드로틀밸브(드로틀 압 　력 발생), 시프트밸브(제어기구에 오일을 단속), 거버너밸 　브(속도에 알맞은 유압 형성), 압력조정밸브(토크컨버터에 　서의 오일 역류 방지), 어큐뮬레이터(변속 충격 흡수)

(4) 드라이브 라인

① 기능 : 뒤차축 구동방식의 건설기계에서 변속기의 출력을 구동축에
　전달하는 장치
② 구조

추진축	• 변속기로부터 종감속 기어까지 동력을 전달하는 축 • 강한 비틀림을 받으면서 고속회전하므로 비틀림이나 굽힘 　에 대한 저항력이 크고 두께가 얇은 강관의 원형 파이프 　사용
슬립 이음	추진축 길이의 변동을 흡수하여 추진축의 길이 방향에 변화 를 주기 위해 사용
자재 이음	• 두 축이 일직선상에 있지 않고 어떤 각도를 가진 2개의 축 　사이에 동력을 전달할 때 사용하여 각도 변화에 대응 • 회전속도의 변화를 상쇄하기 위해 추진축 앞뒤에 둠

(5) 뒤차축 어셈블리

종감속 기어	구동 피니언과 링기어로 구성되어 변속기 및 추진축에서 전 달되는 회전력을 직각 또는 직각에 가까운 각도로 바꿔 앞차 축 및 뒤차축에 전달하고 동시에 최종적으로 감속
LSD (자동 제한 차동 기어장치)	미끄럼으로 공전하고 있는 바퀴의 구동력을 감소시키고 반 대쪽 저항이 큰 구동바퀴에 공전하고 있는 바퀴의 감소된 분 량만큼의 동력을 더 전달시킴으로써 미끄럼에 따른 공회전 없이 주행할 수 있도록 하는 장치
차동 기어장치	양쪽 바퀴의 회전수 변화를 가능케 하여 울퉁불퉁한 도로를 전진 및 선회할 때 무리 없이 원활히 회전하게 하는 장치
액슬축(차축)	• 바퀴를 통하여 차량의 중량을 지지하는 축 • 구동축(동력을 바퀴로 전달하고 노면에서 받는 힘을 지지)과 　유동축(차량의 중량만 지지)이 있음
액슬 하우징	종감속 기어, 차동 기어장치 및 액슬축을 포함하는 튜브 모 양의 고정축

자주나와요 암기

1. 기계식 변속기가 장착된 건설기계장비에서 클러치가 미끄러지는 원인은?
　클러치 압력판 스프링이 약해짐, 클러치 페달의 자유간극(유격)이 작음,
　클러치판(디스크)의 마멸이 심함
2. 건설기계에서 변속기의 구비조건은?　전달효율이 좋아야 한다.
3. 변속기의 필요성은?　기관의 회전력을 증대시킨다.
　시동 시 장비를 무부하 상태로 한다. 장비의 후진 시 필요로 한다.
4. 유체클러치에서 와류를 감소시키는 장치는?　가이드링
5. 굴착기 동력전달계통에서 최종적으로 구동력을 증가시키는 것은?　종감속 기어

신유형

1. 수동변속기가 장착된 건설기계에서 기어의 이중 물림을 방지하는 장치는?
　인터록 장치
2. 기계식 변속기의 클러치에서 릴리스 베어링과 릴리스 레버가 분리되어 있
　을 때로 맞는 것은? 클러치가 연결되어 있을 때
3. 토크컨버터의 3대 구성요소는?　스테이터, 펌프, 터빈
4. 굴착기의 동력전달장치에서 추진축 길이의 변화를 가능하도록 하는 것은?
　자재 이음

④ 제동장치

(1) 역할과 구비조건

역할	주행하고 있는 건설기계 속도를 감속·정지시키며 정차 중 인 건설기계가 스스로 움직이지 않도록 하기 위한 장치
구비조건	• 작동이 확실하고 제동효과·신뢰성·내구성이 클 것 • 운전자에 피로감을 주지 말고 점검·정비가 쉬울 것

(2) 유압 브레이크

① 구성과 특징

구분	특징
구성	유압을 발생시키는 마스터 실린더, 이 유압을 받아서 브레이크 슈(또는 패드)를 드럼(또는 디스크)에 압착시켜 제동력을 발생시키는 휠 실린더(또는 캘리퍼) 및 마스터 실린더와 휠 실린더 사이를 연결하여 유압회로를 형성하는 파이프와 플렉시블 호스 등
특징	• 마찰 손실 적고 페달 조작력이 작아도 됨 • 제동력이 모든 바퀴에 동일하게 작용 • 유압회로 내에 공기가 침입하면 제동력 감소 • 유압회로가 파손되어 오일이 누출되면 제동 기능 상실

② 구조

구분	특징
브레이크 페달	• 조작력을 경감시키기 위해 지렛대 원리 이용 • 구비조건 : 밑판 간극, 페달 높이, 페달 유격 적당
브레이크 파이프	마스터 실린더에서 휠 실린더로 브레이크액을 유도하는 관
브레이크 호스	프레임에 결합된 파이프와 차축이나 바퀴 등을 연결하는 것(= 플렉시블 호스)
마스터 실린더	• 브레이크 페달을 밟는 것에 의해 유압을 발생시킴 • 체크밸브 : 오일이 한쪽으로만 흐르게 하는 밸브로서 오일이 휠 실린더 쪽으로 나가게 하지만 유압과 장력이 평형이 되면 체크밸브와 시트가 접촉되어 오일 라인에 잔압을 형성하여 유지시킴 • 잔압을 두는 이유 : 조작을 신속히 해주고 휠 실린더로 오일 누출 방지 및 베이퍼 록 방지
휠 실린더	마스터 실린더에서 압송된 유압을 받아 브레이크 슈를 드럼에 압착시킴
브레이크 슈	휠 실린더의 피스톤에 의해 드럼과 접촉하여 제동력을 발생하는 부분
브레이크 라이닝	브레이크 드럼과 직접 접촉하여 브레이크 드럼의 회전을 멈추고 운동에너지를 열에너지로 바꾸는 마찰재
브레이크 드럼	바퀴와 함께 고속으로 회전하고 슈의 마찰력을 받아 제동력을 발생시키는 부분

참고

베이퍼 록
• 브레이크 회로 내의 오일이 비등하여 오일의 압력 전달 작용을 방해하는 현상
• 원인 : 브레이크 드럼과 라이닝의 끌림에 의한 가열, 긴 내리막길에서 과도한 풋 브레이크 사용 시, 브레이크오일 변질에 의한 비점의 저하 및 불량한 오일 사용 시

페이드 현상★
브레이크를 연속하여 자주 사용하면 브레이크 드럼이 과열되어 마찰계수가 떨어지고 브레이크가 잘 듣지 않는 것으로, 짧은 시간 내에 반복 조작이나 내리막길을 내려갈 때 브레이크 효과가 나빠지는 현상

(3) 디스크 · 배력식 · 공기 · 주차 브레이크

구분	특징
디스크 브레이크	• 바퀴와 함께 회전하는 브레이크 디스크 양쪽에서 제동 패드를 유압에 의해 눌러서 제동하고 디스크가 대기 중에 노출되어 회전하므로 페이드 현상이 작은 자동 조정 브레이크 형식 • 부품의 평형이 좋고 한쪽만 제동되는 일이 없음 • 디스크에 물이 묻어도 제동력의 회복이 크고 디스크에 이물질이 쉽게 부착 • 자기 작동작용이 없어 고속에서 반복적으로 사용하여도 제동력 변화 적음 • 종류 : 대향 피스톤 고정 캘리퍼형, 싱글 실린더 플로팅 캘리퍼형
배력식 브레이크	• 오일 브레이크의 제동력을 강하게 하기 위한 보조 역할 • 종류 : 진공식 배력장치(흡입다기관의 진공과 대기 압력차 이용), 공기식 배력장치(압축공기와 대기 압력차 이용)

구분	특징
공기 브레이크	• 압축공기의 압력을 이용해서 브레이크 슈를 드럼에 압착시켜 제동을 하는 장치(대형 트럭, 건설기계, 트레일러 등에 많이 사용) • 차량 중량에 제한을 받지 않고 베이퍼 록의 발생 염려 없음 • 공기가 다소 누출되어도 제동 성능이 현저하게 저하되지 않음 • 구조가 복잡하고 값이 비싸며 페달 밟는 양에 따라 제동력 조절 • 공기 압축기 구동에 기관의 출력 일부 소모
주차 브레이크	• 센터 브레이크식 : 추진축에 설치된 브레이크 드럼을 제동, 보통 트럭이나 건설기계에 사용, 변속기 뒷부분에 설치 • 뒷바퀴 브레이크식 : 뒷바퀴 제동, 승용차에 사용, 일반적으로 풋 브레이크용 슈를 링크나 와이어 등을 이용해서 벌려 제동하는 형식

참고

브레이크의 이상 현상★

원인	결과
브레이크 페달을 밟았을 때 차량이 한쪽으로 쏠리는 경우	• 라이닝 간극 조정 불량 • 앞바퀴 정렬 불량 • 드럼의 변형 • 드럼슈에 그리스나 오일이 붙었을 때 • 쇼크업소버 작동 불량 • 좌우 타이어의 공기 압력 불균일
진공 배력식 브레이크에서 페달 조작이 무거운 경우	• 진공 파이프에 공기 유입 • 릴레이밸브 및 피스톤의 작동 불량 • 진공 및 공기밸브, 하이드로릭 피스톤, 진공 체크밸브 작동 불량
제동력이 불충분한 경우	• 브레이크 오일 부족 • 브레이크 라인 막힘 • 브레이크 계통 내에 공기 혼입 • 패드나 라이닝에 오일이 묻었거나 접촉 불량 • 휠 실린더, 마스터 실린더 오일 누출 • 브레이크 배력장치 작동 불량 • 휠실린더 오일 누출

자주나와요 꼭 암기

1. 유압브레이크에서 잔압을 유지시키는 역할을 하는 것은? 체크밸브
2. 긴 내리막길을 내려갈 때 베이퍼 록을 방지하는 운전방법은? 엔진 브레이크의 사용

5 트랙장치와 바퀴

(1) 트랙장치★

① 역할 : 트랙에 의해 건설기계를 이동시키는 장치

② 구성

구분	특징

트랙	• 프런트 아이들러, 상·하부 롤러, 스프로킷에 감겨져 있고 스프로킷에서 동력을 받아 구동
	• 트랙 유격(상부 롤러와 트랙 사이의 간격)
	  - 유격이 규정값보다 크면 트랙이 벗겨지기 쉽고 롤러 및 트랙 링크의 마멸이 촉진되고 반대로 유격이 너무 적으면 암석지 작업을 할 때 트랙이 절단되기 쉬우며 각종 롤러, 트랙 구성 부품의 마멸 촉진
	  - 유격 조정방법 : 조정너트를 렌치로 돌려서 조정(구형의 경우), 프런트 아이들러 요크축에 설치된 그리스 실린더에 그리스(GAA)를 주유하면 트랙 유격이 작아지고 그리스를 배출시키면 유격이 커짐

트랙 프레임	위에는 상부 롤러, 아래에는 하부 롤러, 앞에는 유동륜을 설치
트랙 아이들러 (전부 유동륜)	트랙의 진행 방향을 유도하고 요크를 지지하는 축 끝에 조정 실린더가 연결되어 트랙 유격 조정

상부 롤러	트랙 아이들러와 스프로킷 사이에서 트랙이 처지는 것을 방지하고 동시에 트랙의 회전 위치를 정확하게 유지
하부 롤러	트랙터의 전중량을 균등하게 트랙 위에 분배하면서 전동하고 트랙의 회전 위치를 정확히 유지
리코일 스프링	주행 중 트랙 전면에서 오는 충격을 완화하여 차체의 파손을 방지하고 원활한 운전이 될 수 있도록 함
스프로킷 (기동륜, 구동륜)	종감속 기어를 거쳐 전달된 동력을 최종적으로 트랙에 전달해 줌. 손상 시 주행불량 현상 원인이 됨

 자주나와요 꼭 암기

1. 무한궤도식 건설기계에서 트랙의 구성품으로 맞는 것은?
   슈, 슈볼트, 링크, 부싱, 핀
2. 무한궤도식 건설기계에서 트랙 장력 조정은? 장력 조정 실린더
3. 작업장에서 적합한 굴착기 트랙의 유격은? 약 25~40mm

(2) 타이어

① 기능 및 요건 : 휠에 끼워져 일체로 회전하며 주행 중 노면에서의 충격을 흡수하고 제동, 구동 및 선회할 때에 노면과의 미끄럼이 적어야 함

② 분류
   ㉠ 공기 압력 : 고압 타이어($4.2 \sim 6.3 \mathrm{kgf/cm^2}$)
   　　　　　　　저압 타이어($2.1 \sim 2.5 \mathrm{kgf/cm^2}$)
   ㉡ 튜브 유무 : 튜브 있는 타이어, 튜브 없는 타이어
   ㉢ 형상 : 보통(바이어스) 타이어, 레디얼 타이어, 스노우 타이어, 편평 타이어

③ 호칭 치수
   ㉠ 보통 타이어 : 고압 타이어(타이어 외경 × 타이어 폭－플라이 수 (PR) 예 32×6－8PR), 저압 타이어(타이어 폭－타이어 내경－플라이 수(PR) 예 7.00－16－10PR)
   ㉡ 레디얼 타이어

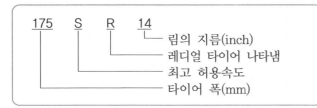

④ 구조★

카커스	튜브의 고압 공기에 견디고 하중·충격에 변형되어 완충작용을 함
브레이커	외부로부터의 충격을 흡수하고 트레드에 생긴 상처가 카커스에 미치는 것을 방지
비드	• 타이어가 림과 접하는 부분 • 와이어가 서로 접촉하여 손상되는 것을 막고 비드 부분의 늘어남을 방지하여 타이어가 림에서 벗어나지 않도록 함
트레드	• 노면과 접촉되는 부분으로 내부의 카커스와 브레이커를 보호하기 위해 내마모성이 큰 고무층으로 되어 있고 노면과 미끄러짐을 방지하고 방열을 위한 홈(트레드 패턴)이 파져 있음 • 트레드 패턴의 필요성 : 타이어 내부에서 발생한 열을 발산, 구동력이나 선회 성능 향상, 트레드에서 생긴 절상 등의 확대 방지, 타이어의 옆방향 및 전진 방향의 미끄럼 방지 • 히트 세퍼레이션 현상 : 타이어 내부의 발열로 트레드가 떨어져 나가는 현상

⑤ 스탠딩웨이브 현상 : 고속주행 시 공기가 적을 때 트레드가 받는 원심력과 공기 압력에 의해 트레드가 노면에서 떨어진 직후 찌그러짐이 생기는 현상(방지책 : 공기압 10~13% 높임)

⑥ 수막현상(하이드로 플래닝) : 비가 올 때 노면의 빗물에 의해 타이어가 노면에 직접 접촉되지 않고 수막만큼 떠 있는 상태

⑦ 휠 밸런스 : 회전하는 바퀴에 평형이 잡혀 있지 않으면 원심력에 의해 진동이 발생하고 타이어의 편마모 및 조향휠의 떨림이 발생

(3) 휠

① 기능 : 타이어를 지지하는 림과 림을 허브에 지지하는 부분으로 구성되어 허브와 림 사이를 연결

② 요건 : 휠 타이어와 함께 차량의 전중량을 분담 지지하고 제동 및 주행 시의 회전력, 노면으로부터의 충격, 선회할 때의 원심력, 차량이 기울었을 때 발생하는 옆방향의 힘 등에 견디고 가벼워야 함

 자주나와요 꼭 암기

1. 타이어의 구조에서 직접 노면과 접촉되어 마모에 견디고 적은 슬립으로 견인력을 증대시키는 부분의 명칭은? 트레드(tread)
2. 트랙에서 스프로킷이 이상 마모되는 원인은? 트랙의 이완
3. 타이어의 트레드에 대한 설명은?
   트레드가 마모되면 구동력과 선회능력이 저하된다.
   타이어의 공기압이 높으면 트레드의 양단부보다 중앙부의 마모가 크다.
   트레드가 마모되면 열의 발산이 불량하게 된다.

신유형

굴착기에 주로 사용되는 타이어는? 고압타이어

제4장 유압일반

1 유압유

(1) 유압의 역할

① 액체에 능력을 주어 요구된 일을 시키는 것
② 기관이나 전동기가 가진 동력에너지를 실제 일에너지로 변화시키기 위한 에너지 전달 기관

(2) 유압의 장단점

장점	• 힘의 조정이 쉽고 정확 • 작동이 부드럽고 진동 적음 • 원격조작과 무단변속이 가능함 • 내구성이 좋고 힘이 강함 • 과부하 방지에 유리 • 동력의 분배 및 집중 용이
단점	• 오일의 온도에 따라 기계 속도가 달라짐 • 오일이 가연성이므로 화재 위험 있음 • 호스 등의 연결이 정밀해야 하며, 오일 누출 용이 • 기계적 에너지를 유압에너지로 바꾸는 데 따르는 에너지 손실이 많음

(3) 기능 및 구비조건

기능	• 동력 전달　　　　　• 마찰열 흡수 • 움직이는 기계요소 윤활　• 필요한 기계요소 사이 밀봉
구비조건	• 비압축성　　　　　　• 점도 지수 높을 것 • 방청 및 방식성　　　• 적당한 유동성과 점성 • 불순물과 분리가 잘 될 것 • 내열성이 크고 거품 적을 것 • 온도에 의한 점도 변화 적을 것 • 체적탄성계수 크고 밀도 작을 것 • 실(seal) 재료와의 적합성 좋을 것 • 화학적 안정성 및 윤활 성능 클 것 • 유압장치에 사용되는 재료에 대해 불활성
작동유 첨가제	소포제, 유동점 강하제, 산화방지제, 점도지수 향상제 등

(4) 이상현상

작동유 과열 원인	• 작동유 부족 및 노후화 • 작동유 점도 불량 • 유압장치 내에서의 작동유 누출 • 오일냉각기 성능 불량 • 고열의 물체에 작동유 접촉 • 과부하로 연속 작업 하는 경우 • 유압회로에서 유압 손실 클 경우 • 작동유에 공동현상 발생	
작동유 점도가 너무 클 때 나타나는 현상	• 유압이 높아짐　　• 동력 손실이 커짐 • 열 발생의 원인이 됨 • 파이프 내의 마찰 손실 커짐 • 소음이나 공동현상 발생	
작동유 점도가 너무 낮을 때 나타나는 현상	• 소실되는 양이 많아짐 • 유압실린더의 속도가 늦어짐 • 유동 저항은 감소되나 출력이 떨어짐	
작동유 온도의 과도 상승 시 나타나는 현상	• 점도 저하　　　　　　• 밸브 기능 저하 • 기계적인 마모 발생　　• 열화 촉진 • 작동유의 산화작용 촉진　• 유압기기 작동 불량 • 실린더 작동 불량　　　• 유압펌프 효율 저하 • 작동유 누출 증가 • 온도변화에 의한 유압기기의 열변형	
공기가 작동유 관 내에 들어갔을 경우	실린더 숨돌리기 현상	작동유의 공급이 부족할 때 발생하는 현상 → 피스톤 작동 불안정, 작동시간 지연, 작동유 공급이 부족해져 서지 압력 발생
	작동유의 열화 촉진	유압회로에 공기가 기포로 있으면 오일은 비압축성이나 공기는 압축성이므로 공기가 압축되면 열이 발생되고 온도 상승 → 상승압력과 오일의 공기 흡수량이 증가하고 오일 온도가 상승하면 작동유가 산화작용을 촉진하여 중압/분해가 일어나고 고무 같은 물질이 생겨서 펌프, 밸브 실린더의 작동 불량 초래
	공동현상 (캐비테이션)	• 작동유 속에 공기가 혼입되어 있을 때 펌프나 밸브를 통과하는 유압회로에 압력 변화가 생겨 저압부에서 기포가 포화상태가 되어 혼입되어 있던 기포가 분리되어 오일 속에 공동부가 생기는 현상 • 결과 : 오일 순환 불량, 유온 상승, 용적 효율 저하, 소음·진동·부식 등 발생, 액추에이터 효율 감소, 체적 감소 • 방지방법 : 적당한 점도의 작동유 선택, 흡입구멍의 양정 1m 이하, 수분 등의 이물질 유입 방지, 정기적인 오일필터 점검 및 교환
	공기★ 제거 방법	• 유압모터는 한 방향으로 2~3분간 공전시킨 후 공기빼기 • 공기가 잔류되기 쉬운 상부의 배관을 조금 풀고 유압펌프를 움직여서 공기빼기 • 유압펌프를 시동하여 회로 내의 오일이 모두 순환하도록 각 액추에이터 5~10분 정도 가동

자주나와요 ★ 암기

1. 사용 중인 작동유의 수분함유 여부를 현장에서 판정하는 것으로 적절한 방법은? 오일을 가열한 철판 위에 떨어뜨려 본다.
2. 유압장치에서 오일에 거품이 생기는 원인은? 오일이 부족할 때, 오일탱크와 펌프 사이에서 공기가 유입될 때, 펌프축 주위의 토출 측 실(seal)이 손상되었을 때
3. 온도변화에 따라 점도변화가 큰 오일의 점도지수는? 점도지수가 낮은 것이다.
4. 유압유의 점검 사항은? 점도, 윤활성, 소포성
5. 오일의 무게를 맞게 계산하는 방법은? 부피 L에다 비중을 곱하면 kgf가 된다.
6. 유압 작동부에서 오일이 새고 있을 때 가장 먼저 점검해야 하는 것은? 실(seal)
7. 유압실린더의 숨돌리기 현상이 생겼을 때 일어나는 현상은? 작동 지연 현상이 생긴다. 서지압이 발생한다. 피스톤 작동이 불안정하게 된다.
8. 작동유의 열화 판정 방법은? 색깔, 냄새, 점도 등 작동유의 외관

신유형

1. 필터의 여과 입도수(mesh)가 너무 높을 때 발생할 수 있는 현상으로 가장 적절한 것은? **캐비테이션 현상**
2. 윤활유가 열 때문에 건유되어 다량의 탄소잔류물이 생기는 현상은? **탄화**

---

2 유압펌프, 유압모터 및 유압실린더

(1) 유압펌프

기관이나 전동기 등의 기계적 에너지를 받아서 유압에너지로 변환시키는 장치로 작동유의 유압 송출

① 종류 및 특징

구분	기어펌프	베인펌프	플런저펌프 ★ (피스톤펌프)
최고압력	$170\sim210 kgf/cm^2$	$140\sim170 kgf/cm^2$	$250\sim350 kgf/cm^2$
최고 회전수	2,000~3,000rpm	2,000~3,000rpm	2,000~2,500rpm
전체 효율	80~85	80~85	85~90
장점	• 소형, 구조 간단하여 고장 적음 • 고속회전 가능, 가격 저렴 • 부하 및 회전변동이 큰 가혹한 조건에도 사용 가능 • 흡입력이 좋아 탱크에 가압하지 않아도 펌프질이 잘됨	• 소음과 진동 적음, 로크가 안정 • 정비와 관리 용이 • 수명은 보통, 고속회전 가능 • 유압탱크에 가압을 가하지 않아도 펌프질 가능	• 가변 용량 가능 • 가장 고압, 고효율 • 다른 펌프에 비해 수명 긺
단점	• 수명 짧고, 소음 및 진동 큼 • 펌프 회전속도가 변화하면 흐름 용량이 바뀜	• 최고압력 및 흡입 성능 낮음 • 구조가 약간 복잡	• 흡입 성능 나쁘고 구조 복잡 • 소음 크고, 최고회전속도 약간 낮음

② 유압펌프의 이상현상

유압펌프 고장 시 나타나는 현상	• 작동 중 소음 큼 • 작동유의 배출 압력 낮음 • 샤프트 실(seal)에서 오일 누설 있음 • 작동유의 흐르는 양·압력 부족
유압펌프의 소음 발생 원인	• 흡입 라인 막힘 • 작동유 양 적고, 점도 너무 높음 • 유압펌프의 베어링 마모 • 작동유 속에 공기가 들어 있을 때 • 스트레이너 용량이 너무 작음 • 관과 펌프축 사이의 편심 오차 큼 • 흡입관 접합부분으로부터 공기 유입
유압펌프가 작동유를 배출하지 못하는 원인	• 작동유의 점도가 너무 높음 • 흡입관으로 공기 유입 • 오일탱크의 작동유 보유량 부족
유압펌프에서 오일은 배출되나 압력이 상승하지 않는 원인	• 유압펌프 내부의 이상으로 작동유가 누출될 때 • 릴리프밸브의 설정 압력이 낮거나 작동이 불량할 때 • 유압회로 중의 밸브나 작동기구에서 작동유가 누출될 때

참고

유압장치의 기본 구조와 장·단점

유압 발생장치	• 유압펌프나 전동기에 의해 유압을 발생하는 부분 • 작동유 탱크, 유압펌프, 오일필터, 압력계, 오일펌프 구동용 전동기(유압모터) 등으로 구성
유압기기 구동장치	• 유체 압력에너지를 기계적 에너지로 변환시키고 액추에이터에 의해 왕복운동 또는 회전운동을 하는 부분 • 유압실린더, 유압전동기 등으로 구성
유압 제어장치	• 작동유의 필요한 압력, 유량, 방향을 제어하는 부분 • 압력제어밸브, 유량제어밸브, 방향제어밸브 등으로 구성
유압장치 장·단점	• 장점 : 힘, 속도, 방향 등 제어 유리, 내마모성, 방청 • 단점 : 온도와 유압유의 점도에 영향을 받음

(2) 유압모터

기능	유압에너지를 이용하여 연속적으로 회전운동을 시키는 기기
종류	• 기어모터 : 외접 기어모터, 내접 기어모터 • 플런저 모터 : 액시얼 플런저 모터, 레디얼 플런저 모터
장점	• 무단 변속 용이　　　　　• 작동이 신속·정확 • 변속·역전 제어 용이　　• 속도나 방향 제어 용이 • 신호 시에 응답 빠름　　• 관성이 작고, 소음 적음 • 소형·경량으로서 큰 출력을 냄
단점	• 작동유가 인화하기 쉬움 • 공기, 먼지가 침투하면 성능에 영향을 줌 • 작동유의 점도 변화에 의해 유압모터의 사용에 제약이 있음 • 작동유에 먼지나 공기가 침입하지 않도록 보수에 주의

(3) 유압실린더

기능	유압에너지를 이용하여 직선운동의 기계적인 일을 하는 장치 (동력 실린더)
실린더의 누설	• 내부누설 : 최고압력에 상당하는 정하중을 로드에 작용시킬 　때 피스톤 이동 0.5mm/min • 외부누설 : 1종·2종·3종 누설
실린더 쿠션기구	작동하고 있는 피스톤이 그대로의 속도로 실린더 끝부분에 충 돌하면 큰 충격이 가해지는데, 이를 완화하기 위해 설치한 것

자주나와요 꼭 암기

1. 유압장치의 구성요소는?　제어밸브, 오일탱크, 펌프
2. 일반적으로 유압펌프 중 가장 고압, 고효율인 것은?　플런저펌프
3. 유압모터의 장점은?　소형, 경량으로서 큰 출력을 낼 수 있다.
　변속·역전의 제어도 용이하다. 속도나 방향의 제어가 용이하다.
4. 유압모터의 용량을 나타내는 것은?　입구압력(kgf/cm²)당 토크
5. 유압실린더에서 실린더의 과도한 자연낙하 현상이 발생하는 원인은?　컨트롤밸브
　스풀의 마모, 릴리프밸브의 조정 불량, 실린더 내 피스톤 실(Seal)의 마모
6. 겨울철 연료탱크 내에 연료를 가득 채워두는 이유는?
　공기 중의 수분이 응축되어 물이 생기기 때문

신유형

1. 안쪽 로터가 회전하면 바깥쪽 로터도 동시에 회전하는 유압펌프는?
　트로코이드 펌프(trochoid pump)
2. 유압회로 내에서 서지압(surge pressure)이란?
　과도하게 발생하는 이상 압력의 최댓값
3. 유압기기장치에 사용하는 유압호스로 가장 큰 압력에 견딜 수 있는 것은?
　나선 와이어 브레이드
4. 유압모터의 회전속도가 느릴 경우의 원인은?　**유압유의 유입량 부족, 오일
　의 내부누설, 각 작동부의 마모 또는 파손 등**

❸ 제어밸브 ★

(1) 유량제어밸브

기능	회로 내에 흐르는 유량을 변화시켜서 액추에이터의 움직이는 속도를 바꾸는 밸브
교축밸브 (스로틀밸브)	조정핸들을 조작함에 따라 내부의 드로틀밸브가 움직여져 유 도 면적을 바꿈으로써 유량이 조정되는 밸브
분류밸브	하나의 통로를 통해 들어온 유량을 2개의 액추에이터에 동등 한 유량으로 분배하여 그 속도를 동기시키는 경우에 사용
압력 보상부 유량제어밸브	밸브의 입구와 출구의 압력차가 변해도 유량 조정은 변하지 않도록 보상 피스톤이 출구 쪽의 압력 변화를 민감하게 감지 하여 미세한 운동을 하면서 유량 조정(= 플로컨트롤밸브)
특수 유량제어밸브	특수 유량제어밸브와 방향전환밸브를 조합한 복합밸브

(2) 압력제어밸브

기능	회로 내의 오일 압력을 제어하여 일의 크기를 결정하거나 유 압회로 내의 유압을 일정하게 유지하여 과도한 유압으로부터 회전의 안전을 지켜줌
릴리프밸브	회로 압력을 일정하게 하거나 최고압력을 규제해서 각부 기기 를 보호
감압밸브 (리듀싱밸브)	유압회로에서 분기회로의 압력을 주회로의 압력보다 저압으 로 해서 사용하고 싶을 때 이용
시퀀스밸브 ★	2개 이상의 분기회로를 갖는 회로 내에서 작동순서를 회로의 압력 등에 의해 제어하는 밸브
언로드밸브 (무부하밸브)	유압회로 내의 압력이 설정압력에 이르면 연쇄적으로 펌프로 부터의 전유량이 직접 탱크로 환류하도록 하여 펌프가 무부하 운전상태가 되도록 하는 제어밸브
카운터 밸런스밸브	윈치나 유압실린더 등의 자유낙하를 방지하기 위해 배압을 유 지하는 제어밸브

(3) 방향제어밸브

기능	유압펌프에서 보내온 오일의 흐름 방향을 바꾸거나 정지시 켜서 액추에이터가 하는 일의 방향을 변화·정지시키는 제 어밸브
스풀밸브	1개의 회로에 여러 개의 밸브 면을 두고 직선운동이나 회전운 동으로 작동유의 흐름 방향을 변환시키는 밸브
체크밸브 ★	유압의 흐름을 한 방향으로 통과시켜 역류를 방지하기 위한 밸브
셔틀밸브	출구가 최고 압력쪽 입구를 선택하는 기능을 가지는 밸브
감속밸브	유압실린더나 유압모터를 가속, 감속 또는 정지하기 위해 사 용하는 밸브(= 디셀러레이션밸브)
멀티플 유닛밸브	배관을 최소한으로 절약하기 위해 몇 개의 방향제어밸브를 그 회로에 필요한 릴리프밸브와 체크밸브를 포함하여 1개의 유 닛으로 모은 밸브

(4) 특수밸브

기능	건설기계의 특수성과 소형, 경량화하기 위해 그 기계에 적 합한 밸브를 만들 필요가 있는데, 이를 위해 특별히 설계된 밸브
브레이크밸브	부하의 관성에너지가 큰 곳에 주로 사용하는 밸브
원격조작밸브	대형 건설기계의 수동 조작의 어려움을 제거하여 보다 간단한 조작을 위해 사용하는 밸브
클러치밸브	유압크레인의 권상 윈치 등의 클러치를 조작하는 데 사용하는 밸브

❹ 유압기호 및 회로

(1) 유압기호

		상시 닫힘	상시 열림
	기본표시	⊐	⊐
압력 제어밸브	릴리프밸브 ★		
	언로드밸브 ★ (무부하밸브)		
	시퀀스밸브		
	감압밸브		

분류	구분		기호
유량 제어밸브	유량조절밸브		
	가변 드로틀 밸브 고정형		
	가변형	내부 드레인식	
		외부 드레인식	
체크밸브	체크밸브★		
	파일럿식 체크밸브		
	셔틀밸브		
부속기관	오일탱크		
	스톱밸브		
	압력스위치		
	어큐뮬레이터★		
	전동기		
	압력원		
	필터		
	냉각기		
	압력계		
	온도계		
	유량계 순간지시식		

분류	구분	1방향	2방향
펌프 및 모터 기호	정용량형 유압펌프		
	가변용량형 유압펌프★		
	정용량형 유압모터		
	가변용량형 유압모터		
	가변펌프·모터		

(2) 유압회로

구성	유압펌프, 유압밸브, 유압실린더, 유압모터, 오일필터, 축압기 등
기본 유압 회로	개방회로(오픈회로), 밀폐회로(클로즈드 회로), 탠덤회로, 병렬회로, 직렬회로
속도 제어 회로	미터 인 회로, 미터 아웃 회로, 블리드 오프 회로
유압 제어 회로	2개의 릴리프밸브를 사용하는 회로, 압력을 단계적으로 변화시키는 회로, 압력을 연속적으로 제어하는 회로
축압기 회로	• 보조 유압원으로 사용되고 이에 의해 동력을 크게 절약할 수 있으며 유압장치의 내구성을 향상시킬 수 있음 • 사용목적 : 압력 유지, 급속 작동, 충격 압력 제거, 맥동 발생 방지, 유압펌프 보조, 비상용 유압원 등
시퀀스 회로	전기방식, 기계방식, 압력방식
무부하 회로	• 펌프에서 발생한 유량이 필요 없게 되었을 때 이 작동유를 저압으로 탱크로 복귀시키는 회로 • 특징 : 동력 절약, 열 발생 감소, 펌프 수명 연장, 전체 유압장치의 효율 증대

5 기타 부속장치

작동유 탱크	적정 유량 저장, 적정 유온 유지, 작동유의 기포 발생 방지 및 제거
배관	펌프와 밸브 및 실린더를 연결하고 동력을 전달(유압호스)
오일필터 (여과기)	• 오일이 순환하는 과정에서 함유하게 되는 수분, 금속 분말, 슬러지 등 제거 • 종류 : 흡입 스트레이너(밀폐형 오일탱크 내에 설치하여 주로 큰 불순물 등 제거), 고압필터, 저압필터, 자석 스트레이너(펌프에 자성 금속 흡입 방지)
축압기★ (어큐뮬레이터)	• 유압펌프에서 발생한 유압을 저장하고 맥동을 소멸시키는 장치 • 축압기는 고압 질소가스를 충전하므로 취급 시에 주의하고 운반 및 유압장치의 수리 시에는 완전히 가스를 뽑아 둠 • 기능 : 압력 보상, 에너지 축적, 유압회로 보호, 체적 변화 보상, 맥동 감쇠, 충격 압력 흡수 및 일정 압력 유지 • 축압기 사용 시의 이점 : 유압펌프 동력 절약, 작동유 누출 시 이를 보충, 갑작스런 충격 압력 보호, 충격된 압력 에너지의 방출 사이클 시간 연장, 유압펌프의 정지 시 회로 압력 유지, 유압펌프의 대용 사용 가능 및 안전장치로서의 역할 수행
패킹	실린더용 패킹	• U패킹 : 저압~고압까지 넓은 범위에서 사용 • 피스톤링(슬리퍼 실) : O링과 테프론을 조합한 것으로 피스톤 실에 많이 쓰임 • V패킹 : 절단면이 V형
	O 링	고무제품으로 유압기기·고압기기에 널리 사용
	더스트 실 (dust seal)	유압실린더의 로드 패킹 외측에 장착되므로 윤활성이 좋지 않고 외기의 온도와 햇빛에 직접 노출되어 손상되기 쉬움 (= 스크레이퍼)
	오일 실	유압회로의 작동유의 누출 방지를 위해 펌프, 모터축의 실에 사용되는 것
오일냉각기	• 유압의 적정온도인 40~60°C를 초과하면 점도 저하에 따른 유막의 단절, 누설량의 증대에 따른 기능 저하를 유발하여 유압장치의 작동을 원활하게 하지 못함 • 회로 내의 동력 손실이 온도 상승의 원인으로, 손실이 적은 경우 자연발화에 의해 온도 상승을 방지할 수 있으나 손실이 많은 경우 오일냉각기를 설치하여 온도를 조정

자주나와요 꼭 암기

1. 유압회로 내의 유압을 설정압력으로 일정하게 유지하기 위한 압력제어밸브는? **릴리프밸브**
2. 방향제어밸브를 동작시키는 방식은? **전자식, 수동식, 전자 유압 파일럿식**
3. 역류를 방지하는 밸브는? **체크밸브**
4. 오일펌프의 압력조절밸브를 조정하여 스프링 장력을 높게 하면 어떻게 되는가? **유압이 높아진다.**
5. 축압기의 용도는? **유압에너지의 저장, 충격흡수, 압력보상**
6. 유압실린더의 움직임이 느리거나 불규칙할 때의 원인은? **피스톤링이 마모되었다. 유압유의 점도가 너무 높다. 회로 내에 공기가 혼입되고 있다.**
7. 분기회로에 사용되는 밸브는? **리듀싱(감압)밸브, 시퀀스밸브**
8. 직동형 릴리프밸브에서 자주 일어나며 볼(ball)이 밸브의 시트(seat)를 때려 소음을 발생시키는 현상은? **채터링(chattering) 현상**
9. 유압장치에서 작동 유압에너지에 의해 연속적으로 회전운동을 함으로써 기계적인 일을 하는 것은? **유압모터**

신유형

1. 액추에이터를 순서에 맞추어 작동시키기 위해 설치한 밸브는? **시퀀스밸브**
2. 주행모터에 공급되는 유량과 관계없이 자중에 의해 빠르게 내려가는 것을 방지하는 밸브는? **카운터 밸런스 밸브**
3. 가스형 축압기(어큐뮬레이터)에 가장 널리 이용되는 가스는? **질소**
4. 건설기계기관에 설치되는 오일냉각기의 주 기능은? **오일 온도를 정상 온도로 일정하게 유지한다.**

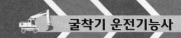
제1장 안전관리

1 산업안전 일반

(1) 산업안전
사업장의 생산 활동에서 발생되는 모든 위험으로부터 근로자의 신체와 건강을 보호하고 산업시설을 안전하게 유지하는 것

(2) 산업재해의 발생원리
① 산업재해의 정의

산업안전 보건법상의 정의	노무를 제공하는 사람이 업무에 관계되는 건설물·설비·원재료·가스·증기·분진 등에 의하거나 작업 또는 그 밖의 업무로 인하여 사망 또는 부상하거나 질병에 걸리는 것
국제노동기구 (ILO)의 정의	근로자가 물체나 물질, 타인과 접촉에 의해서 또는 물체나 작업 조건, 근로자의 작업동작 때문에 사람에게 상해를 주는 사건이 일어나는 것

② 산업재해의 통상적인 분류 중 통계적 분류

사망	업무로 인해서 목숨을 잃게 되는 경우
중경상	부상으로 8일 이상의 노동 상실을 가져온 상해 정도
경상해	부상으로 1일 이상 7일 이하의 노동 상실을 가져온 상해 정도
무상해 사고	응급처치 이하의 상처로 작업에 종사하면서 치료를 받는 상해 정도

※ 연천인율 : 근로자 1,000명당 1년간에 발생하는 재해자 수를 나타낸 것

③ 재해의 발생 이론(도미노 이론)★ : 사고 연쇄의 5가지 요인들이 표시된 도미노 골패가 한쪽에서 쓰러지면 연속적으로 모두 쓰러지는 것과 같이 연쇄성을 이루고 있다는 것이다. 이들 요인 중 하나만 제거하면 재해는 발생하지 않으며, 특히 불안전한 행동과 불안전한 상태를 제거하는 것이 재해 예방을 위해 가장 바람직하다.

④ 사고의 요인★

가정 및 사회적 환경(유전적)의 결함	빈부의 차나 감정의 영향, 주변 환경의 질적 요소 등은 인간의 성장 과정에서 성격 구성에 커다란 영향을 끼치며, 교육적인 효과에도 좌우되고 유전이나 가정환경은 인간 결함의 주원인이 되기도 함
개인적인 결함	유전이나 후천적인 결함 또는 무모, 신경질, 흥분성, 무분별, 격렬한 기질 등은 불안전 행동을 범하게 되고 기계적·물리적인 위험 존재의 원인이 됨
불안전 행동 또는 불안전 상태	사고 발생의 직접 원인
사고 (Accident)	인간이 추락, 비래물에 의한 타격 등으로 돌발적으로 발생한 사건
재해(Injury)	골절, 열상 등 사고로 인한 결과 피해를 가져온 상태

(3) 작업장 안전

안전수칙	• 작업복과 안전장구는 반드시 착용 • 수공구는 사용 후 면걸레로 깨끗이 닦아 보관 • 각종 기계를 불필요하게 회전시키지 않음 • 좌·우측 통행 규칙을 엄수 • 중량물 이동에는 체인블록이나 호이스트를 사용

자주나와요 꼭 암기

1. 사고 발생이 많이 일어날 수 있는 원인에 대한 순서는?
   불안전 행위 > 불안전 조건 > 불가항력
2. 산업재해 분류에서 사람이 평면상으로 넘어졌을 때(미끄러짐 포함)를 말하는 것은? 전도

신유형

1. 재해의 원인 중 생리적인 원인에 해당되는 것은? **작업자의 피로**
2. 사고의 결과로 인하여 인간이 입는 인명 피해와 재산상의 손실을 무엇이라 하는가? 재해
   ❖ 자연적 재해 : 지진, 태풍, 홍수

2 안전보호구 및 안전표시

(1) 보호구
① 정의 : 외부의 유해한 자극물을 차단하거나 또는 그 영향을 감소시킬 목적을 가지고 작업자의 신체 일부 또는 전부에 장착하는 보조기구

② 구비조건 및 보관

구비 조건	• 착용이 간편하고 작업에 방해를 주지 않을 것 • 구조 및 표면 가공이 우수할 것 • 보호장구의 원재료의 품질이 우수할 것 • 유해·위험 요소에 대한 방호 성능이 완전할 것
보관	• 청결하고 습기가 없는 곳에 보관 • 주변에 발열체가 없도록 함 • 세척 후 그늘에서 완전히 건조시켜 보관 • 부식성 액체, 유기용제, 기름, 화장품, 산 등과 혼합하여 보관하지 않음 • 개인 보호구는 관리자 등에 일괄 보관하지 않음

③ 보호구의 종류별 특성★
㉠ 안전모 : 건설작업, 보수작업, 조선작업 등에서 물체의 낙하, 비래, 붕괴 등의 우려가 있는 작업이나 하물 적재 및 하역작업 등에서 추락, 전락, 전도 등의 우려가 있는 작업에서 작업원의 안전을 위해 착용

선택 방법	• 작업성질에 따라 머리에 가해지는 각종 위험으로부터 보호할 수 있는 종류의 안전모 선택 • 규격에 알맞고 성능 검사 합격품 • 가볍고 성능이 우수하며 충격 흡수성이 좋아야 함
착용 대상 사업장	• 2m 이상 고소 작업　• 낙하 위험 작업 • 비계의 해체 조립 작업　• 차량계 운반 하역작업

㉡ 안전대 : 추락에 의한 위험을 방지하기 위해 로프, 고리, 급정지 기구와 근로자의 몸에 묶는 띠 및 그 부속품

착용 대상 사업장	• 2m 이상의 고소 작업　• 분쇄기 또는 혼합기 개구부 • 슬레이트 지붕 위의 작업　• 비계의 조립, 해체 작업
안전대용 로프의 구비조건	• 내마모성이 높을 것 • 내열성이 높을 것 • 충격 및 인장 강도에 강할 것

㉢ 안전장갑 : 용접용 가죽제 보호장갑(불꽃, 용융금속 등으로부터 상해 방지), 전기용 고무장갑(7,000V 이하 전기회로 작업에서의

감전 방지), 내열(방열)장갑(로 작업 등에서 복사열로부터 보호), 산업위생 보호장갑(산, 알칼리 및 화학약품 등으로부터 피부장해 또는 피부 침투가 우려되는 물질을 취급하는 작업으로부터 보호), 방진장갑(진동공구 사용 시 진동장해가 발생되므로 착용)

ⓔ 안전화, 보안경, 보안면

구분	기능	구비조건
안전화	물체의 낙하, 충격, 날카로운 물체로 인한 위험으로부터 발 또는 발 등을 보호하거나 감전이나 정전기의 대전을 방지하기 위한 것	• 앞발가락 끝 부분에 선심을 넣어 압박 및 충격에 대하여 착용자의 발가락을 보호할 수 있는 구조일 것 • 선심의 내측은 헝겊, 가죽, 고무 또는 플라스틱 등으로 감쌀 것 • 착용감이 좋고 작업에 편리할 것 • 견고하게 제작하여 부분품의 마무리가 확실하고 형상은 균형이 있을 것
보안경	유해 약물의 침입을 막기 위해, 비산되는 칩에 의한 부상을 막기 위해, 유해 광선으로부터 눈을 보호하기 위하여 사용함	• 착용 시 편안하고 세척이 쉬울 것 • 내구성 있고 충분히 소독되어 있을 것 • 특정한 위험에 대해서 적절한 보호(아크용접 시 차광용 안경 사용) • 견고하게 고정되어 착용자가 움직이더라도 쉽게 탈락 또는 움직이지 않을 것
보안면	유해광선으로부터 눈을 보호하고 용접 시 불꽃 또는 날카로운 물체에 의한 위험으로부터 안면을 보호하는 보호구	• 충분한 강도가 있고 가벼울 것 • 착용 시 피부에 해가 없고, 수시로 세탁·소독이 가능할 것 • 금속은 방청 처리를 하고 플라스틱은 난연성일 것 • 투시부의 플라스틱은 광학적 성능을 가질 것

ⓜ 호흡용 보호구★

방진 마스크의 구비조건	• 여과 효율(분집·포집 효율)이 좋고 흡배기 저항이 낮을 것 • 사용적(유효공간)이 적을 것(180cm^2 이하) • 중량이 가볍고 시야가 넓을 것 • 안면 밀착성이 좋고 피부 접촉 부위의 고무질이 좋을 것
방독 마스크 사용 시 유의사항	• 수명이 지난 것은 절대로 사용하지 말 것 • 산소 결핍(일반적으로 16% 기준) 장소에서는 사용하지 말 것 • 가스 종류에 따라 용도 이외의 것을 사용하지 말 것
호스 마스크	작업장 또는 작업 공간 내 공기가 유해·유독 물질의 오염이나 산소 결핍 등으로 방진 마스크 또는 방독 마스크를 사용할 수 없는 불량한 작업 환경에서 주로 사용하는 보호구

 **자주나와요** **암기**

1. 안전 보호구의 종류는? 안전화, 안전장갑, 안전모, 안전대
2. 감전의 위험이 많은 작업현장에서 보호구 가장 적절한 것은? 보호장갑
3. 보안경을 사용해야 하는 작업은? 장비 밑에서 정비작업할 때, 철분 및 모래 등이 날리는 작업을 할 때, 전기용접 및 가스용접 작업을 할 때
4. 안전장치 선정 시의 고려사항은? 위험 부분에는 안전 방호 장치가 설치되어 있을 것, 강도나 기능면에서 신뢰도가 클 것, 작업하기에 불편하지 않은 구조일 것
5. 전기용접 작업 시 보안경을 사용하는 이유로 가장 적절한 것은? 유해 광선으로부터 눈을 보호하기 위하여

신유형

1. 보호안경을 끼고 작업해야 하는 경우는? 산소용접 작업 시, 그라인더 작업 시, 장비의 하부에서 점검 시, 정비 작업 시
2. 진동에 의한 건강장해의 예방방법은? 저진동형 기계공구를 사용한다. 방진장갑과 귀마개를 착용한다. 휴식시간을 충분히 갖는다.
3. 안전보호구 선택 시 유의사항은? 보호구 검정에 합격하고 보호성능이 보장될 것, 작업 행동에 방해되지 않을 것, 착용이 용이하고 크기 등 사용자에게 편리할 것

---

(2) 안전보건표지

① 종류와 형태★

1. 금지표지	101 출입금지	102 보행금지	103 차량통행금지	104 사용금지	105 탑승금지	106 금연
107 화기금지	108 물체이동금지	2. 경고표지	201 인화성물질 경고	202 산화성물질 경고	203 폭발성물질경고	204 급성독성물질 경고
205 부식성물질 경고	206 방사성물질 경고	207 고압전기 경고	208 매달린 물체 경고	209 낙하물 경고	210 고온 경고	211 저온 경고
212 몸균형 상실 경고	213 레이저광선 경고	214 발암성·변이원성·생식독성·전신독성·호흡기 과민성 물질 경고	215 위험장소 경고	3. 지시표지	301 보안경 착용	302 방독마스크 착용
303 방진마스크 착용	304 보안면 착용	305 안전모 착용	306 귀마개 착용	307 안전화 착용	308 안전장갑 착용	309 안전복 착용
4. 안내표지	401 녹십자표지	402 응급구호표지	403 들것	404 세안장치	405 비상용기구	406 비상구
407 좌측비상구	408 우측비상구					

② 안전보건표지의 색채, 색도 기준 및 색채 용도

색채	색도 기준	용도	사용 예
빨간색	7.5R 4/14	금지	정지신호, 소화설비 및 그 장소, 유해행위의 금지
		경고	화학물질 취급장소에서의 유해·위험경고
노란색	5Y 8.5/12	경고	화학물질 취급장소에서의 유해·위험 경고 이외의 위험경고, 주의표지 또는 기계방호물
파란색	2.5PB 4/10	지시	특정 행위의 지시 및 사실의 고지
녹색	2.5G 4/10	안내	비상구 및 피난소, 사람 또는 차량의 통행 표지
흰색	N9.5		파란색 또는 녹색에 대한 보조색
검은색	N0.5		문자 및 빨간색 또는 노란색에 대한 보조색

자주나와요 꼭 암기

1. 산업안전보건법상 안전표지의 종류는? 금지표지, 경고표지, 지시표지, 안내표지
2. 작업현장에서 사용되는 안전표지 색은?
   - 빨간색 – 방화 표시
   - 노란색 – 충돌·추락 주의 표시
   - 녹색 – 비상구 표시

신유형

응급구호표지의 바탕색은? 녹색

3 기계·기기 및 공구에 관한 사항

(1) 기계 사고의 일반적 원인

인적 원인	교육적 결함	안전 교육 부족, 교육 미비, 표준화 및 통제 부족 등
	작업자의 능력 부족	무경험, 미숙련, 무지, 판단력 부족 등
	규율 부족	규칙, 작업 기준 불이행 등
	불안전 동작	서두름, 날림 동작 등
	정신적 결함	피로, 스트레스 등
	육체적 결함	체력 부족, 피로 등
물적 원인	환경 불량	조명, 청소, 청결, 정리, 정돈, 작업 조건 불량 등
	기계시설의 위험	가드(guard)의 불충분, 설계 불량 등
	구조의 불안전	방화 대책의 미비, 비상 출구의 불안전 등
	계획의 불량	작업 계획의 불량, 기계 배치 계획의 불량 등
	보호구의 부적합	안전 보호구, 보호의 결함 등
	기기의 결함	불량 기기·기구 등

(2) 기계의 방호

① 방호장치 : 기계·기구 및 설비 또는 시설을 사용하는 작업자에게 상해를 입힐 우려가 있는 부분에 작업자를 보호하기 위해 일시적 또는 영구적으로 설치하는 기계적·물리적 안전장치

② 동력기계의 안전장치

종류	인터록 시스템(interlock system), 리미트 스위치(limit switch)
선정 시 고려사항	• 안전장치의 사용에 따라 방호가 완전할 것 • 강도면·기능면에서 신뢰도가 클 것 • 현저히 작업에 지장을 가져오지 않을 것 • 보전성을 고려하여 소모 부품 등의 교환이 용이한 구조 • 정기 점검 시 이외는 사람의 손으로 조정할 필요가 없을 것 • 안전장치를 제거하거나 기능의 정지를 용이하게 할 수 없을 것

③ 기계설비의 방호장치★

동력 전달 장치의 안전대책	샤프트	세트 볼트, 귀, 머리 등의 돌출 부분은 회전 시 위험성이 높아서 노출되면 근로자의 몸, 복장이 말려들어 중대한 재해 발생
	벨트	• 벨트를 걸 때나 벗길 때는 기계를 정지한 상태에서 행함 • 운전 중인 벨트에는 접근하지 않도록 하고 벨트의 이음쇠는 풀리가 없는 구조로 하고 풀리에 감겨 돌아갈 때는 커버나 울로 덮개 설치(사고로 인한 재해 빈번하게 발생)
	기어	• 기어가 맞물리는 부분에 완전히 덮개를 함 • 기어가 완판형일 때에는 치차의 주위를 완전히 덮도록 기어 케이싱을 만들어야 하며 플랜지가 붙은 밴드형의 덮개를 해야 함
	풀리	상면 또는 작업대로부터 2.6m 이내에 있는 풀리는 방책 또는 덮개로 방호
	스프로킷 및 체인	동력으로 회전하는 스프로킷 및 체인은 그 위치에 따라 방호가 필요 없는 것을 제외하고는 완전히 덮어야 함

방호덮개	• 가공물, 공구 등의 낙하 비래에 의한 위험을 방지하고, 위험 부위에 인체의 접촉·접근을 방지하기 위한 것 • 기계의 주위를 청소 또는 수리하는 데 방해되지 않는 한 작업상으로부터 15cm 떨어 놓고 완전히 에워싸서 노출시키지 말 것
방호망	동력으로 작동되는 기계·기구의 돌기 부분, 동력 전달 및 속도 조절 부분에 설치

(3) 공작기계의 안전대책★

밀링머신	• 작업 전에 기계의 이상 유무를 확인하고 동력스위치를 넣을 때 두세 번 반복할 것 • 절삭 중에는 절대로 장갑을 끼지 말 것 • 가공물, 커터 및 부속장치 등을 제거할 때 시동레버를 건드리지 말 것 • 강력 절삭 시에는 일감을 바이스에 깊게 물릴 것
플레이너	• 일감을 견고하게 장치하고 볼트는 일감에 가깝게 하여 죔 • 바이트는 되도록 짧게 나오도록 설치하고 일감 고정 작업 중에는 반드시 동력스위치 끌 것
세이퍼	• 바이트는 되도록 짧게 고정, 보호안경 착용, 평형대 사용 • 작업공구를 정돈하고 알맞은 렌치나 핸들을 사용하고 시동하기 전에 행정 조정용 핸들을 빼놓을 것
드릴링머신	• 장갑을 끼고 작업하지 말 것 • 드릴을 끼운 뒤에 척 렌치를 반드시 빼고 전기 드릴 사용 시에는 반드시 접지 • 드릴은 좋은 것을 골라 바르게 연마하여 사용하고 플레임 상처가 있거나 균열이 생긴 것은 사용하지 말 것
연삭기	• 치수 및 형상이 구조 규격에 적합한 숫돌 사용 • 작업 시작 전 1분 이상, 숫돌 교체 시 3분 이상 시운전 • 숫돌 측면 사용제한, 숫돌덮개 설치 후 작업 • 보안경과 방진마스크 착용 • 탁상용 연삭기에는 작업받침대(연삭숫돌과 3mm 이하 간격)와 조정편 설치 • 연삭기 사용 작업 시 발생할 수 있는 사고 : 회전하는 연삭 숫돌의 파손, 작업자 발의 협착, 작업자의 손이 말려 들어감 • 연삭기에서 연삭칩의 비산을 막기 위한 안전방호장치 : 안전덮개
프레스	• 장갑을 사용하지 않을 것 • 작업 전에 공회전하여 클러치 상태 점검 • 작업대 교환한 후 반드시 시운전할 것 • 연속작업이 아닐 경우 스위치 끌 것 • 손질, 급유 작업 및 조정 시 기계를 멈추고 작업할 것 • 2명 이상 작업 시 서로 정확한 신호와 안전한 동작을 할 것

참고

드릴 작업 시 주의사항
- 작업 시 면장갑을 착용 금지
- 작업 중 칩 제거 금지 ⇒ 칩 제거 시 회전을 정지시키고 솔로 제거함
- 균열이 있는 드릴 사용 금지
- 칩을 털어낼 때 칩털이를 사용
- 작업이 끝나면 드릴을 척에서 빼놓음
- 재료는 힘껏 조이거나 정지구로 고정

(4) 각종 위험 기계·기구의 안전대책

롤러기(Roller)	• 롤러기 주위 바닥은 평탄하고 돌출물이나 제거물이 있으면 안 되며 기름이 묻어 있으면 제거 • 상면 또는 작업상으로부터 2.6m 이내에 있는 기계의 벨트, 커플링, 플라이휠, 치차, 피니언, 샤프트, 스프로킷, 기타 회전운동 또는 왕복운동을 하는 부분은 표준 방호 덮개를 할 것

★ 가 스 용 접 작 업	아세틸렌 용접장치의 관리	발생기에서 5m 이내 또는 발생기실에서 3m 이내의 장소에서 흡연, 화기의 사용 또는 불꽃이 발생할 위험한 행위를 금지시킬 것
	가스 집합 용접장치의 관리	• 사용하는 가스의 명칭 및 최대 가스저장량을 가스장치실의 보기 쉬운 장소에 게시할 것 • 가스용기를 교환은 안전담당자의 참여 하에 할 것 • 가스집합장치의 설치 장소에는 적당한 소화설비를 설치할 것 ※ 이동식 가스집합용접장치의 가스집합장치는 고온의 장소, 통풍이나 환기가 불충분한 장소 또는 진동이 많은 장소에 설치하지 않도록 할 것
보일러		압력방출장치, 압력제한 스위치의 정상 작동 여부를 점검하고, 고저 수위 조절장치와 급수 펌프와의 상호 기능상 태를 점검할 것
압력용기		과압으로 인한 폭발을 방지하기 위해 압력방출장치를 설치할 것
공기압축기		• 점검 및 청소는 반드시 전원을 차단한 후에 실시할 것 • 운전 중에 어떠한 부품도 건드려서는 안 됨 • 최대공기압력을 초과한 공기압력으로는 절대로 운전해서는 안 됨

참고

가스용접의 안전사항
• 산소누설 시험에는 비눗물 사용
• 용접가스를 들이마시지 않도록 함
• 토치 끝으로 용접물의 위치를 바꾸거나 재를 제거하면 안 됨
• 산소 봄베와 아세틸렌 봄베 가까이에서 불꽃조정을 피해야 함

(5) 수공구의 안전수칙

① 일반 작업장의 안전수칙
  ㉠ 작업장은 항상 청결하게 유지한다.
  ㉡ 흡연 장소로 정해진 곳에서 흡연한다.
  ㉢ 작업복과 안전장구를 반드시 착용한다.
  ㉣ 밀폐된 실내에서는 시동 걸지 않는다.
  ㉤ 연소하기 쉬운 물질은 특히 주의를 요한다.
  ㉥ 각종 기계를 불필요하게 공회전시키지 않는다.
  ㉦ 기계의 청소나 손질은 운전을 정지시킨 후 실시한다.
  ㉧ 위험한 작업장에는 안전수칙을 부착하여 사고예방을 한다.
  ㉨ 무거운 구조물은 인력으로 무리하게 이동하지 않는 것이 좋다.
  ㉩ 작업대 사이 또는 기계 사이의 통로는 안전을 위한 일정한 너비가 필요하다.
  ㉪ 전원 콘센트 및 스위치 등에 물을 뿌리지 않는다.
  ㉫ 작업 중 입은 부상은 즉시 응급조치하고 보고한다.
  ㉬ 통로나 마룻바닥에 공구나 부품을 방치하지 않는다.
  ㉭ 기름 묻은 걸레는 정해진 용기에 보관한다.
  ㉮ 작업이 끝나면 사용공구는 정 위치에 정리·정돈한다.

② 통상적인 수공구의 안전수칙
  ㉠ 공구는 작업에 적합한 것을 사용하여야 하며 규정된 작업 용도 이외에는 사용하여서는 안 됨
  ㉡ 공구는 일정한 장소에 비치하여 사용하고 손이나 공구에 기름이 묻어 있을 때에는 완전히 제거하여 사용
  ㉢ 공구는 확실히 손에서 손으로 전하고 작업 종료 시에는 반드시 공구 수량이나 파손 유무를 점검·정비하여 보관
  ㉣ 전기 및 전기식 공구는 유자격자 및 감독자로부터 허가된 자만 사용
  ㉤ 사용 후 기름이나 먼지를 깨끗이 닦아 공구실에 반납

③ 각종 수공구의 안전수칙★

펀치 및 정	• 문드러진 펀치 날은 연마하여 사용 • 정 작업 시에는 작업복 및 보호안경 착용 • 정의 머리는 항상 잘 다듬어져 있어야 함
스패너 및 렌치	• 사용 목적 외에 다른 용도에 절대 사용하지 않기 • 힘을 주기적으로 가하여 회전시키고 앞으로 당겨서 사용 • 파이프를 끼우거나 망치로 때려서 사용하지 말 것 • 스패너는 볼트 및 너트 두부에 잘 맞는 것을 사용 • 너트 크기에 알맞은 렌치를 사용하고, 렌치는 몸 쪽으로 당기면서 볼트·너트를 조일 것
줄	• 균열의 유무를 충분히 점검할 것 • 줄의 손잡이가 줄 자루에 정확하고 단순하게 끼워져 있는지 확인 • 줄 작업으로 생긴 쇳밥은 반드시 솔로 제거하고 줄의 손잡이가 일감에 부딪치지 않도록 할 것
해머	• 해머 자루는 단단히 박혀 있어야 함 • 해머의 고정상태 및 자루의 파손상태, 해머면에 홈이 변형된 것은 없는지 사용 전에 점검 • 기름이 묻은 해머는 즉시 닦은 후 작업하고 장갑을 착용하면 안 됨 • 좁은 장소나 발판이 불량한 곳에서의 해머작업은 반동에 주의 • 공동으로 해머작업 시 호흡을 맞출 것
드라이버	• 공작물을 바이스(vise)에 고정할 것 • (−)드라이버 날 끝은 편평한 것이어야 함 • 전기작업 시에는 절연된 손잡이(자루)를 사용할 것 • 날 끝이 홈의 폭과 길이에 맞는 것을 사용할 것 • 자루가 쪼개졌거나 허술한 드라이버는 사용하지 않음 • 날 끝이 수평이어야 하며, 둥글거나 이가 빠진 것은 사용하지 않음 • 드라이버의 끝을 항상 양호하게 관리하여야 함

자주나와요 꼭 암기

1. 복스렌치가 오픈렌치보다 많이 사용되는 이유는?
   볼트·너트 주위를 완전히 감싸게 되어 있어 사용 중에 미끄러지지 않음
2. 벨트를 풀리에 걸 때 가장 올바른 방법은? 회전을 정지시킨 때
3. 수공구 취급 시 지켜야 할 안전수칙은? 해머 작업 시 손에 장갑을 착용하지 않는다. 정 작업 시 보안경을 착용한다. 기름이 묻은 해머는 즉시 닦은 후 작업한다.
4. 가스용접 시 사용하는 산소용 호스의 색상은? 녹색

신유형

1. 금속 표면이 거칠거나 각진 부분에 다칠 우려가 있어 매끄럽게 다듬질하고자 한다. 적합한 수공구는? 줄
2. 소켓렌치 사용에 대한 설명은? 큰 힘으로 조일 때 사용한다. 오픈렌치와 규격이 동일하다. 사용 중 잘 미끄러지지 않는다.
3. 작업장에서 공동작업으로 물건을 들어 이동할 때는?
   보조를 맞추어 들도록 할 것, 힘의 균형을 유지하여 이동할 것, 불안전한 물건은 드는 방법에 주의할 것, 명령과 지시는 한 사람이 할 것

제2장 가스 및 전기 안전관리

1 가스배관 작업 시 주의사항

(1) 가스도매사업 및 일반도시가스사업 가스공급시설의 배관설비기준

① 배관을 지하에 매설하는 경우 : 지표면으로부터 배관 외면까지의 매설깊이
  ㉠ 가스도매사업 : 산이나 들에서는 1m 이상, 그 밖의 지역에서는 1.2m 이상
  ㉡ 일반도시가스사업 : 공동주택등의 부지 안에서는 0.6m 이상, 폭 8m 이상의 도로에서는 1.2m 이상, 폭 4m 이상 8m 미만인 도로에서는 1m 이상

② 배관의 외면으로부터 도로의 경계까지 수평거리 1m 이상, 도로 밑의 다른 시설물과는 0.3m 이상

③ 배관을 시가지 도로 노면 밑에 매설하는 경우 : 노면으로부터 배관의 외면까지 1.5m 이상

(2) 굴착공사 현장위치와 매설배관 위치를 공동으로 표시하기로 결정한 경우 굴착공사자와 도시가스사업자가 준수하여야 할 조치사항

① 굴착공사자는 굴착공사 예정지역의 위치를 흰색 페인트로 표시

② 도시가스사업자는 굴착예정지역의 매설배관 위치를 굴착공사자에게 알려주어야 하며 굴착공사자는 매설배관 위치를 매설배관 직상부의 지면에 황색 페인트로 표시

(3) 가스배관의 라인마크

① 도로 및 공동주택 등의 부지 내 도로에 도시가스배관 매설 시 50m마다 1개 이상 설치된다.

② 도시가스배관 주위를 굴착 후 되메우기 시 지하에 매몰하면 안 된다.

> **참고**
>
> 도시가스배관 주위 작업 시 주의사항
> • 도시가스배관 주위를 굴착하는 경우 도시가스배관의 좌우 1m 이내의 부분은 인력으로 굴착한다.
> • 가스배관과 수평거리 2m 이내에서 파일박기를 하는 경우에는 도시가스사업자의 입회 아래 시험 굴착으로 가스배관의 위치를 정확히 확인한다.
> • 도시가스배관과 수평거리 30cm 이내에서는 파일박기를 할 수 없다.
>
> 가스사용시설의 배관 도색 및 표시의 기준
> • 배관은 그 외부에 사용가스명, 최고사용압력 및 도시가스 흐름방향을 표시할 것
> • 지상배관은 부식방지도장 후 표면색상을 황색으로 도색하고 지하매설배관은 최고사용압력이 저압인 배관은 황색으로, 중압 이상인 배관은 붉은색으로 할 것
>
> 고압가스배관의 표지판 기재 내용
> • 고압가스의 종류, 설치구역명, 배관 매설 위치, 신고처, 회사명 및 연락처

> **신유형**
>
> 도시가스 배관 매설 시 주택단지 등의 부지 안 매설깊이는 몇 m 이상인가? 0.6m

2 전기시설물의 작업 시 주의사항

(1) 정전 작업 시의 기본적 준수사항

① 작업 전 교육 철저 : 작업의 목적, 장소, 정전범위, 작업방법순서 및 작업분담, 단락접지의 설치위치, 다른 작업조와의 관계 따위에 관해 작업자들에게 철저한 교육 실시

② 정전 조작 : 정전을 위한 개폐기 조작은 반드시 책임자의 지시에 의해 행함

③ 검전기에 의한 정전의 확인 : 작업에 임하기 전에 작업자는 반드시 검전기로 검전하여 충전 유무를 확인한 다음 작업에 임하도록 함

④ 단락 접지의 설치 : 충전에 의한 감전을 방지하기 위해 고압선에는 반드시 단락접지를 실시

(2) 정전 작업 시의 안전대책

작업 시작 전 (무전압 상태의 유지)	• 작업 지휘자 임명 • 개로(開路) 개폐기의 개방 보증 받음 • 검전기 사용하여 정전 확인 • 근접 활선에 대한 절연 방호 실시 • 단락 접지기구 사용하여 단락 접지 확인 • 전력 케이블, 전력 콘덴서 등의 잔류 전하 방전
작업 중	• 작업 지휘자의 작업 지휘에 따라 작업 • 단락 접지상태 수시 확인 • 근접 활선에 대한 방호상태 관리
작업 종료 시	• 단락 접지 기구 제거 • 작업자에 대한 감전 위해 없는지 확인 • 개폐기 투입하여 송전 재개

(3) 활선 작업 시의 안전대책

저압전선로	60V 이상 되는 전압의 노출 충전 부위에 접촉하게 되면 위험하므로 작업자에게 해당 전압에 절연 효과가 있는 보호용구를 착용시킬 것
고압전선로	노출 충전 부위 또는 작업자가 근접함으로써 감전의 위해가 존재하는 노출 충전 부위에는 절연용 방호용구를 장착함으로써 감전의 위해를 방지할 것
가공 전선로, 전기 기계 기구	노출 충전 부분의 주위에 울타리를 설치하거나 노출 충전 부분에 절연관 및 절연 피복 따위의 방호용구를 설치하는 것이 안전

> **자주나와요 꼭 암기**
>
> 1. 고압선로 주변에서 건설기계에 의한 작업 중 고압선로 또는 지지물에 접촉 위험이 높은 것은? 붐 또는 권상로프
> 2. 건설기계가 고압전선에 근접 또는 접촉으로 가장 많이 발생될 수 있는 사고유형은? 감전
> 3. 소화작업에 대한 설명은? 가열물질의 공급 차단, 산소의 공급을 차단, 점화원을 발화점 이하의 온도로 낮춤

3 화재안전

(1) 화재의 분류 및 소화방법 ★

분류	의미	소화방법
A급 화재 (일반화재)	목재, 종이, 석탄 등 재를 남기는 일반 가연물의 화재	포말소화기 사용
B급 화재 (유류화재)	가연성 액체, 유류 등 연소 후에 재가 거의 없는 화재(유류화재)	• 분말소화기 사용 • 모래를 뿌린다. • ABC소화기 사용
C급 화재 (전기화재)	통전 중인 전기기기 등에서 발생한 전기화재	이산화탄소소화기 사용
D급 화재 (금속화재)	마그네슘, 티타늄, 지르코늄, 나트륨, 칼륨 등의 가연성 금속화재	건조사를 이용한 질식효과로 소화

(2) 소화 방법

① 가연물질을 제거한다.

② 화재가 일어나면 화재 경보를 한다.

③ 배선의 부근에 물을 뿌릴 때에는 전기가 통하는지 여부를 확인 후에 한다.

④ 가스밸브를 잠그고 전기스위치를 끈다.

⑤ 산소의 공급을 차단한다.

⑥ 점화원을 발화점 이하의 온도로 낮춘다.

> **자주나와요 꼭 암기**
>
> 1. 목재, 종이, 석탄 등 일반 가연물의 화재는 어떤 화재로 분류하는가? A급 화재
> 2. 휘발유(액상 또는 기체상의 연료성 화재)로 인해 발생한 화재는? B급 화재
> 3. 유류화재 시 소화방법은?
  B급 화재 소화기를 사용한다. 모래를 뿌린다. ABC 소화기를 사용한다.
> 4. 화상을 입었을 때 응급조치는? 빨리 찬물에 담갔다가 아연화 연고를 바른다.

> **신유형**
>
> 1. 화재가 발생하기 위한 3가지 요소는? 가연성물질, 점화원, 산소
> 2. 가동하고 있는 엔진에서 화재가 발생하였다. 불을 끄기 위한 조치방법으로 가장 올바른 것은? 엔진 시동스위치를 끄고, ABC소화기를 사용한다.
> 3. 소화하기 힘든 정도로 화재가 진행된 현장에서 제일 먼저 취하여야 하는 것은? 인명 구조

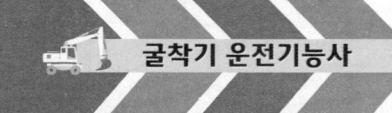
제1장 건설기계관리법

1 목적 및 용어

(1) 목적

건설기계의 등록·검사·형식승인 및 건설기계사업과 건설기계조종사 면허 등에 관한 사항을 정하여 건설기계를 효율적으로 관리하고 건설 기계의 안전도를 확보하여 건설공사의 기계화를 촉진한다.

(2) 용어 ★

건설기계		건설공사에 사용할 수 있는 기계
건설기계사업	건설기계 대여업	건설기계의 대여를 업으로 하는 것
	건설기계 정비업	건설기계를 분해·조립 또는 수리하고 그 부분품을 가공 제작·교체하는 등 건설기계를 원활하게 사용하기 위한 모든 행위를 업으로 하는 것
	건설기계 매매업	중고건설기계의 매매 또는 그 매매의 알선과 그에 따른 등록사항에 관한 변경신고의 대행을 업으로 하는 것
	건설기계 해체재활용업	폐기 요청된 건설기계의 인수, 재사용 가능한 부품의 회수, 폐기 및 그 등록말소 신청의 대행을 업으로 하는 것
중고건설기계		건설기계를 제작·조립 또는 수입한 자로부터 법률행위 또는 법률의 규정에 따라 취득한 때부터 사실상 그 성능을 유지할 수 없을 때까지의 건설기계
건설기계형식		건설기계의 구조·규격 및 성능 등에 관하여 일정하게 정한 것

2 건설기계의 등록·등록번호

(1) 건설기계의 등록

등록의 신청	건설기계 소유자의 주소지 또는 건설기계의 사용본거지를 관할하는 특별시장·광역시장·특별자치시장·도지사 또는 특별자치도지사에게 제출
등록 시 첨부서류	• 건설기계의 출처를 증명하는 서류 : 건설기계제작증(국내에서 제작한 건설기계), 수입면장 등 수입사실을 증명하는 서류(수입한 건설기계), 매수증서(행정기관으로부터 매수한 건설기계) • 건설기계의 소유자임을 증명하는 서류 • 건설기계제원표 • 보험 또는 공제 가입을 증명하는 서류
등록 신청기간	• 건설기계를 취득한 날부터 2월 이내 • 전시·사변 기타 이에 준하는 국가비상사태 : 5일 이내

(2) 미등록 건설기계의 사용 금지

임시운행 사유	임시운행 기간
• 등록신청을 하기 위해 건설기계를 등록지로 운행하는 경우 • 신규등록검사 및 확인검사를 받기 위해 건설기계를 검사장소로 운행하는 경우 • 수출을 하기 위해 건설기계를 선적지로 운행하는 경우 • 수출을 하기 위해 등록말소한 건설기계를 점검·정비의 목적으로 운행하는 경우 • 판매 또는 전시를 위해 건설기계를 일시적으로 운행하는 경우	15일 이내
신개발 건설기계를 시험·연구의 목적으로 운행하는 경우	3년 이내

(3) 등록사항의 변경신고 및 이전

변경신고자	• 건설기계의 소유자 또는 점유자 • 건설기계매매업자(매수인이 직접 변경신고하는 경우 제외)
변경신고기간	• 건설기계 등록사항에 변경이 있은 날부터 30일 이내 (상속의 경우에는 상속개시일부터 6개월) • 전시·사변 기타 이에 준하는 국가비상사태 : 5일 이내
변경신고 시 첨부서류	변경내용을 증명하는 서류, 건설기계등록증, 건설기계검사증 (건설기계등록증, 건설기계검사증은 자가용 건설기계 소유자의 주소지 또는 사용본거지가 변경된 경우는 제외)
등록이전	• 등록한 주소지 또는 사용본거지가 변경된 경우 (시·도 간의 변경이 있는 경우에 한함) • 그 변경이 있은 날부터 30일 이내 (상속의 경우에는 상속개시일부터 6개월) • 새로운 등록지를 관할하는 시·도지사에게 제출 • 첨부서류 : 건설기계 등록이전 신고서, 소유자의 주소 또는 건설기계의 사용본거지의 변경사실을 증명하는 서류, 건설기계등록증 및 건설기계검사증

(4) 등록말소 사유 ★

구분	사유	등록말소 신청기한
시·도지사의 직권으로 등록말소	• 거짓이나 그 밖의 부정한 방법으로 등록을 한 경우 • 정기검사 명령, 수시검사 명령 또는 정비 명령에 따르지 아니한 경우 • 내구연한을 초과한 건설기계(정밀진단을 받아 연장된 경우는 그 연장기간을 초과한 건설기계)	–
그 소유자의 신청이나 시·도지사의 직권으로 등록말소할 수 있는 경우	• 건설기계를 폐기한 경우	사유가 발생한 날부터 30일 이내
	• 건설기계가 천재지변 또는 이에 준하는 사고 등으로 사용할 수 없게 되거나 멸실된 경우 • 건설기계해체재활용업을 등록한 자에게 폐기를 요청한 경우 • 구조적 제작 결함 등으로 건설기계를 제작·판매자에게 반품한 경우 • 건설기계를 교육·연구 목적으로 사용하는 경우	
	• 건설기계를 수출하는 경우	수출 전까지
	• 건설기계를 도난당한 경우	2개월 이내
	• 건설기계의 차대가 등록 시의 차대와 다른 경우 • 건설기계가 건설기계 안전기준에 적합하지 않게 된 경우 • 건설기계를 횡령 또는 편취당한 경우	–

28

(5) 등록의 표식 및 등록번호표

① 등록의 표식

ㄱ 등록된 건설기계에는 등록번호표를 부착 및 봉인하고 등록번호를 새겨야 함

ㄴ 건설기계 소유자는 등록번호표 또는 그 봉인이 떨어지거나 알아보기 어렵게 된 경우에는 시·도지사에게 등록번호표의 부착 및 봉인을 신청하여야 함

② 등록번호표의 색깔과 등록번호(2022.05.25.개정/2022.11.26.시행)★

구분		색상	일련번호
비사업용	관용	흰색 바탕에 검은색 문자	0001~0999
	자가용		1000~5999
대여사업용		주황색 바탕에 검은색 문자	6000~9999

> **⚠️ 참고**
>
> 등록번호표에 표시되는 모든 문자 및 외각선은 1.5mm 튀어나와야 한다.
> 등록번호표의 규격은 가로 520mm × 세로 110mm × 두께 1mm이다.

③ 특별표지판 부착 대상 대형 건설기계★

ㄱ 길이가 16.7m를 초과하는 건설기계

ㄴ 너비가 2.5m를 초과하는 건설기계

ㄷ 높이가 4.0m를 초과하는 건설기계

ㄹ 최소 회전반경이 12m를 초과하는 건설기계

ㅁ 총중량이 40톤을 초과하는 건설기계

ㅂ 총중량 상태에서 축하중이 10톤을 초과하는 건설기계

④ 건설기계의 안전기준 용어

ㄱ 자체중량 : 연료, 냉각수 및 윤활유 등을 가득 채우고 휴대 공구, 작업 용구 및 예비 타이어를 싣거나 부착하고, 즉시 작업할 수 있는 상태에 있는 건설기계의 중량

ㄴ 최대 적재중량 : 적재가 허용되는 물질을 허용된 장소에 최대로 적재하였을 때 적재된 물질의 중량

ㄷ 총중량 : 자체중량에 최대 적재중량과 조종사를 포함한 승차인원의 체중(1인당 65kg)을 합한 것

자주나와요 꼭 암기

1. 건설기계 등록번호표 제작 등을 할 것을 통지·명령하여야 하는 것은?
   신규등록을 하였을 때, 등록번호의 식별이 곤란한 때
2. 시·도지사는 건설기계등록원부를 건설기계 등록말소한 날부터 몇 년간 보존? 10년
3. 건설기계 등록지를 변경한 때는 등록번호표를 시·도지사에게 며칠 이내에 반납하여야 하는가? 10일

> **신유형**
>
> 등록번호표 제작자는 등록번호표 제작 등의 신청을 받은 날로부터 며칠 이내에 제작하여야 하는가? 7일

③ 건설기계의 검사

(1) 검사의 종류★

신규등록검사	건설기계를 신규로 등록할 때 실시하는 검사
구조변경검사	건설기계의 주요 구조를 변경하거나 개조한 경우 실시하는 검사
정기검사	건설공사용 건설기계로서 3년의 범위에서 검사유효기간이 끝난 후에 계속하여 운행하려는 경우에 실시하는 검사와 운행차의 정기검사
수시검사	성능이 불량하거나 사고가 자주 발생하는 건설기계의 안전성 등을 점검하기 위해 수시로 실시하는 검사와 건설기계 소유자의 신청을 받아 실시하는 검사

> **⚠️ 참고**
>
> **정기검사 유효기간★**
>
> | 기종 | 연식 | 검사유효기간 |
> |---|---|---|
> | 타워크레인 | – | 6개월 |
> | · 굴착기(타이어식)
· 기중기
· 아스팔트살포기
· 천공기
· 항타 및 항발기
· 터널용 고소작업차 | – | 1년 |
> | · 덤프트럭
· 콘크리트 믹서트럭
· 콘크리트펌프(트럭적재식) | 20년 이하 | 1년 |
> | · 도로보수트럭(타이어식)
· 트럭지게차(타이어식) | 20년 초과 | 6개월 |
> | · 로더(타이어식)
· 지게차(1톤 이상)
· 모터그레이더 | 20년 이하 | 2년 |
> | · 노면파쇄기(타이어식)
· 노면측정장비(타이어식)
· 수목이식기(타이어식) | 20년 초과 | 1년 |
> | · 그 밖의 특수건설기계
· 그 밖의 건설기계 | 20년 이하 | 3년 |
> | | 20년 초과 | 1년 |
>
> **건설기계 기종의 명칭 및 기종번호**
>
> | | |
> |---|---|
> | 01 : 불도저 | 02 : 굴착기 |
> | 03 : 로더 | 04 : 지게차 |
> | 05 : 스크레이퍼 | 06 : 덤프트럭 |
> | 07 : 기중기 | 08 : 모터그레이더 |
> | 09 : 롤러 | 10 : 노상안정기 |
> | 11 : 콘크리트뱃칭플랜트 | 12 : 콘크리트피니셔 |
> | 13 : 콘크리트살포기 | 14 : 콘크리트믹서트럭 |
> | 15 : 콘크리트펌프 | 16 : 아스팔트믹싱플랜트 |
> | 17 : 아스팔트피니셔 | 18 : 아스팔트살포기 |
> | 19 : 골재살포기 | 20 : 쇄석기 |
> | 21 : 공기압축기 | 22 : 천공기 |
> | 23 : 항타 및 항발기 | 24 : 자갈채취기 |
> | 25 : 준설선 | 26 : 특수건설기계 |
> | 27 : 타워크레인 | |

자주나와요 꼭 암기

1. 건설기계검사의 종류는? 신규등록검사, 정기검사, 구조변경검사, 수시검사
2. 덤프트럭을 신규등록한 후 최초 정기검사를 받아야 하는 시기는? 1년

(2) 검사의 연장·대행

검사연장	· 천재지변, 건설기계의 도난, 사고발생, 압류, 31일 이상에 걸친 정비 그 밖의 부득이한 사유로 검사신청기간 내에 검사를 신청할 수 없는 경우에는 그 기간을 연장할 수 있음 · 검사신청기간 만료일까지 검사연장신청서에 연장사유를 증명할 수 있는 서류를 첨부하여 시·도지사에게 제출하여야 함(검사대행자를 지정한 경우에는 검사대행자에게 제출함) · 검사를 연장하는 경우에는 그 연장기간을 6개월 이내로 함
검사대행	국토교통부장관은 건설기계의 검사에 관한 시설 및 기술능력을 갖춘 자를 지정하여 검사의 전부 또는 일부를 대행하게 할 수 있음

> **⚠️ 참고**
>
> **검사대행자 지정 취소 및 정지 사유**
>
> | 지정 취소 및 사업 정지를 명할 수 있는 경우 | · 국토교통부령으로 정하는 기준에 적합하지 아니하게 된 경우
· 검사대행자 또는 그 소속 기술인력이 준수사항을 위반한 경우
· 검사업무의 확인·점검을 위해 검사대행자에게 필요한 자료를 제출하지 않거나 거짓으로 제출한 경우
· 경영부실 등의 사유로 검사대행 업무를 계속하게 하는 것이 적합하지 않다고 인정될 경우
· 건설기계관리법을 위반하여 벌금 이상의 형을 선고받은 경우 |
> |---|---|
> | 지정 취소 | · 거짓이나 그 밖의 부정한 방법으로 지정을 받은 경우
· 사업정지명령을 위반하여 사업정지기간 중에 검사를 한 경우 |

자주나와요 꼭 암기

1. 정기검사연기신청을 하였으나 불허통지를 받은 자는 언제까지 검사를 신청하여야 하는가? 정기검사신청기간 만료일부터 10일 이내
2. 건설기계의 구조변경 범위에 속하는 것은? 건설기계의 길이·너비·높이 등의 변경, 조종장치의 형식변경, 수상작업용 건설기계 선체의 형식변경

신유형

건설기계검사를 연장 받을 수 있는 기간은?
• 해외임대를 위하여 일시 반출된 경우 – 반출기간 이내
• 압류된 건설기계의 경우 – 압류기간 이내
• 건설기계사업을 휴업(휴지)하는 경우 – 해당 사업의 개시신고를 하는 때까지 (휴지기간 이내)

4 건설기계사업

(1) 등록

건설기계사업	건설기계사업을 하려는 자는 사업의 종류별로 시장·군수 또는 구청장에게 등록
건설기계정비업	건설기계정비업의 등록을 하려는 자는 사무소의 소재지를 관할하는 시장·군수 또는 구청장에게 건설기계정비업 등록신청서를 제출
건설기계대여업	건설기계대여업을 등록하려는 자는 건설기계대여업을 영위하는 사무소의 소재지를 관할하는 시장·군수 또는 구청장에게 건설기계대여업 등록신청서를 제출
건설기계매매업	건설기계매매업을 등록하려는 자는 사무소의 소재지를 관할하는 시장·군수 또는 구청장에게 건설기계매매업등록신청서를 제출
건설기계 해체재활용업	건설기계해체재활용업의 등록을 하려는 자는 시장·군수 또는 구청장에게 건설기계해체재활용 등록신청서를 제출

(2) 건설기계사업자의 변경신고 등

건설기계 사업자의 변경신고	• 변경신고 사유가 발생한 날부터 30일 이내에 건설기계사업자 변경신고서에 변경사실을 증명하는 서류와 등록증을 첨부하여 건설기계사업의 등록을 한 시장·군수 또는 구청장에게 제출 • 신고를 받은 시장·군수 또는 구청장은 그 신고내용에 따라 등록증의 기재사항을 변경하여 교부하거나 보관 또는 폐기할 것
건설기계사업의 휴업·폐업 등의 신고	건설기계사업자가 그 사업의 전부 또는 일부를 휴업 또는 폐업하려는 때에는 건설기계사업휴업(폐업)신고서를 시장·군수 또는 구청장에게 제출

자주나와요 꼭 암기

1. 건설기계관리법에 의한 건설기계사업은?
   건설기계대여업, 건설기계매매업, 건설기계해체재활용업, 건설기계정비업
2. 건설기계정비업의 범위에서 제외되는 행위
   오일의 보충, 에어클리너엘리먼트 및 휠터류의 교환, 배터리·전구의 교환, 타이어의 점검·정비 및 트랙의 장력 조정, 창유리의 교환

신유형

건설기계사업자가 영업의 양도를 할 때, 시장이나 군수는 건설기계사업자의 지위를 승계한 자의 신고수리 여부를 신고를 받은 날로부터 며칠 이내에 통지하는가?
10일

5 건설기계조종사 면허

(1) 건설기계조종사 면허의 취득 ★

① 건설기계를 조종하려는 사람은 시장·군수 또는 구청장에게 건설기계조종사 면허를 받아야 한다.
② 덤프트럭, 아스팔트살포기, 노상안정기, 콘크리트믹서트럭, 콘크리

트펌프, 천공기(트럭적재식), 특수건설기계 중 국토교통부장관이 지정하는 건설기계를 조종하려는 사람은 도로교통법에 따른 제1종 대형운전면허를 받아야 한다.
③ 5톤 미만의 불도저, 5톤 미만의 로더, 5톤 미만의 천공기(트럭적재식 제외), 3톤 미만의 지게차, 3톤 미만의 굴착기, 3톤 미만의 타워크레인, 공기압축기, 콘크리트펌프(이동식에 한정), 쇄석기, 준설선의 면허는 시·도지사가 지정한 교육기관에서 소형건설기계의 조종에 관한 교육과정의 이수로 기술자격의 취득을 대신할 수 있다.

(2) 건설기계조종사 면허의 결격사유

① 18세 미만인 사람
② 건설기계조종상의 위험과 장해를 일으킬 수 있는 정신질환자 또는 뇌전증환자로서 국토교통부령으로 정하는 사람
③ 앞을 보지 못하는 사람, 듣지 못하는 사람, 그 밖에 국토교통부령으로 정하는 장애인
④ 건설기계조종상의 위험과 장해를 일으킬 수 있는 마약·대마·향정신성의약품 또는 알코올중독자로서 국토교통부령으로 정하는 사람
⑤ 건설기계조종사 면허가 취소된 날부터 1년이 지나지 않았거나 건설기계조종사 면허의 효력정지 처분기간 중에 있는 사람(거짓 그 밖의 부정한 방법으로 건설기계조종사 면허를 받았거나 건설기계조종사 면허의 효력정지기간 중 건설기계를 조종하여 취소된 경우에는 2년)

(3) 건설기계조종사 면허의 종류

면허의 종류	조종할 수 있는 건설기계
불도저	불도저
5톤 미만의 불도저	5톤 미만의 불도저
굴착기	굴착기
3톤 미만의 굴착기	3톤 미만의 굴착기
로더	로더
3톤 미만의 로더	3톤 미만의 로더
5톤 미만의 로더	5톤 미만의 로더
지게차	지게차
3톤 미만의 지게차	3톤 미만의 지게차
기중기	기중기
롤러	롤러, 모터그레이더, 스크레이퍼, 아스팔트피니셔, 콘크리트피니셔, 콘크리트살포기 및 골재살포기
이동식 콘크리트펌프	이동식 콘크리트펌프
쇄석기	쇄석기, 아스팔트믹싱플랜트 및 콘크리트뱃칭플랜트
공기압축기	공기압축기
천공기	천공기(타이어식, 무한궤도식 및 굴진식을 포함한다. 다만, 트럭적재식은 제외), 항타 및 항발기
5톤 미만의 천공기	5톤 미만의 천공기(트럭적재식 제외)
준설선	준설선 및 자갈채취기
타워크레인	타워크레인
3톤 미만의 타워크레인	3톤 미만의 타워크레인 중 세부 규격에 적합한 타워크레인

(4) 건설기계조종사 면허의 취소·정지 ★

① 면허취소 사유
   ㉠ 거짓이나 그 밖의 부정한 방법으로 건설기계조종사 면허를 받은 경우
   ㉡ 건설기계조종사 면허의 효력정지기간 중 건설기계를 조종한 경우
   ㉢ 정기적성검사를 받지 아니하고 1년이 지난 경우
   ㉣ 정기적성검사 또는 수시적성검사에서 불합격한 경우
② 면허취소 또는 1년 이내의 면허효력을 정지시킬 수 있는 사유
   ㉠ 정신질환자 또는 뇌전증환자, 앞을 보지 못하는 사람·듣지 못하는 사람 및 그 밖에 국토교통부령으로 정하는 장애인, 마약·대마·향정신성의약품 또는 알코올중독자

ⓒ 건설기계의 조종 중 고의 또는 과실로 중대한 사고를 일으킨 경우
ⓒ 국가기술자격법에 따른 해당 분야의 기술자격이 취소되거나 정지된 경우
ⓔ 건설기계조종사 면허증을 다른 사람에게 빌려 준 경우
ⓔ 술에 취하거나 마약 등 약물을 투여한 상태 또는 과로·질병의 영향이나 그 밖의 사유로 정상적으로 조종하지 못할 우려가 있는 상태에서 건설기계를 조종한 경우

③ 건설기계의 조종 중 고의 또는 과실로 중대한 사고를 일으킨 경우의 처분기준

위반사항		처분기준
인명피해	고의로 인명피해(사망, 중상, 경상 등을 말함)를 입힌 경우	취소
	과실로 중대재해가 발생한 경우	
	사망 1명마다	면허효력정지 45일
	중상 1명마다	면허효력정지 15일
	경상 1명마다	면허효력정지 5일
재산피해	피해금액 50만 원마다	면허효력정지 1일 (90일을 넘지 못함)
건설기계의 조종 중 고의 또는 과실로 가스공급시설을 손괴하거나 기능에 장애를 입혀 가스의 공급을 방해한 경우		면허효력정지 180일

자주나와요 꼭 암기

1. 건설기계조종사 면허증의 반납사유는?
   면허의 효력이 정지된 때, 면허증의 재교부를 받은 후 잃어버린 면허증을 발견한 때, 면허가 취소된 때
2. 건설기계조종사 면허취소 또는 효력정지를 시킬 수 있는 자는?
   시장·군수 또는 구청장
3. 고의로 경상 1명의 인명피해를 입힌 건설기계조종사 처분기준은? 면허취소

신유형

1. 과실로 경상 6명의 인명피해를 입힌 건설기계조종사의 처분기준?
   면허효력정지 30일
2. 건설기계조종사 면허증 발급 신청 시 첨부서류는? 국가기술자격증 정보, 신체검사서, 소형건설기계조종교육이수증(소형면허 신청 시), 증명사진
3. 건설기계조종사의 정기적성검사는 65세 미만인 경우 몇 년마다 받아야 하는가?
   10년

6 벌칙★

(1) 2년 이하의 징역 또는 2천만 원 이하의 벌금

① 등록되지 않았거나 말소된 건설기계를 사용하거나 운행한 자
② 시·도지사의 지정을 받지 않고 등록번호표를 제작하거나 등록번호를 새긴 자
③ 등록을 하지 않고 건설기계사업을 하거나 거짓으로 등록을 한 자

(2) 1년 이하의 징역 또는 1천만 원 이하의 벌금

① 거짓이나 그 밖의 부정한 방법으로 등록을 한 자
② 등록번호를 지워 없애거나 그 식별을 곤란하게 한 자
③ 구조변경검사 또는 수시검사를 받지 아니한 자
④ 정비명령을 이행하지 않은 자
⑤ 매매용 건설기계를 운행하거나 사용한 자
⑥ 건설기계조종사 면허를 받지 아니하고 건설기계를 조종한 자
⑦ 건설기계조종사 면허를 거짓이나 그 밖의 부정한 방법으로 받은 자
⑧ 건설기계조종사 면허가 취소되거나 건설기계조종사 면허의 효력정지처분을 받은 후에도 건설기계를 계속하여 조종한 자
⑨ 건설기계를 도로나 타인의 토지에 버려둔 자

(3) 100만 원 이하의 과태료

① 등록번호표를 부착·봉인하지 않거나 등록번호를 새기지 않은 자
② 등록번호표를 가리거나 훼손하여 알아보기 곤란하게 한 자 또는 그러한 건설기계를 운행한 자

(4) 50만 원 이하의 과태료

① 임시번호표를 붙이지 않고 운행한 자
② 변경신고를 하지 않거나 거짓으로 변경신고한 자
③ 등록번호표를 반납하지 않은 자
④ 등록의 말소를 신청하지 않은 자

자주나와요 꼭 암기

1. 건설기계조종사 면허를 받지 않고 건설기계를 조종한 자에 대한 벌칙은?
   1년 이하의 징역 또는 1천만 원 이하의 벌금
2. 정비명령을 이행하지 아니한 자에 대한 벌칙은? 1,000만 원 이하의 벌금

신유형

1. 과태료 처분에 대하여 불복이 있는 경우 며칠 이내에 이의를 제기하여야 하는가? 처분의 고지를 받은 날부터 60일 이내
2. 건설기계를 도로나 타인의 토지에 방치한 자에 대한 처분은? 1년 이하의 징역 또는 1천만원 이하의 벌금

제2장 도로통행방법

1 도로교통법의 목적

도로에서 일어나는 교통상의 모든 위험과 장해를 방지하고 제거하여 안전하고 원활한 교통을 확보함을 목적으로 한다.

2 도로통행방법에 관한 사항

(1) 차량신호등의 종류 및 의미

신호의 종류		신호의 의미
원형등화	녹색의 등화	• 차마는 직진 또는 우회전할 수 있음 • 비보호좌회전표지 또는 비보호좌회전표시가 있는 곳에서는 좌회전할 수 있음
	황색의 등화	• 차마는 정지선이 있거나 횡단보도가 있을 때에는 그 직전이나 교차로의 직전에 정지하여야 하며 이미 교차로에 차마의 일부라도 진입한 경우에는 신속히 교차로 밖으로 진행하여야 함 • 차마는 우회전할 수 있고 우회전하는 경우에는 보행자의 횡단을 방해하지 못함
	적색의 등화	차마는 정지선, 횡단보도 및 교차로의 직전에서 정지해야 하고, 신호에 따라 진행하는 다른 차마의 교통을 방해하지 않고 우회전할 수 있음
	황색등화의 점멸	차마는 다른 교통 또는 안전표지의 표시에 주의하면서 진행할 수 있음
	적색등화의 점멸	차마는 정지선이나 횡단보도가 있을 때에는 그 직전이나 교차로의 직전에 일시정지한 후 다른 교통에 주의하면서 진행할 수 있음
화살표등화	녹색화살표의 등화	차마는 화살표시 방향으로 진행할 수 있음
	적색화살표등화의 점멸	차마는 정지선이나 횡단보도가 있을 때에는 그 직전이나 교차로의 직전에 일시정지한 후 다른 교통에 주의하면서 화살표시 방향으로 진행할 수 있음
	황색화살표등화의 점멸	차마는 다른 교통 또는 안전표지의 표시에 주의하면서 화살표시 방향으로 진행할 수 있음

자주나와요 꼭 암기

1. 통행의 우선순위는? 긴급자동차 → 일반자동차 → 원동기장치자전거
2. 신호등에 녹색등화 시 차마의 통행방법은? 차마는 직진할 수 있다. 차마는 좌회전을 하여서는 안 된다. 차마는 우회전할 수 있다.
3. 도로교통법상 가장 우선하는 신호는? 경찰공무원의 수신호

신유형

1. 도로교통법상 3색 등화로 표시되는 신호등의 신호순서는? **녹색(적색 및 녹색화살표)등화, 황색등화, 적색등화의 순이다.**
2. 건설기계를 운전하여 교차로 전방 20m 지점에 이르렀을 때 황색등화로 바뀌었을 경우 운전자의 조치방법은? **정지할 조치를 취하여 정지선에 정지한다.**

(2) 차마의 통행방법

① 차마의 통행

㉠ 보도와 차도가 구분된 도로
- 보도와 차도가 구분된 도로에서는 차도 통행
- 도로 외의 곳에 출입 시 보도를 횡단하는 경우 차마의 운전자는 보도를 횡단하기 직전에 일시정지하여 좌측과 우측 부분 등을 살핀 후 보행자의 통행을 방해하지 않도록 횡단
- 도로의 중앙 우측 부분 통행

㉡ 도로의 중앙이나 좌측 부분을 통행할 수 있는 경우
- 도로가 일방통행인 경우
- 도로의 파손, 도로공사나 그 밖의 장애 등으로 도로의 우측 부분을 통행할 수 없는 경우
- 도로 우측 부분의 폭이 6m가 되지 않는 도로에서 다른 차를 앞지르려는 경우
- 도로 우측 부분의 폭이 차마의 통행에 충분하지 않은 경우
- 가파른 비탈길의 구부러진 곳에서 교통의 위험을 방지하기 위해 시·도경찰청장이 필요하다고 인정하여 구간 및 통행방법을 지정하고 있는 경우에 그 지정에 따라 통행하는 경우

② 자동차 등의 속도★

㉠ 비·안개·눈 등으로 인한 악천후 시의 감속운행

도로의 상태	감속운행속도
• 비가 내려 노면이 젖어 있는 경우 • 눈이 20mm 미만 쌓인 경우	최고속도의 20/100 감속
• 폭우, 폭설, 안개 등으로 가시거리가 100m 이내인 경우 • 노면이 얼어붙은 경우 • 눈이 20mm 이상 쌓인 경우	최고속도의 50/100 감속

㉡ 자동차의 운행속도

도로 구분			최고속도(km/h)	최저속도 (km/h)
일반 도로	주거·상업· 공업지역		50 이내 (시·도경찰청장이 지정한 노선 또는 구간 : 60 이내)	제한 없음
	그 외 지역		60 이내 (편도 2차로 이상의 도로 : 80 이내)	
자동차전용도로			90	30
고속 도로	편도 2차로 이상	모든 고속도로	100	50
			화물(적재중량 1.5톤 초과)·특수·위험물운반 자동차 및 건설기계 80	
		지정·고시한 노선 또는 구간	120	50
			화물·특수·위험물운반 자동차 및 건설기계 90	
	편도1차로		80	50

자주나와요 꼭 암기

1. 최고속도의 100분의 20을 줄인 속도로 운행하여야 할 경우는? 비가 내려 노면이 젖어 있는 경우, 눈이 20mm 미만 쌓인 경우
2. 노면의 결빙이나 폭설 시 평상시보다 얼마나 감속운행하여야 하는가? 100분의 50
3. 자동차전용 편도 4차로의 도로에서 굴착기와 지게차가 주행하는 차로는? 3차로, 4차로

신유형

보도와 차도가 구분된 도로에서 중앙선이 설치되어 있는 경우 차마의 통행방법은? **중앙 우측 부분 통행**

③ 진로 및 교통정리가 없는 교차로에서의 양보

진로양보의 의무	• 모든 차(긴급자동차 제외)의 운전자는 뒤에서 따라오는 차보다 느린 속도로 가려는 경우에는 도로의 우측 가장자리로 피하여 진로를 양보 • 다만 통행 구분이 설치된 도로의 경우에는 그러하지 않음
교통정리가 없는 교차로에서의 양보운전	• 교통정리를 하고 있지 않는 교차로에 들어가려고 하는 차의 운전자는 이미 교차로에 들어가 있는 다른 차가 있을 때에는 그 차에 진로양보 • 교통정리를 하고 있지 않는 교차로에 들어가려고 하는 차의 운전자는 그 차가 통행하고 있는 도로의 폭보다 교차하는 도로의 폭이 넓은 경우에는 서행하고, 폭이 넓은 도로로부터 교차로에 들어가려고 하는 다른 차가 있을 때에는 그 차에 진로양보 • 교통정리를 하고 있지 않는 교차로에 동시에 들어가려고 하는 차의 운전자는 우측도로의 차에 진로양보 • 교통정리를 하고 있지 않는 교차로에서 좌회전하려고 하는 차의 운전자는 그 교차로에서 직진하거나 우회전하려는 다른 차가 있을 때에는 그 차에 진로양보

④ 횡단금지 및 안전거리 확보

횡단 금지	• 보행자나 다른 차마의 정상적인 통행을 방해할 우려가 있는 경우 차마를 운전하여 도로를 횡단하거나 유턴 또는 후진하면 안 됨 • 시·도경찰청장은 도로에서의 위험을 방지하고 교통의 안전과 원활한 소통을 확보하기 위해 특히 필요하다고 인정하는 경우에는 도로의 구간을 지정하여 차마의 횡단이나 유턴 또는 후진을 금지할 수 있음 • 길가의 건물이나 주차장 등에서 도로에 들어갈 때에는 일단 정지한 후에 안전한지 확인하면서 서행
안전거리 확보	• 같은 방향으로 가고 있는 앞차의 뒤를 따르는 경우에는 앞차가 갑자기 정지하게 되는 경우 그 앞차와의 충돌을 피할 수 있는 필요한 거리 확보 • 차의 진로를 변경하려는 경우에 그 변경하려는 방향으로 오고 있는 다른 차의 정상적인 통행에 장애를 줄 우려가 있을 때에는 진로를 변경하면 안 됨 • 위험방지를 위한 경우와 그 밖의 부득이한 경우가 아니면 운전하는 차를 갑자기 정지시키거나 속도를 줄이는 등의 급제동을 하면 안 됨

⑤ 앞지르기 및 끼어들기★

앞 지 르 기	방법	• 다른 차를 앞지르려면 앞차의 좌측으로 통행 • 앞지르려고 하는 모든 차의 운전자는 반대방향의 교통과 앞차 앞쪽의 교통에도 주의를 충분히 기울여야 하며, 앞차의 속도·진로와 그 밖의 도로상황에 따라 방향지시기·등화 또는 경음기를 사용하는 등 안전한 속도와 방법으로 앞지르기를 해야 함 • 앞지르기를 하는 차가 있을 때에는 속도를 높여 경쟁하거나 그 차의 앞을 가로막는 등의 방법으로 앞지르기를 방해하면 안 됨

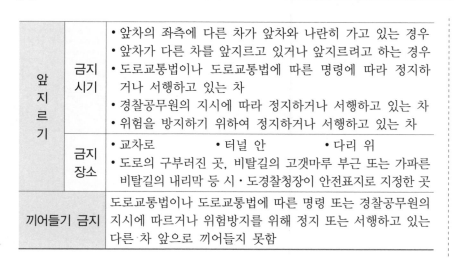

앞지르기	금지 시기	• 앞차의 좌측에 다른 차가 앞차와 나란히 가고 있는 경우 • 앞차가 다른 차를 앞지르고 있거나 앞지르려고 하는 경우 • 도로교통법이나 도로교통법에 따른 명령에 따라 정지하거나 서행하고 있는 차 • 경찰공무원의 지시에 따라 정지하거나 서행하고 있는 차 • 위험을 방지하기 위하여 정지하거나 서행하고 있는 차
	금지 장소	• 교차로　　　• 터널 안　　　• 다리 위 • 도로의 구부러진 곳, 비탈길의 고갯마루 부근 또는 가파른 비탈길의 내리막 등 시·도경찰청장이 안전표지로 지정한 곳
끼어들기 금지		도로교통법이나 도로교통법에 따른 명령 또는 경찰공무원의 지시에 따르거나 위험방지를 위해 정지 또는 서행하고 있는 다른 차 앞으로 끼어들지 못함

⑥ 철길건널목 및 교차로 통행방법

철길건널목의 통과★	• 건널목 앞에서 일시정지하여 안전한지 확인한 후에 통과(단, 신호기 등이 표시하는 신호에 따르는 경우에는 정지하지 않고 통과 가능) • 건널목의 차단기가 내려져 있거나 내려지려고 하는 경우 또는 건널목의 경보기가 울리고 있는 동안에는 그 건널목으로 들어가서는 안 됨 • 건널목을 통과하다가 고장 등의 사유로 건널목 안에서 차를 운행할 수 없게 된 경우에는 즉시 승객을 대피시키고 비상신호기 등을 사용하거나 그 밖의 방법으로 철도공무원이나 경찰공무원에게 그 사실을 알려야 함
교차로 통행방법	• 교차로에서 우회전 : 미리 도로의 우측 가장자리를 서행하면서 우회전 • 교차로에서 좌회전 : 미리 도로의 중앙선을 따라 서행하면서 교차로의 중심 안쪽을 이용하여 좌회전(단, 시·도경찰청장이 교차로의 상황에 따라 특히 필요하다고 인정하여 지정한 곳에서는 교차로의 중심 바깥쪽 통과 가능) • 우회전 또는 좌회전을 하기 위해 손이나 방향지시기 또는 등화로써 신호를 하는 차가 있는 경우에 그 뒤차의 운전자는 신호를 한 앞차의 진행을 방해하면 안 됨 • 신호기로 교통정리를 하고 있는 교차로에 들어가려는 경우에는 진행하려는 진로의 앞쪽에 있는 차의 상황에 따라 교차로(정지선이 설치되어 있는 경우에는 그 정지선을 넘은 부분)에 정지하게 되어 다른 차의 통행에 방해가 될 우려가 있는 경우에는 그 교차로에 들어가서는 안 됨 • 교통정리를 하고 있지 않고 일시정지나 양보를 표시하는 안전표지가 설치되어 있는 교차로에 들어가려고 할 때에는 다른 차의 진행을 방해하지 않도록 일시정지하거나 양보하여야 함

⑦ 서행 또는 일시정지할 장소★

서행할 장소	• 도로가 구부러진 부근 • 교통정리를 하고 있지 않는 교차로 • 비탈길의 고갯마루 부근 • 가파른 비탈길의 내리막 • 시·도경찰청장이 안전표지로 지정한 곳
일시정지할 장소	• 교통정리를 하고 있지 않고 좌우를 확인할 수 없거나 교통이 빈번한 교차로 • 시·도경찰청장이 안전표지로 지정한 곳

 자주나와요 꼭 암기

1. 신호등이 없는 철길건널목 통과방법은?
   반드시 일시정지를 한 후 안전을 확인하고 통과한다.
2. 유도표시가 없는 교차로에서의 좌회전 방법은?
   교차로 중심 안쪽으로 서행한다.
3. 교차로 통과에서 가장 우선하는 것은? 경찰공무원의 수신호
4. 건널목 안에서 차가 고장이 나서 운행할 수 없게 되었다. 운전자의 조치사항은?
   철도 공무 중인 직원이나 경찰 공무원에게 즉시 알려 차를 이동하기 위한 필요한 조치를 한다. 차를 즉시 건널목 밖으로 이동시킨다. 승객을 하차시켜 즉시 대피시킨다.

⑧ 정차 및 주차금지★

정차 및 주차금지 장소	• 교차로·횡단보도·건널목이나 보도와 차도가 구분된 도로의 보도 • 교차로의 가장자리나 도로의 모퉁이로부터 5m 이내인 곳 • 안전지대가 설치된 도로에서는 그 안전지대의 사방으로부터 각각 10m 이내인 곳 • 버스여객자동차의 정류지임을 표시하는 기둥이나 표지판 또는 선이 설치된 곳으로부터 10m 이내인 곳(단, 버스여객자동차의 운전자가 그 버스여객자동차의 운행시간 중에 운행노선에 따르는 정류장에서 승객을 태우거나 내리기 위해 차를 정차하거나 주차하는 경우 제외) • 건널목의 가장자리 또는 횡단보도로부터 10m 이내인 곳 • 소방용수시설 또는 비상소화장치가 설치된 곳으로부터 5m 이내인 곳 • 소방시설로서 대통령령으로 정하는 시설이 설치된 곳으로부터 5m 이내인 곳 • 시·도경찰청장이 도로에서의 위험을 방지하고 교통의 안전과 원활한 소통을 확보하기 위해 필요하다고 인정하여 지정한 곳
주차금지 장소	• 터널 안 및 다리 위 • 도로공사를 하고 있는 경우에는 그 공사 구역의 양쪽 가장자리로부터 5m 이내인 곳 • 다중이용업소의 영업장이 속한 건축물로 소방본부장의 요청에 의하여 시·도경찰청장이 지정한 곳으로부터 5m 이내인 곳 • 시·도경찰청장이 도로에서의 위험을 방지하고 교통의 안전과 원활한 소통을 확보하기 위해 필요하다고 인정하여 지정한 곳

자주나와요 꼭 암기

1. 모든 차가 반드시 서행하여야 할 곳은? 교통정리를 하고 있지 아니하는 교차로, 도로가 구부러진 부근, 비탈길의 고갯마루 부근, 가파른 비탈길의 내리막
2. 교차로의 가장자리 또는 도로의 모퉁이로부터 관련법상 몇 m 이내의 장소에 정차 주차를 해서는 안 되는가? 5m
3. 술에 취한 상태의 기준은? 혈중알코올농도 0.03% 이상
   (만취 상태 : 혈중알코올농도 0.08% 이상)
4. 교통사고로 인하여 사람을 사상하거나 물건을 손괴하는 사고가 발생했을 때 우선 조치사항은? 그 차의 운전자나 그 밖의 승무원은 즉시 정차하여 사상자를 구호하는 등 필요한 조치를 취해야 한다.
5. 승차인원·적재중량에 관하여 안전기준을 넘어서 운행하고자 하는 경우 누구에게 허가를 받아야 하는가? 출발지를 관할하는 경찰서장
6. 야간에 자동차를 도로에 정차 또는 주차하였을 때 켜야 하는 등화는?
   미등 및 차폭등
7. 야간에 도로에서 차를 운행할 때 켜야 하는 등화의 종류 중 견인되는 자동차의 등화는? 미등, 차폭등 및 번호등
8. 안전기준을 초과하는 화물의 적재허가를 받은 자는 그 길이 또는 그 폭의 양 끝에 몇cm 이상의 빨간 헝겊으로 된 표지를 달아야 하는가? 너비 30cm, 길이 50cm

신유형

1. 제1종 보통면허로 운전할 수 있는 것은? 승차정원 15인승의 승합자동차, 적재중량 11톤급의 화물자동차, 원동기장치자전거
2. 교통사고로 중상의 기준은? 3주 이상의 치료를 요하는 부상

참고

교통사고처리특례법상 12개 항목
• 신호·지시위반
• 중앙선 침범
• 속도위반(20km/h 초과)
• 앞지르기 방법 위반
• 철길건널목 통과방법 위반
• 보행자 보호의무 위반(횡단보도사고)
• 무면허운전
• 주취운전·약물복용 운전(음주운전)
• 보도침범·보도횡단방법 위반
• 승객추락방지의무 위반
• 어린이보호구역 내 안전운전의무 위반
• 화물고정조치 위반

쉽게 따는 必기 합격노트

02

기출복원문제

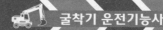
01 방향지시등의 전류를 일정한 주기로 단속, 램프를 점멸 작동시키는 장치는?

① 릴레이
② 플래셔 유닛
③ 스위치
④ 배터리

✎해설 플래셔 유닛은 방향지시등에 흐르는 전류를 일정 주기로 단속, 점멸하여 자동차의 주행 방향을 알리는 장치이다.

02 산업재해 조사에 대한 설명으로 틀린 것은?

① 물적 증거를 수집해서 보관하도록 한다.
② 재해 현장의 상황을 사진 촬영하도록 한다.
③ 현장 정리를 마친 후 조사하도록 한다.
④ 가능한 한 피해자의 이야기를 많이 듣도록 한다.

✎해설 재해현장은 변경되기 쉬우므로 재해발생 후 최대한 빠른 시간 내에 정확하게 조사를 실시해야 한다. 목격자와 사업장 책임자의 협력하에 조사를 추진하며 자신이 처리할 수 없다고 판단되는 특수한 재해나 대형재해의 경우에는 전문가에게 조사를 의뢰해야 한다.

03 라디에이터에 연결된 보조탱크의 역할 설명으로 가장 적합하지 않은 것은?

① 냉각수의 체적팽창을 흡수한다.
② 장기간 냉각수 보충이 필요 없다.
③ 오버플로(overflow)되어도 증기만 방출된다.
④ 냉각수 온도를 적절하게 조절한다.

✎해설 라디에이터에 연결된 보조탱크는 냉각수가 열을 받으면서 생기는 체적팽창을 흡수하고 여분의 냉각수를 담아두는 역할을 한다. 여분의 냉각수에 의해 한 번의 냉각수 보충으로 장기간 사용이 가능하게 되며 오버플로가 되어도 증기만을 방출하게 된다.

04 교통안전시설이 표시하고 있는 신호와 경찰공무원의 수신호가 다른 경우에 통행방법으로 옳은 것은?

① 신호기 신호를 우선적으로 따른다.
② 경찰공무원의 수신호에 따른다.
③ 수신호는 보조신호이므로 따르지 않아도 된다.
④ 자기가 판단하여 위험이 없다고 생각되면 아무 신호에 따라도 좋다.

✎해설 도로를 통행하는 보행자, 차마 또는 노면전차의 운전자는 교통안전시설이 표시하는 신호 또는 지시와 교통정리를 하는 경찰공무원 또는 경찰보조자(이하 "경찰공무원 등"이라 한다)의 신호 또는 지시가 서로 다른 경우에는 경찰공무원 등의 신호 또는 지시에 따라야 한다(도로교통법 제5조제2항).

05 고압가스 배관이 매설된 경로에 설치된 배관의 표지판에 기재된 내용이 아닌 것은?

① 고압가스의 종류
② 배관 매설 위치
③ 회사명 및 연락처
④ 매설 배관의 규격

✎해설 배관 표지판에는 고압가스의 종류, 배관 설치(매설)위치, 신고처, 회사명 및 연락처 등이 명확히 기재되어 있다.

06 가공 전선로에서 건설기계 운전·작업 시 안전대책으로 가장 거리가 먼 것은?

① 안전한 작업 계획을 수립한다.
② 가공 전선로에 대한 감전 방지 수단을 강구한다.
③ 장비 사용을 위한 신호수를 정한다.
④ 가급적 물건은 가공 전선로 하단에 보관한다.

✎해설 가공 전선로 주변에서 건설기계를 운전할 때는 전선로 접근 또는 접촉에 의한 감전 사고 예방에 만전을 기해야 한다. 가공 전선로 하단에 물건을 보관하는 것은 잠재적인 위험을 방치하는 것이므로 옳지 않다.

07 굴착기 일상점검 사항이 아닌 것은?

① 엔진 오일의 양
② 오일 쿨러 세척
③ 냉각수 누출 여부
④ 유압유 누유 확인

✎해설 오일 쿨러(오일냉각기)는 엔진 오일을 항상 70~80℃ 정도로 일정하게 유지하는 장치이다. 오일 쿨러의 세척은 일상점검 사항이 아니고 엔진 오일의 교환주기 등에 따라야 한다.

08 엔진이 과열되는 이유와 가장 거리가 먼 것은?

① 냉각수의 부족
② 라디에이터의 코어 막힘
③ 오일의 품질 불량
④ 물펌프의 벨트가 느슨해짐

✎해설 기관이 과열되는 것은 냉각계통이 정상적으로 작동하지 않은 것으로 라디에이터의 코어 막힘, 내부에 물때가 낌, 냉각수의 부족, 물펌프의 벨트가 느슨해짐, 정온기가 닫힌 상태로 고장, 냉각팬의 벨트가 느슨해짐 등이 원인이다.
③ 오일의 품질이 불량할 때는 실린더 내에서 노킹하는 소리가 난다.

09 습식 공기청정기에 대한 설명으로 옳지 않은 것은?

① 공기청정기 케이스 밑에는 일정한 양의 오일이 들어 있다.
② 흡입공기는 오일로 적셔진 여과망을 통과시켜 여과시킨다.
③ 청정효율은 공기량이 증가할수록 높아지며, 회전속도가 빠르면 효율이 좋아진다.
④ 공기청정기는 일정기간 사용 후 무조건 신품으로 교환해야 한다.

✎해설 습식 공기청정기는 세척유로 세척하여 사용을 할 수 있다.

10 굴착기의 아워미터(시간계)가 표시하는 것은?

① 일일 작동시간
② 누적 주행시간
③ 엔진 가동시간
④ 작업 만료시간

✎해설 아워미터(시간계)는 엔진 가동 시간을 나타내며 이를 통해 정비가 필요한 시기를 확인할 수 있다.

★★★
11 내리막길에서 베이퍼 록을 방지하지 위한 운전 방법으로 적절한 것은?

① 시동을 끄고 브레이크 페달을 밟고 내려간다.
② 엔진 브레이크를 적절하게 사용한다.
③ 변속레버를 중립에 놓고 브레이크 페달을 밟고 내려간다.
④ 클러치를 끊고 브레이크 페달을 계속 밟고 속도를 조정하며 내려간다.

✎해설 브레이크 회로 내의 오일이 비등하여 오일의 압력 전달 작용을 방해하는 현상을 베이퍼 록이라고 한다. 긴 내리막길에서 과도한 풋 브레이크 사용이 원인이 될 수 있으므로 엔진 브레이크를 적절하게 사용하여 운전을 해야 한다.

★★
12 2개 이상의 분기회로가 있는 회로에서 각 유압실린더를 일정한 순서로 순차 작동시키는 밸브는?

① 체크밸브   ② 시퀀스밸브
③ 스로틀밸브   ④ 셔틀밸브

✎해설 유압제어밸브에는 시퀀스밸브, 릴리프밸브, 카운터 밸런스밸브, 언로드밸브 등이 있다. 스로틀밸브(교축밸브)는 유량제어밸브이고, 체크밸브와 셔틀밸브 등은 방향제어밸브에 해당한다.

13 납산 축전지 분리판의 역할로서 옳지 않은 것은?

① 극판의 단락을 방지한다.
② 충·방전 시 전해액을 통한 극판의 화학변화는 방해를 받는다.
③ 양극판과 음극판을 전기적으로 격리시킨다.
④ 극판 간의 간격이 일정하게 유지되도록 한다.

✎해설 납산 축전지 분리판은 양극판과 음극판 사이에 설치된 다공질의 절연용 격리판이다. 다공질이기 때문에 충·방전 시 전해액을 통한 극판의 화학변화는 방해를 받지 않는다.

14 피스톤링의 구비조건으로 틀린 것은?

① 실린더 벽보다 강한 재질일 것
② 고온에서 탄성을 유지할 것
③ 열팽창률이 적을 것
④ 실린더의 마멸이 적을 것

✎해설 피스톤링은 실린더 벽에 동일한 압력을 가할 수 있어야 하고, 실린더 벽보다 약한 재질이어야 한다.

15 건설기계의 등록이전 임시운행 허가 사유가 아닌 것은?

① 수출을 하기 위하여 선적지로 운행하는 경우
② 등록신청을 하기 위하여 등록지로 운행하는 경우
③ 신규등록검사를 받기 위하여 검사장소로 운행하는 경우
④ 등록말소를 위하여 폐기장으로 운행하는 경우

✎해설 **미등록 건설기계의 임시운행**
- 수출을 하기 위하여 등록말소한 건설기계를 점검·정비의 목적으로 운행하는 경우
- 신개발 건설기계를 시험·연구의 목적으로 운행하는 경우
- 판매 또는 전시를 위하여 건설기계를 일시적으로 운행하는 경우

16 수공구 사용 시 안전수칙으로 바르지 못한 것은?

① 해머 작업은 미끄러짐 방지를 위해 반드시 면장갑을 끼고 작업한다.
② 톱 작업은 밀 때 절삭되게 작업한다.
③ 줄 작업으로 생긴 쇳가루는 브러시로 털어낸다.
④ 조정 렌치는 조정조가 있는 부분에 힘을 받지 않게 하여 사용한다.

✎해설 해머를 사용하여 작업을 할 때는 미끄러울 수 있으므로 면장갑을 끼지 않아야 한다.

★★★★
17 굴착기의 한쪽 주행레버만 조작하여 회전하는 것을 무엇이라 하는가?

① 급회전   ② 스핀회전
③ 피벗회전   ④ 원웨이회전

✎해설 피벗회전은 두 축을 가지고 있을 때, 한 축은 바닥에 붙이고 나머지 한 축이 회전하는 것을 의미한다.

★
18 어큐뮬레이터의 기능과 관계없는 것은?

① 압력 보상
② 맥동 감쇄
③ 출력 증가
④ 유압회로 보호

✎해설 어큐뮬레이터(축압기)의 기능 : 압력 보상, 에너지 축적, 유압회로 보호, 체적 변화 보상, 맥동 감쇄, 충격 압력 흡수 및 일정 압력 유지

19 시 · 도지사는 검사에 불합격된 건설기계의 정비명령을 대행자에게 몇일 이내에 해야 하는가?

① 20일
② 10일
③ 30일
④ 5일

🖋해설 시 · 도지사는 검사에 불합격된 건설기계에 대해서는 31일 이내의 기간을 정하여 해당 건설기계의 소유자에게 검사를 완료한 날(검사를 대행하게 한 경우에는 검사결과를 보고받은 날)부터 10일 이내에 정비명령을 해야 한다(건설기계관리법 시행규칙 제31조제1항).

★
20 다음 중 작업과 안전보호구의 연결이 잘못된 것은?

① 10m 높이에서의 작업 – 안전벨트 착용
② 아크용접 작업 – 도수 있는 투명 보안경 착용
③ 공기 부족 장소 작업 – 산소 발생기 착용
④ 그라인더 작업 – 보안경 착용

🖋해설 아크용접 작업 시에는 차광용 보안경을 착용하여 눈을 보호해야 한다.

21 작업 중 기계장치에서 이상한 소리가 날 때의 조치로 가장 적합한 것은?

① 작업 종료 후 조치한다.
② 즉시 작동을 멈추고 점검한다.
③ 속도가 너무 빠르지 않은지를 살핀다.
④ 장비를 멈추고 열을 식힌 후 계속 작업한다.

🖋해설 작업 중 기계장치에서 이상한 소리가 날 때 즉시 작동을 멈추고 점검을 해야 한다.

22 다음 중 착화성 지수를 나타내는 것은?

① 세탄가
② 수막지수
③ 점도지수
④ 옥탄가

🖋해설 연료의 착화성은 연소실 내에 분사된 연료가 착화할 때까지의 시간으로 표시되며, 이 시간이 짧을수록 착화성이 좋다고 한다. 착화성을 정량적으로 표시하는 것으로 세탄가, 디젤지수, 임계 압축비 등이 있다.

★★
23 기관의 동력을 속도에 따라 회전력으로 바꾸어 구동바퀴에 전달하는 장치는?

① 클러치
② 변속기
③ 종감속 기어
④ 차동 기어장치

🖋해설 변속기는 클러치와 추진축 또는 클러치와 종감속 기어장치 사이에 설치되어 기관의 동력을 건설기계의 주행상태에 알맞도록 회전력과 속도를 바꿔 구동바퀴에 전달하는 장치이다.

★★★
24 다음 중 목재, 파이프 등의 운반과 적재 하역 등에 이용하는 작업 장치는?

① 셔블
② 백호
③ 우드그래플
④ 리퍼

🖋해설 ① 셔블 : 암석이나 토사 등을 트럭에 적재하는 작업에 이용
② 백호 : 장비의 위치보다 낮은 곳의 땅을 파는데 적합. 수중 굴착이 가능
④ 리퍼 : 암석 및 콘크리트 파괴, 나무뿌리 뽑기 등에 사용

25 다음 중 교류 발전기의 구성품과 거리가 먼 것은?

① 다이오드
② 밸브 태핏
③ 정류기
④ 로터

🖋해설 교류 발전기의 구성 요소는 스테이터, 로터, 슬립링, 브러시, 정류기, 다이오드 등이다. 밸브 태핏은 밸브 리프터를 말한다.

26 상시 열려 있다가 설정된 조건보다 높아지면 작동하게 되는 밸브는?

① 리듀싱밸브
② 릴리프밸브
③ 체크밸브
④ 시퀀스밸브

🖋해설 리듀싱(감압)밸브는 압력제어밸브로서 평소에 열려 있는 상태에서 출구의 압력이 설정압력보다 높아지면 밸브가 작동하여 유로를 닫는 밸브이다.

★★★★
27 굴착기 작업 시 안전사항으로 틀린 것은?

① 기중작업은 가능한 피하는 것이 좋다.
② 경사지 작업 시 측면절삭을 하는 것이 좋다.
③ 한쪽 트랙을 들 때는 암과 붐 사이의 각도를 90~110° 범위로 해서 들어주는 것이 좋다.
④ 타이어식 굴착기로 작업 시 안전을 위하여 아웃트리거를 받치고 작업한다.

🖋해설 경사지에서는 굴착기의 균형을 맞추기 위해 측면작업을 해서는 안 되고, 경사지를 내려올 때는 후진의 형태로 내려와야 한다.

★★
28 12V 납산축전지는 몇 개의 셀이 어떤 방식으로 연결되어 있는가?

① 6개의 셀이 직렬로 연결되어 있다.
② 6개의 셀이 병렬로 연결되어 있다.
③ 12개의 셀이 직렬로 연결되어 있다.
④ 12개의 셀이 병렬로 연결되어 있다.

🖋해설 12V의 납산축전지는 2V짜리 6개의 셀이 직렬로 연결되어 있다.

★★★
29 유압유의 구비조건으로 적합하지 않은 것은?

① 온도에 의한 점도 변화가 적을 것

② 점도 지수가 낮을 것

③ 적당한 유동성과 점성이 있을 것

④ 내열성이 크고 거품이 적을 것

✎해설 **유압 작동유의 구비조건**
- 점도 지수가 높을 것
- 비압축성일 것
- 내열성이 크고 거품이 적을 것
- 방청 및 방식성이 있을 것
- 온도에 의한 점도 변화가 적을 것

★
30 굴착기에 대한 설명으로 옳지 않은 것은?

① 타이어식 굴착기는 아웃트리거를 사용해야 한다.

② 무한궤도식 굴착기는 습지나 사지에서 작업이 용이하다.

③ 무한궤도식 굴착기는 이동 주행에 용이하다.

④ 타이어식 굴착기는 연약 지반에서 작업하기 어렵다.

✎해설 무한궤도식 굴착기는 주행장치가 트랙식으로 된 형식으로 장거리 이동이 곤란하다. 접지 면적이 크고 접지 압력이 작으며 견인력이 커서 습지나 사지에서의 작업이 용이한 편이다.

★★
31 건설기계의 구조변경 범위에 속하는 것은?

① 건설기계의 기종변경

② 원동기 및 전동기의 형식변경

③ 적재함의 용량 증가를 위한 구조변경

④ 육상작업용 건설기계 규격의 증가를 위한 변경

✎해설 **건설기계 구조변경범위등(건설기계관리법 시행규칙 제42조)**
- 원동기 및 전동기의 형식변경
- 동력전달장치의 형식변경
- 제동장치의 형식변경
- 주행장치의 형식변경
- 유압장치의 형식변경
- 조종장치의 형식변경
- 조향장치의 형식변경
- 건설기계의 길이 · 너비 · 높이 등의 변경
- 수상작업용 건설기계의 선체의 형식변경
- 타워크레인 설치기초 및 전기장치의 형식변경

★★
32 무한궤도식에 리코일 스프링을 이중 스프링으로 사용하는 이유로 가장 적절한 것은?

① 강한 탄성을 얻기 위해서

② 서징 현상을 줄이기 위해서

③ 스프링이 잘 빠지지 않게 하기 위해서

④ 강력한 힘을 축적하기 위해서

✎해설 리코일 스프링은 주행 중 트랙 전면에서 오는 충격을 완화하여 차체의 파손을 방지하고 원활한 운전이 될 수 있도록 하는 역할을 한다. 스프링을 이중으로 하면 공진 현상을 완화시켜 서징 현상을 줄일 수 있다.

★★★
33 다음 중 경고표지에 해당하지 않는 것은?

① 고압전기 경고   ② 방진마스크 경고

③ 낙하물 경고   ④ 인화성물질 경고

✎해설 '방진마스크 착용'표지는 지시표지에 해당한다.

34 유압탱크의 구비조건과 가장 거리가 먼 것은?

① 주유구 및 스트레이너를 설치한다.

② 드레인 및 유면계를 설치한다.

③ 이물질이 혼입되지 않도록 밀폐되어야 한다.

④ 오일냉각을 위한 쿨러를 설치한다.

✎해설 유압탱크는 적정 유량을 저장하고 적정 유온을 유지하며 작동유의 기포 발생 방지 및 제거의 역할을 한다. 주유구와 스트레이너, 유면계가 설치되어 있어 유량을 점검할 수 있다.
④ 오일냉각기는 독립적으로 설치되어 있다.

35 클러치 차단이 불량한 원인과 거리가 먼 것은?

① 릴리스 레버의 마멸   ② 클러치 판의 흔들림

③ 페달 유격이 과대   ④ 토션 스프링의 약화

✎해설 토션 스프링은 클러치가 갑자기 작동할 때 축에 충격을 주지 않도록 중간에 완충할 수 있는 장치이고, 동력이 연결된 상태에서 작용하게 된다. 그러므로 토션 스프링의 약화와 클러치 차단 불량은 관계가 없다.

36 다음 중 경유를 연료로 하는 기관은?

① 디젤기관   ② 랭킨기관

③ 재열 · 재생기관   ④ 가솔린기관

✎해설 디젤기관은 경유를 연료로 사용한다. 열효율이 높고 출력이 커서 건설기계, 대형 차량, 선박, 농기계의 기관으로 많이 사용되고 있다.

★★★★
37 굴착기의 작업장치로 철근, H빔 절단 등에 사용하는 것은?

① 크러셔   ② 그래플

③ 쉬어   ④ 컴팩터

✎해설 ① 크러셔 : 바위나 돌을 부수어 알맞은 크기로 자른다.
② 그래플 : 잡을 수 있게 하는 집게 장치이다.
④ 컴팩터 : 마무리 다짐 작업을 하는 장치이다.

★★★
38 건설기계 등록번호표의 색상 구분 연결이 틀린 것은?

① 수입용 - 녹색 바탕에 검은색 문자

② 관용 - 흰색 바탕에 검은색 문자

③ 자가용 - 흰색 바탕에 검은색 문자

④ 대여사업용 - 주황색 바탕에 검은색 문자

✎해설 건설기계 등록번호표 색상은 비사업용(관용/자가용)은 흰색 바탕에 검은색 문자, 대여사업용은 주황색 바탕에 검은색 문자이다(건설기계관리법 시행규칙 2022. 05.25.개정).

39 12V 축전지에 3Ω, 4Ω, 5Ω 저항을 직렬로 연결하였을 때 회로 내에 흐르는 전류는?

① 3V　　　　　　　　　　② 4V
③ 1V　　　　　　　　　　④ 2V

✎해설 전류(I) = $\dfrac{전압(V)}{저항(R)}$ 이므로 $\dfrac{12}{3+4+5}$ = 1(A)이다.

★★
40 유압펌프 중 플런저 펌프에 대한 설명으로 틀린 것은?

① 가변 용량이 가능하다.
② 가장 고압, 고효율이다.
③ 다른 펌프에 비해 수명이 짧다.
④ 부피가 크고 무게가 많이 나간다.

✎해설 플런저 펌프는 다른 펌프에 비해 수명이 길다. 그러나 단점으로 흡입 성능이 나쁘고 구조가 복잡하다. 또한, 소음이 크고 최고 회전속도가 약간 낮다.

41 굴착기의 버킷 용량표시(단위)로 옳은 것은?

① m²　　　　　　　　　　② m³
③ Pa　　　　　　　　　　④ cm

✎해설 루베(m³)는 굴착기가 한 번에 운반할 수 있는 토사물의 양을 의미한다.

★★★
42 디젤기관 운전 중 흑색의 배기가스가 배출되는 원인이 아닌 것은?

① 불완전 연소가 일어난 경우
② 공기청정기가 막힌 경우
③ 엔진오일이 함께 연소된 경우
④ 인젝션 펌프가 고장이 난 경우

✎해설 엔진오일이 함께 연소된 경우에는 흰색의 배기가스가 배출된다.

43 연삭기 작업에서 비산칩의 방지를 위한 방호장치는?

① 긴급정지장치
② 역화방지장치
③ 안전덮개
④ 자동전격방지장치

✎해설 연삭기에서 연산칩의 비산을 막기 위한 안전방호장치는 안전덮개이다.

44 다음 중 화재의 분류가 옳지 않게 연결된 것은?

① A급 화재 : 일반 화재　　② B급 화재 : 유류 화재
③ C급 화재 : 가스 화재　　④ D급 화재 : 금속 화재

✎해설 C급 화재는 전기 화재이다. 전기 설비 등에서 발생하는 화재로서 수변전 설비, 전선로의 화재 등이 속한다. 그리고 가스 화재는 E급 화재로 분류된다.

45 다음 중 유압모터의 장점이 아닌 것은?

① 소형 경량으로서 큰 출력을 낼 수 있다.
② 공기와 먼지 등이 침투하여도 성능에는 영향이 없다.
③ 무단변속이 용이하다.
④ 속도나 방향의 제어가 용이하다.

✎해설 유압모터는 공기, 먼지가 침투하면 성능에 영향을 미칠 수 있다. 따라서 작동유에 먼지나 공기가 들어가지 않도록 주의를 해야 한다.

★★
46 건설기계관리법상 조종사 면허를 받은 자가 면허의 효력이 정지된 때는 그 사유가 발생한 날부터 며칠 이내에 주소지를 관할하는 시장·군수 또는 구청장에게 그 면허증을 반납해야 하는가?

① 60일 이내　　　　　　② 100일 이내
③ 10일 이내　　　　　　④ 30일 이내

✎해설 건설기계조종사 면허를 받은 사람은 면허가 취소된 때, 면허의 효력이 정지된 때, 면허증의 재교부를 받은 후 잃어버린 면허증을 발견한 때에는 그 사유가 발생한 날부터 10일 이내에 시장·군수 또는 구청장에게 그 면허증을 반납해야 한다(건설기계관리법 시행규칙 제80조제1항).

47 굴착기의 3대 주요부에 해당하지 않은 것은?

① 작업(전부)장치　　　② 상부 선회체
③ 중간 동력장치　　　④ 하부 추진체

✎해설 굴착기의 3대 주요부는 작업(전부)장치, 상부 선회체, 하부 추진체이다.

48 교차로의 가장자리나 도로의 모퉁이로부터 몇 m 이내인 곳은 주·정차 금지인가?

① 10m　　　　　　　　　② 8m
③ 5m　　　　　　　　　　④ 3m

✎해설 교차로의 가장자리나 도로의 모퉁이로부터 5m 이내인 곳은 주차 및 정차가 금지된 장소이다.

★
49 다음 중 여러 사람이 공동으로 물건을 나를 때의 안전사항과 거리가 먼 것은?

① 명령과 지시는 한 사람이 한다.
② 최소한 한 손으로는 물건을 받친다.
③ 앞쪽에 있는 사람이 부하를 적게 담당한다.
④ 긴 화물은 같은 쪽의 어깨에 올려서 운반한다.

✎해설 여러 사람이 물건을 운반할 때에는 동작이 통일되기 위해 지시는 한 사람만 내려야 하고, 모든 사람이 동일한 부하를 담당해야 한다. 또한 두 손을 모두 방향을 잡는데 쓰지 않고 최소한 한 손은 물건을 받치는 데 써야 한다.

50 굴착기 작업장치의 구성품이 아닌 것은?

① 붐　　　　　　　　　　② 암
③ 버킷　　　　　　　　　④ 마스트

✎해설 마스트는 지게차의 작업장치로서 백레스트가 가이드 롤러를 통하여 상하 미끄럼 운동을 할 수 있는 레일이다.

★★
51 엔진오일의 구비조건 중 높으면 좋은 것은?

① 마찰력   ② 인화점

③ 마찰열   ④ 응고점

✎해설 엔진오일의 구비조건
- 비중과 점도가 적당하고 청정력이 클 것
- 인화점과 자연발화점이 높고, 기포 발생이 적을 것, 유성이 좋을 것
- 응고점이 낮고, 열과 산에 대한 저항력이 클 것

52 휠형 주행장치의 굴착기가 커브를 돌 때 선회를 원활하게 해주는 장치는?

① 변속기   ② 유니버설 조인트

③ 차동기어장치   ④ 종감속 기어

✎해설 차동기어장치는 차량의 좌우 바퀴 회전수 변화를 가능하게 하여 요철이 심한 길이나 도로를 선회할 때 무리없이 회전할 수 있게 해주는 장치이다.

53 유압장치의 기호 회로도에 사용되는 유압기호의 표시방법으로 적합지 않은 것은?

① 기호에는 흐름의 방향을 표시한다.

② 각 기기의 기호는 정상상태 또는 중립상태를 표시한다.

③ 기호는 어떠한 경우에도 회전하여서는 안 된다.

④ 기호에는 각 기기의 구조나 작용 압력을 표시하지 않는다.

✎해설 기호는 오해의 위험이 없을 때는 기호를 뒤집거나 회전할 수 있으며 기호가 없어도 정확히 이해할 수 있을 때는 드레인 관로는 생략할 수 있다.

★★★
54 굴착기의 작업장치에 해당하지 않는 것은?

① 우드 그래플   ② 백호 셔블

③ 힌지 버킷   ④ 파일 드라이버

✎해설 힌지 버킷은 지게차 작업장치의 한 종류로서 석탄, 소금, 모래, 비료 등 흘러내리기 쉬운 하물 등을 운반하기 위한 장치이다.

★
55 안전기준을 초과하는 화물의 적재허가를 받은 자는 그 길이 또는 그 폭의 양 끝에 몇 cm 이상의 빨간 헝겊으로 된 표지를 달아야 하는가?

① 너비 5cm, 길이 10cm

② 너비 10cm, 길이 20cm

③ 너비 30cm, 길이 50cm

④ 너비 50cm, 길이 100cm

✎해설 너비 30cm, 길이 50cm 이상의 빨간 헝겊으로 된 표지를 달아야 한다. 단, 밤에 운행하는 경우에는 반사체로 된 표지를 달아야 한다(도로교통법 시행규칙 제26조 3항)

56 디젤기관의 연료분사노즐에서 섭동 면의 윤활은 무엇으로 하는가?

① 윤활유   ② 연료

③ 그리스   ④ 기어오일

✎해설 디젤기관 연료장치는 연료가 윤활작용을 겸한다.

57 작업 시 중심이 뒷부분에 실리도록 하여 앞으로 넘어지는 것을 막아주는 것은?

① 버킷   ② 센터 조인트

③ 카운터 웨이트   ④ 클램셀

✎해설 카운터 웨이트(평형추)는 상부 회전체 프레임에 속한 것으로 작업 시 뒷부분에 무게를 실음으로써 굴착기의 롤링을 방지하고, 임계 하중을 크게 하는 역할을 한다.

58 디젤엔진에서 고압의 연료를 안개와 같이 연소실 내에 분사하는 것은?

① 조속기   ② 분사펌프

③ 분사노즐   ④ 플라이밍 펌프

✎해설 분사노즐은 분사펌프에서 보내온 고압의 연료를 미세한 안개 모양으로 연소실 내에 분사한다.
① 조속기 : 분사량을 조절하는 것으로 최고 회전속도를 제어하고 저속운전을 안정시킨다.
② 분사펌프 : 공급받은 연료를 고압으로 압축하여 분사노즐로 압송한다.
④ 플라이밍 펌프 : 수동으로 작동되는 것으로 공기 빼기 작업을 할 때 사용된다.

★★★
59 도시가스 배관 매설시 주택단지등의 부지 안 매설깊이는 몇 m이상인가?

① 1.2m   ② 0.6m

③ 0.8m   ④ 0.5m

✎해설 배관을 지하에 매설하는 경우(도시가스사업법 시행규칙 별표6, 2022. 1. 21 개정)
- 공동주택등의 부지 안에서는 0.6m 이상
- 폭 8m 이상의 도로에서는 1.2m 이상. 다만, 도로에 매설된 최고사용압력이 저압인 배관에서 횡으로 분기하여 수요가에게 직접 연결되는 배관의 경우에는 1m 이상
- 폭 4m 이상 8m 미만인 도로에서는 1m 이상

60 굴착기의 하부 구동체 구성 요소가 아닌 것은?

① 센터조인트   ② 스프로킷

③ 카운트 웨이트   ④ 리코일 스프링

✎해설 굴착기의 하부 구동체는 상부 회전체와 전부장치 등의 하중을 지지하고 장비를 이동시키는 장치이다. 스윙 링기어, 센터조인트, 트랙 및 롤러, 주행모터, 주행감속기어, 스프로킷 등으로 되어 있다.
카운터 웨이트(평형추)는 상부 회전체 프레임에 속한 것으로 작업 시, 뒷부분에 무게를 실음으로써 굴착기의 롤링을 방지하고 임계 하중을 크게 하는 역할을 한다.

★★
01 디젤기관 연료의 구비조건으로 적절하지 않은 것은?

① 발열량이 클 것
② 착화가 용이할 것
③ 연소 속도가 느릴 것
④ 탄소의 발생이 적을 것

✎해설 내연기관은 연료를 폭발적으로 연소시켜 그 힘을 이용하는 것으로, 연소 속도는 빨라야 한다.

02 운전 중 클러치가 미끄러지면 나타나는 현상과 거리가 먼 것은?

① 속도 감소
② 견인력 감소
③ 출력 증가
④ 연료 소비량 증가

✎해설 운전 중 클러치가 미끄러지면 엔진 rpm은 올라가도 차속이 증가하지 않고, 연료 소비가 많아지게 된다.

★★★★
03 2줄걸이로 화물을 인양할 때 당겨지는 각도가 커지면 로프의 장력은?

① 증가한다.
② 감소한다.
③ 변화 없다.
④ 장소에 따라 다르다.

✎해설 화물을 인양할 때 당겨지는 각도가 커지면 로프의 장력은 증가한다.

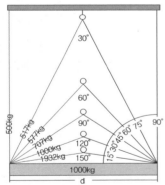

2줄걸이에 따른 각도 변화와 하중

04 산업재해조사의 목적으로 옳은 것은?

① 재해 발생의 책임자를 추궁하기 위하여
② 적절한 예방대책을 수립하기 위하여
③ 작업 능률 향상과 근로기강 확립을 위하여
④ 재해 발생 상태와 그 동기에 대한 통계 작성을 위하여

✎해설 재해조사는 안전 관리자가 실시하며 6하 원칙에 의거하여 조사하고, 이를 토대로 재해의 원인을 규명하여 적절한 예방대책을 수립하고자 하는 것이다.

★★★
05 백호와는 반대방향으로 장비 위치보다 위로 적재 등의 작업에 이용되는 작업장치는?

① 그래플
② 셔블
③ 쉬어
④ 파일 드라이브

✎해설 작업장치 셔블은 장비 위치보다 높은 곳을 굴착하는 데 적합하며 암석이나 토사 등을 트럭에 적재하는 등의 작업을 한다. 적재를 쉽도록 하기 위하여 디퍼 덮개를 개폐하도록 되어 있기도 하다.

06 안전장치에 대한 설명으로 옳지 않은 것은?

① 안전장치는 반드시 활용하도록 한다.
② 안전장치는 작업 형편상 부득이한 경우는 일시 제거해도 좋다.
③ 안전장치가 불량할 때는 즉시 수정한 다음 작업한다.
④ 안전장치 점검은 작업 전에 하도록 한다.

✎해설 안전장치는 사고를 예방하기 위한 장치로서 반드시 원칙대로 지켜져야 한다.

★
07 굴착기의 일일점검 사항에 해당하지 않는 것은?

① 엔진 오일양
② 냉각수 누출 여부
③ 압축압력 점검
④ 유압 오일양

✎해설 엔진의 압축압력은 압축링이 절손되었거나 과마모의 경우에 낮아지는 현상이 나타날 수 있다. 일일점검 사항에 해당하지 않는다.

★★
08 디젤기관에서 시동이 걸리지 않은 원인과 가장 거리가 먼 것은?

① 연료가 부족하다.
② 연료계통에 공기가 차 있다.
③ 기관의 압축압력이 높다.
④ 연료 공급펌프가 불량하다.

✎해설 **디젤기관에서 시동이 걸리지 않는 원인**
• 연료가 부족할 때
• 연료계통에 공기가 들어 있을 때
• 연료분사 펌프의 기능이 불량할 때
• 배터리 방전으로 교체가 필요한 상태일 때
③ 피스톤 링의 마모로 인하여 압축압력이 낮아질 경우 시동 불량의 원인이 될 수 있다.

09 야간에 자동차를 도로에 주·정차 시 반드시 켜야 하는 등화는?

① 번호등
② 미등 및 차폭등
③ 실내등
④ 전조등

✎해설 **차 또는 노면전차의 운전자가 밤에 도로에서 정차 또는 주차시켜야 하는 등화(도로교통법 시행령 제19조제2항)**
1. 자동차(이륜자동차는 제외) : 미등 및 차폭등
2. 이륜자동차 및 원동기장치자전거 : 미등(후부 반사기를 포함)
3. 노면전차 : 차폭등 및 미등
4. 규정 외의 차 : 시·도경찰청장이 고시하는 등화

10 굴착기의 3대 주요부가 아닌 것은?

① 작업장치   ② 상부 회전체

③ 하부 구동체   ④ 마스트

✎해설   마스트는 지게차의 작업장치로 백레스트가 가이드 롤러를 통하여 상하 미끄럼 운동을 할 수 있는 레일이다.

★★
11 다음 중 건설기계등록의 말소를 신청할 때 첨부하는 서류에 해당하는 것은?

① 건설기계제작증   ② 건설기계등록증

③ 수입면장   ④ 주민등록증

✎해설   건설기계등록의 말소(건설기계관리법 시행규칙 제9조)
- 건설기계등록증
- 건설기계검사증
- 멸실·도난·수출·폐기·폐기요청·반품 및 교육·연구목적 사용 등 등록 말소사유를 확인할 수 있는 서류

12 엔진에서 발생한 회전동력을 바퀴에 전달하여 주행할 수 있도록 하는 장치는?

① 조향장치   ② 동력전달장치

③ 현가장치   ④ 제동장치

✎해설   동력전달장치는 엔진의 출력을 구동 바퀴에 전달하는 장치로서, 보통 엔진 → 클러치 → 변속기 → 추진축(앞 엔진, 뒷바퀴 구동의 경우) → 종감속 장치 및 차동 기어 장치 → 차축 → 구동 바퀴의 순서로 전달이 된다.

★
13 굴착장비를 이용하여 도로 굴착작업 중 "고압선 위험" 표지시트가 발견되었다. 다음 중 맞는 것은?

① 표지시트 좌측에 전력케이블이 묻혀 있다.

② 표지시트 우측에 전력케이블이 묻혀 있다.

③ 표지시트와 직각방향에 전력케이블이 묻혀 있다.

④ 표지시트 직하에 전력케이블이 묻혀 있다.

✎해설   지중전선로를 설치할 때는 차량 및 기타 중량물의 압력을 받을 경우 1.2m 이상, 차량 및 기타 중량물의 압력을 받지 않을 경우 0.6m 이상의 깊이에 설치하며 직상에 '고압선 위험' 표지시트를 세운다.

14 유압계통에서 오일 점도가 지나치게 낮을 때 나타날 수 있는 현상은?

① 출력이 증가한다.   ② 압력이 상승한다.

③ 유동저항이 증가한다.   ④ 유압실린더의 속도가 늦어진다.

✎해설   유압 작동유의 점도가 지나치게 낮으면 물리적인 주위의 영향을 쉽게 받을 수 있어 소실되는 양이 많아진다. 유동 저항은 감소될 수 있으나 출력이 떨어지고, 유압실린더의 속도가 늦어지는 현상이 발생할 수 있다.

★★
15 굴착기 버킷 등 작업장치를 탈부착 할 수 있도록 하는 연결장치는?

① 브레이커   ② 블레이드

③ 퀵 커플러   ④ 셔블

✎해설   퀵 커플러는 유압식 작업장치의 장착 및 분리를 신속하게 할 수 있는 연결장치로서 핀간 거리를 조정할 수 있어 다른 작업장치도 이용할 수 있다.
   ① 브레이커 : 암석, 콘크리트, 말뚝박기 등에 사용되는 장치
   ② 블레이드 : 도랑을 메우는 작업에 사용하는 장치
   ④ 셔블 : 암석이나 토사 등을 트럭에 적재할 때 사용하는 장치

16 풀리(pully)에 벨트를 걸 때 어떤 상태에서 해야 하는가?

① 저속회전할 때   ② 중속회전할 때

③ 정지 후   ④ 고속회전할 때

✎해설   벨트를 풀리에 걸 때는 회전이 정지된 상태에서 해야 한다. 회전운동이 있는 동안은 속도의 크기에 상관없이 안전사고가 발생할 수 있기 때문이다.

★★★
17 전조등에 대한 설명으로 옳지 않은 것은?

① 하이 빔, 로우 빔으로 가시거리를 조절할 수 있다.

② 좌·우 램프 간 회로는 직렬로 연결되어 있다.

③ 실드빔식은 그 자체가 1개의 전구가 되도록 한 것이다.

④ 세미 실드빔식은 전구의 교환이 가능하다.

✎해설   전조등의 좌·우 램프 간 회로는 병렬로 연결되어 있다.

18 다음 ( )에 들어갈 내용으로 적절한 것은?

> 주행모터는 센터 조인트로부터 유압을 받아서 회전하면서 감속 기어·스프로킷 및 트랙을 ( )시켜 주행하도록 한다.

① 감속   ② 회전

③ 조향   ④ 지지

✎해설   주행모터는 양쪽 트랙을 회전시키기 위해 한 쪽에 1개씩 설치하며, 주로 래디얼 플런저형을 사용한다.

19 다음의 안전보건표지가 의미하는 것은?

① 출입금지   ② 보행금지

③ 작업금지   ④ 사용금지

✎해설   안전보건표지 가운데 금지표지로서 사용금지를 나타낸다.

★★
20 건설기계조종사의 적성검사 기준으로 가장 거리가 먼 것은?

① 시각은 150° 이상일 것

② 두 눈을 동시에 뜨고 잰 시력이 1.0 이상이고, 두 눈의 시력이 각각 0.5 이상일 것

③ 55dB(보청기를 사용하는 사람은 40dB)의 소리를 들을 수 있을 것

④ 언어분별력이 80% 이상일 것

✎해설   건설기계조종사의 적성검사의 기준(건설기계관리법 시행규칙 제76조)
- 두 눈을 동시에 뜨고 잰 시력(교정시력을 포함)이 0.7 이상이고, 두 눈의 시력이 각각 0.3 이상일 것
- 정신질환자 또는 뇌전증환자, 앞을 보지 못하는 사람, 듣지 못하는 사람, 마약·대마·향정신성의약품 또는 알코올중독자가 아닐 것

★★★★
21 굴착기의 붐에 대한 설명이다. 옳지 않은 것은?

① 로터리 붐은 붐과 암이 고정되어 있어 암이 회전할 수 없다.
② 투피스 붐은 굴착 깊이가 깊으며 크램셸 작업이 용이하다.
③ 붐은 상부회전체와 풋 핀에 의해 연결되어 있다.
④ 원피스 붐은 백호 버킷으로 정지 작업 등 일반작업에 적합하다.

✎**해설** 로터리 붐은 붐과 암의 연결 부분에 회전모터를 두어 굴착기의 이동 없이도 암이 360° 회전할 수 있다.

22 오일 여과기에서 오일 여과 방식에 해당하지 않는 것은?

① 자력식   ② 샨트식
③ 분류식   ④ 전류식

✎**해설** 오일 여과 방식의 종류
 • 전류식 : 오일펌프에서 나온 오일 전부를 여과기를 거쳐 여과한 후 윤활 부분으로 전달하는 방식
 • 분류식 : 오일펌프에서 나온 오일의 일부만 여과하여 오일팬으로 보내고 나머지는 그대로 윤활 부분에 전달하는 방식
 • 샨트식(복합식) : 오일펌프에서 나온 오일의 일부만 여과하고 나머지 여과되지 않은 오일과 합쳐져서 공급되는 방식

23 중량물을 들어 올리거나 내릴 때 손이나 발이 중량물과 지면 등에 끼어 발생하는 재해는?

① 낙하   ② 협착
③ 전도   ④ 충돌

✎**해설** 낙하는 떨어지는 물체에 맞는 경우, 전도는 사람이나 장비가 넘어지는 경우, 충돌은 사람이나 장비가 정지한 물체에 부딪히는 경우를 말한다.

24 다음 중 건설기계 검사의 종류가 아닌 것은?

① 신규등록검사   ② 정기검사
③ 임시검사   ④ 구조변경검사

✎**해설** 건설기계 검사의 종류 : 신규등록검사, 정기검사, 수시검사, 구조변경검사

★★★
25 유압장치에 대한 설명으로 틀린 것은?

① 유체의 압력에너지를 이용하여 기계적인 일을 하도록 하는 것이다.
② 힘, 속도, 방향 등의 제어가 용이하다.
③ 내마모성과 방청을 지니고 있다.
④ 온도와 유압유의 점도에 크게 영향을 받지 않는다.

✎**해설** 유압장치는 힘, 속도, 방향 등의 제어가 유리하며 내마모성, 방청을 지니지만 온도와 유압유의 점도에 크게 영향을 받는다는 단점을 가지고 있다.

★
26 건설기계조종사가 고의로 경상 1명의 인명피해를 냈을 때 처분 기준은?

① 면허정지 30일   ② 면허정지 60일
③ 면허정지 15일   ④ 면허취소

✎**해설** 건설기계조종사가 고의로 인명피해(사망·중상·경상 등을 말한다)를 입힌 경우에는 면허 취소 처분을 받는다(건설기계관리법 시행규칙 별표22).

27 굴착기의 작업장치 구성에 해당하지 않는 것은?

① 붐   ② 암
③ 버킷   ④ 리퍼

✎**해설** 굴착기의 작업장치(전부장치)는 붐, 암, 버킷으로 구성된다.

28 건설기계 조종수가 예방점검 후 공구 정리로 가장 옳은 것은?

① 사용한 공구는 지정된 곳의 공구함에 보관한다.
② 사용한 공구는 종류별로 묶어서 보관한다.
③ 사용 시 기름이 묻은 공구는 물로 씻어서 보관한다.
④ 사용한 공구는 기름칠을 잘해서 작업대 위에 진열해 놓는다.

✎**해설** 사용한 공구는 정비 후 방청·방습 등의 처리를 하여 지정된 보관 장소, 건조하고 서늘한 곳에 보관한다.

29 굴착기의 변속기에 대한 설명으로 옳지 않은 것은?

① 자동변속기와 수동변속기 두 종류로 나뉜다.
② 시동 시 장비를 무부하 상태로 한다.
③ 점도 지수가 낮은 오일 사용 시 소음이 발생한다.
④ 엔진과 액슬 축 사이에서 회전력을 증대시킨다.

✎**해설** 변속기 소음 원인
 • 점도 지수가 높은 오일을 사용하였을 경우
 • 기어 및 축 지지 베어링이 심하게 마멸되었을 경우
 • 기어오일 및 윤활유가 부족하거나 규정품 외의 것을 사용하였을 경우

★★
30 윤활장치에서 오일 속의 수분, 미세한 불순물 제거 등의 역할을 하는 것은?

① 냉각기   ② 여과기
③ 오일펌프   ④ 어큐물레이터

✎**해설** 여과기에 들어온 오일이 엘리먼트(여과지, 면사 등을 사용)를 거쳐 가운데로 들어간 후 출구로 나가면 엘리먼트를 거칠 때 오일에 함유된 불순물을 여과하고 제거된 불순물은 케이스 밑바닥에 침전된다.

★★
31 AC(교류)발전기에서 교류를 직류 전류로 바꾸어 주는 것은?

① 계자   ② 다이오드
③ 브러시   ④ 정온기

✎**해설** 다이오드는 반도체 접합을 통해 전류가 한쪽으로만 흐르게 하는 전자부품이다. 즉, 교류 전류를 직류로 바꾸어주는 정류 작용을 하며 전류의 역류를 방지해 준다.

32 유압장치에서 유압탱크의 기능이 아닌 것은?

① 적정 유량의 저장
② 작동유의 기포 발생 방지 및 제거
③ 작동유 냉각을 위한 쿨러
④ 적정 유온의 유지

✎해설 유압탱크는 적정 유량을 저장하고, 적정 유온을 유지하며 작동유의 기포 발생
방지 및 제거의 역할을 한다.
③ 오일냉각을 위한 냉각기는 독립적으로 설치가 된다.

33 무한궤도식 굴착기에 대한 설명으로 가장 거리가 먼 것은?

① 주행장치가 트랙식으로 된 형식이다.
② 접지 면적이 커서 견인력이 크다.
③ 습지나 사지에서 작업이 용이다.
④ 밸런스 웨이트가 없다.

✎해설 굴착기의 카운터 웨이트는 밸런스 웨이트 또는 평형추라고도 한다. 굴삭작업시
뒷부분에 무게를 실음으로써 앞으로 넘어지는 것을 막아주며 굴착기의 임계 하
중을 크게 하기 위해 부착이 된다.

34 교통사고로 사상자 발생 시 운전자가 취해야할 조치 순서는?

① 즉시정차 – 위해방지 – 신고
② 즉시정차 – 사상자 구호 – 신고
③ 즉시정차 – 신고 – 위해방지
④ 증인확보 – 정차 – 사상자 구호

✎해설 사고발생 시의 조치(도로교통법 제54조)
① 차의 운전 등 교통으로 인하여 사람을 사상하거나 물건을 손괴(이하 "교통사
고")한 경우에는 그 차의 운전자나 그 밖의 승무원(이하 "운전자 등")은 즉시
정차하여 다음 각 호의 조치를 하여야 한다.
1. 사상자를 구호하는 등 필요한 조치
2. 피해자에게 인적 사항(성명, 전화번호, 주소 등) 제공
② 제1항의 경우 그 차의 운전자 등은 경찰공무원이 현장에 있을 때에는 그
경찰공무원에게, 경찰공무원이 현장에 없을 때에는 가장 가까운 국가경찰관
서(지구대, 파출소 및 출장소를 포함)에 지체 없이 신고하여야 한다.

★★
35 유압에너지를 외부에서 공급받아 회전운동을 하는 기기는?

① 제어밸브
② 유압펌프
③ 유압모터
④ 유압실린더

✎해설 유압모터는 유압에너지를 이용하여 연속적으로 회전운동을 하는 기기로서 기어
모터, 플린저모터 등이 있다.
② 유압펌프 : 기관이나 전동기 등의 기계적 에너지를 받아서 유압에너지로 변
환시키는 장치
④ 유압실린더 : 유압에너지를 이용하여 직선운동의 기계적인 일을 하는 장치

★
36 건설기계정비업의 범위에서 제외되는 행위가 아닌 것은?

① 타이어의 점검
② 오일의 보충
③ 브레이크 부품 교체
④ 전구의 교환

✎해설 건설기계정비업의 범위에서 제외되는 행위
• 오일의 보충
• 에어클리너엘리먼트 및 휠터류의 교환
• 배터리・전구의 교환
• 타이어의 점검・정비 및 트랙의 장력 조정
• 창유리의 교환

★★★★
37 다음 중 경사지에서 작업을 하는데 용이한 버킷은?

① 틸팅 버킷
② 락 버킷
③ 클리닝 버킷
④ 디칭 버킷

✎해설 버킷의 종류
• 틸팅 버킷 : 경사면 작업을 위해 설계된 버킷으로 스윙 기능을 제외하고는 일
반 버킷과 유사하다.
• 락 버킷 : 그물처럼 생긴 버킷으로 토사에 섞인 큰 돌이나 바위 등을 골라내어
치우고, 토지를 정리하는 데 사용된다.
• 클리닝 버킷 : 물이 잘 빠지는 구멍이 있는 버킷으로 배수로 작업에 특히 용이
하다.
• 디칭 버킷 : 폭이 좁은 버킷으로 좁은 도랑을 굴착할 때 유용하다.

38 다음 유압기호가 나타내는 것은?

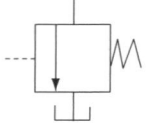

① 릴리프밸브
② 무부하밸브(언로드밸브)
③ 시퀀스밸브
④ 감압밸브

✎해설 압력제어밸브 가운데 무부하밸브(언로드밸브)의 유압기호이다.

39 작업장 내 안전수칙으로 옳지 않은 것은?

① 작업장은 항상 청결하게 유지한다.
② 바닥에는 폐유를 뿌려 먼지가 나지 않도록 한다.
③ 작업대 사이에 일정한 너비를 확보한다.
④ 인화물질은 철제상자에 넣어 보관한다.

✎해설 작업장 바닥에 폐유를 뿌리는 것은 화재 발생의 위험이 있다. 따라서 작업장에
서 하지 말아야 하는 행위이다.

★★★
40 굴착기로 콘크리트관을 매설한 뒤 매설된 관 위를 주행하는 방법
으로 옳은 것은?

① 콘크리트관 위로 흙을 덮고 서행한다.
② 버킷을 지면에 바짝 대고 주행한다.
③ 버킷을 최대한 높인 후에 주행한다.
④ 크게 주의해야 할 사항은 없다.

✎해설 콘크리트관 위로 흙을 덮어서 관이 파손되지 않게 보호한 뒤에 서행하며 주행해
야 한다.

41 굴착기로 도시가스배관 주위 작업 시 주의사항으로 틀린 것은?

① 도시가스배관의 좌우 1m 이내의 부분은 버킷으로 굴착한다.
② 도시가스배관과 수평거리 30cm 이내에서는 파일박기를 할 수
없다.
③ 착공 전에 도시가스사업자와 현장협의를 통해 안전조치를 상
호 확인한다.
④ 굴착 후 되메우기 시 라인마크를 지하에 매몰하면 안 된다.

✎해설 도시가스배관 주위를 굴착하는 경우 도시가스배관의 좌우 1m 이내의 부분은
인력으로 굴착해야 한다. 또한, 가스배관과 수평거리 2m 이내에서 파일박기를
하는 경우에는 도시가스사업자의 입회 아래 시험 굴착으로 가스배관의 위치를
정확히 확인해야 한다.

42 유압모터의 회전속도가 느려진 원인에 해당하지 않는 것은?

① 유압유의 유입량 부족
② 유압펌프의 오일 토출량 과다
③ 오일의 내부누설
④ 각 작동부의 마모 또는 파손

✏️해설 유압모터의 회전속도가 규정 속도보다 느릴 경우의 원인으로는 유압유의 유입량 부족, 오일의 내부누설, 각 작동부의 마모 또는 파손 등이 있다.

43 실린더 내 공기 흡입시 이물질을 여과하고, 소음 방지의 기능을 하는 것은?

① 딜리버리밸브
② 터보차저
③ 에어크리너
④ 라디에이터

✏️해설 공기청정기(에어크리너)는 실린더에 흡입되는 공기를 여과하고, 소음을 방지하며 역화시에 불길을 저지한다. 또한, 실린더와 피스톤의 마멸 및 오일의 오염과 베어링의 소손 방지의 역할을 한다. 건식공기청정기와 습식공기청정기로 나눌 수 있다.

★★★
44 축전지 구비조건으로 가장 거리가 먼 것은?

① 배터리의 용량이 클 것
② 전기적 절연이 완전할 것
③ 가급적 크고, 다루기가 쉬울 것
④ 전해액의 누설방지가 완전할 것

✏️해설 **축전지의 구비조건**
• 소형, 경량이고 수명이 길 것
• 배터리의 용량이 크고 저렴할 것
• 진동에 견딜 수 있을 것
• 전해액의 누설방지가 완전할 것
• 전기적 절연이 완전할 것
• 다루기 편리할 것

45 굴착기 하부구동체에서 유동륜의 역할로 옳은 것은?

① 동력을 트랙으로 전달한다.
② 트랙의 진행방향을 유도한다.
③ 트랙의 롤러를 구동시킨다.
④ 하부구동체의 제동작용을 한다.

✏️해설 하부구동체 트랙장치에서 유동륜은 트랙의 장력을 조정하면서 트랙의 진행방향을 유도한다.

★★
46 유압장치에 공기 혼입 시 발생하는 현상이 아닌 것은?

① 공동 현상
② 기화 현상
③ 열화 현상
④ 숨돌리기 현상

✏️해설 공기가 유압유(작동유) 관 내에 혼입되었을 경우 발생하는 현상으로는 열화 현상(작동유의 열화 촉진), 공동 현상(캐비테이션), 실린더 숨돌리기 현상 등이 있다.

★
47 디젤기관에 과급기를 부착하는 주된 목적은?

① 윤활성의 증대
② 배기의 정화
③ 출력의 증대
④ 냉각 효율의 증대

✏️해설 과급기는 흡기 다기관을 통해 각 실린더의 흡입 밸브가 열릴 때마다 신선한 공기가 다량으로 들어갈 수 있도록 해주는 장치이다. 실린더의 흡입 효율이 좋아져 출력이 증대 된다.

★★★
48 굴착기의 타이어 구조에 대한 설명으로 틀린 것은?

① 트레드 : 노면과 미끄러짐을 방지하고 방열을 위한 홈이 있다.
② 카커스 : 하중·충격에 변형되어 완충작용을 한다.
③ 비드 : 타이어가 림에서 벗어나지 않도록 한다.
④ 브레이커 : 구동력과 제동력에 직접적으로 영향을 미친다.

✏️해설 브레이커는 트레드와 카커스 사이에 삽입하는 코드층으로 외부로부터의 충격을 흡수하고, 트레드에 생긴 상처가 카커스에 미치는 것을 방지한다.
④ 구동력과 제동력에 직접적으로 영향을 미치는 것은 트레드이다.

49 조향핸들이 무거울 때 조작을 가볍고 원활하게 하는 방법과 가장 거리가 먼 것은?

① 바퀴의 정렬을 정확히 한다.
② 동력조향을 사용한다.
③ 타이어의 공기압을 적정압으로 한다.
④ 종감속 장치를 사용한다.

✏️해설 타이어식 건설기계장비에서 조향핸들의 조작을 무겁게하는 원인은 바퀴의 정렬, 즉 얼라인먼트가 제대로 이루어지지 않았거나 타이어의 공기압이 적정압보다 낮아졌기 때문이다. 그리고 동력조향을 이용하면 핸들 조작이 가벼워질 수 있다.
④ 종감속 장치는 동력 전달 계통에서 사용이 된다.

★★
50 유압식 굴착기의 센터 조인트에 대한 설명으로 옳은 것은?

① 상부와 하부의 연결을 기계적으로 해준다.
② 상부 회전체의 오일을 하부 주행모터에 공급한다.
③ 하부 구동체의 중심 역할을 한다.
④ 엔진에 연결되어 상부 회전체에 동력을 공급한다.

✏️해설 센터 조인트는 상부 회전체의 중심부에 설치돼 상부 회전체의 오일을 하부 주행체(주행모터)로 공급하는 부품이다.

51 라디에이터의 구비조건으로 옳지 않은 것은?

① 가볍고 작으며 강도가 커야 한다.
② 냉각수 흐름 저항이 적어야 한다.
③ 공기 흐름 저항이 커야 한다.
④ 단위면적당 방열량이 커야 한다.

✏️해설 공기의 유동 저항이 적어야 한다.

정답 42. ②   43. ③   44. ③   45. ②   46. ②   47. ③   48. ④   49. ④   50. ②   51. ③

52 정기검사 신청을 받은 검사대행자는 며칠 이내에 검사일시 및 장소를 신청인에게 통지하여야 하는가?

① 3일 ② 5일
③ 15일 ④ 30일

🔎**해설** 검사 신청을 받은 시·도지사 또는 검사대행자는 신청을 받은 날부터 5일 이내에 검사일시와 검사장소를 지정하여 신청인에게 통지해야 한다. 이 경우 검사장소는 건설기계 소유자의 신청에 따라 변경할 수 있다(건설기계관리법 시행규칙 제23조 제4항).

★★
53 유압회로 내의 유압을 일정하게 유지하게 하는 밸브만을 고른 것은?

ㄱ. 스로틀밸브	ㄴ. 릴리프밸브
ㄷ. 시퀀스밸브	ㄹ. 체크밸브

① ㄱ, ㄴ, ㄷ, ㄹ ② ㄴ, ㄷ, ㄹ
③ ㄴ, ㄷ ④ ㄷ, ㄹ

🔎**해설** 유압회로 내의 유압을 일정하게 유지하게 하는 밸브는 압력제어밸브로서 릴리프밸브, 시퀀스밸브, 감압밸브, 언로드밸브, 카운터밸런스밸브 등이 있다. 스로틀밸브(교축밸브)는 유량제어밸브에 해당하고, 체크밸브는 방향제어밸브이다.

54 기관 크랭크축의 회전과 관계없이 외부 출력으로 작동되는 장치는?

① 흡기장치 ② 시동장치
③ 냉각장치 ④ 난방장치

🔎**해설** 시동장치는 기관을 시동시키기 위해 최초의 흡입과 압축행정에 필요한 에너지를 외부로부터 공급하여 기관을 회전시키는 장치이다.

★★★
55 굴착기 작업에서 딱딱한 땅의 경우 버킷 사용으로 가장 적합한 것은?

① 버킷을 높이 들어 강하게 내려 찍으면서 작업을 한다.
② 스윙하면서 버킷으로 지면을 부딪치면서 작업을 한다.
③ 버킷 투스로 표면을 얇게 여러 번 굴착 작업을 한다.
④ 버킷 투스로 단번에 강한 힘으로 굴착 작업을 한다.

🔎**해설** 굴착기 작업 시 견고한 땅을 굴착할 때에는 버킷 투스로 표면을 얇게 여러 번 굴착 작업을 한다.

56 예연소실식 연소실에 대한 설명으로 거리가 먼 것은?

① 예열플러그가 필요하다.
② 사용 연료의 변화에 민감하다.
③ 예연소실은 주연소실보다 작다.
④ 분사압력이 낮다.

🔎**해설** 연소실은 분사된 연료가 연소되는 곳으로, 직접분사실식, 예연소실식, 와류실식, 공기실식 등이 있다. 예연소실식은 예열플러그가 연료의 기화에 도움을 주므로 사용 연료의 변화에 민감하지 않다.

57 굴착기 작업 중 조종수 하차 시 주의사항으로 틀린 것은?

① 버킷을 땅에 완전히 내린다.
② 엔진을 정지시킨다.
③ 엔진정지 후 가속레버를 최대로 당겨 놓는다.
④ 타이어식인 경우 경사지에서는 고임목을 설치한다.

🔎**해설** 가속레버는 건설기계에서 연료의 가감을 조절하는 수동식 레버로서 연료레버라고도 한다. 기관이 완전히 정지한 다음에는 가속레버를 뒤로 밀어준다.

58 건설기계기관에 설치된 오일냉각 부품에 해당하는 것은?

① 오일필터 ② 어큐뮬레이터
③ 오일쿨러 ④ 오일 실

🔎**해설** 오일쿨러(오일냉각기)는 오일 온도를 정상 온도로 일정하게 유지하는 기능을 한다.
① 오일필터 : 오일이 순환하는 과정에서 함유하게 되는 수분, 금속 분말, 슬러지 등 제거
② 어큐뮬레이터(축압기) : 유압을 저장하고 맥동을 소멸시키는 장치
④ 오일 실 : 유압회로의 작동유의 누출 방지를 위해 펌프, 모터축의 실에 사용되는 것

★★★★
59 브레이크에 페이드 현상이 일어났을 때의 해결 방법으로 적절한 것은?

① 속도를 조금 더 올려준다.
② 브레이크를 여러 번 밟는다.
③ 작동을 멈추고 열이 식도록 한다.
④ 주차 브레이크를 대신 사용한다.

🔎**해설** 페이드 현상은 브레이크를 연속하여 자주 사용하면 브레이크 드럼이 과열되어 마찰계수가 떨어지고 브레이크가 잘 듣지 않는 것으로, 짧은 시간 내에 반복 조작이나 내리막길을 내려갈 때 브레이크 효과가 나빠지는 현상이다.

★
60 다음 도로와 도로명판에 대한 설명으로 틀린 것은?

```
1 ←65   대명로23번길
```

① 대명로 시작과 끝 지점을 알 수 있다.
② 대명로는 총 650m이다.
③ 대명로 시작점에서 230m에 분기된 도로이다.
④ 8차로 이상의 도로이기에 '대명로'로 표기되었다.

🔎**해설** 도로명은 도로폭에 따라 대로, 로, 길로 구분이 된다. 8차로 이상은 '대로', 2차로에서 7차로까지는 '로', 로보다 좁은 도로는 '길'로 표기된다.

01 공동현상이라고도 하며 이 현상이 발생하면 소음과 진동이 발생하고, 양정과 효율이 저하되는 현상은?

① 오버랩
② 스트로크
③ 제로랩
④ 캐비테이션

🖊️**해설** 캐비테이션(공동현상) : 작동유 속에 공기 혼입 시 펌프 또는 밸브를 통과하는 유압회로에 압력 변화가 생겨 저압부에서 기포가 포화상태가 된다.
이때, 혼입되어 있던 기포가 분리되고 오일 속에 공동부가 생기는 현상이다.

02 캠버에 대한 설명으로 틀린 것은?

① 토(toe)와 관련이 있다.
② 앞차축의 처짐을 방지한다.
③ 조향 시 바퀴 복원력을 증대시킨다.
④ 앞바퀴 정렬 시 어떠한 각을 두고 설치되어 있다.

🖊️**해설** ③ 캐스터에 대한 설명이다.
캐스터는 주행방향이 변할 때 바퀴가 원래대로 돌아가려는 복원력을 증대시킨다.

03 경사진 면의 작업을 하는 데 용이한 버킷은?

① 틸팅 버킷
② 락 버킷
③ 클리닝 버킷
④ 디칭 버킷

🖊️**해설** 버킷의 종류
• 틸팅 버킷 : 경사면 작업을 위해 설계된 버킷으로 스윙 기능을 제외하고는 일반 버킷과 유사하다.
• 락 버킷 : 그물처럼 생긴 버킷으로 토사에 섞인 큰 돌이나 바위 등을 골라내어 치우고 토지를 정리하는 데 사용된다.
• 클리닝 버킷 : 물이 잘 빠지는 구멍이 있는 버킷으로 배수로 작업에 특히 용이하다.
• 디칭 버킷 : 폭이 좁은 버킷으로 좁은 도랑을 굴착할 때 유용하다.

04 다음 중 굴착기를 주행방법에 따라 구분한 것은?

① 기계식, 인력식
② 무한궤도식, 타이어식
③ 자항식, 비자항식
④ 실린더형, 모터형

🖊️**해설** 굴착기는 주행장치에 따라 크게 무한궤도식(크롤러형) 굴착기와 타이어식(휠형) 굴착기로 나뉜다.

05 주행 시 트랙이 벗겨지는 이유로 가장 적합하지 않은 것은?

① 고속주행 중 급커브를 돌 때
② 트랙의 정렬이 불량할 때
③ 전부 유동륜과 스프로킷의 중심이 맞지 않거나 마모되었을 때
④ 트랙의 유격이 작을 때

🖊️**해설** 트랙의 유격이 커서 긴장도가 이완되었을 때 트랙이 벗겨지기 쉽다.

06 타이어식 굴착기와 비교했을 때 무한궤도식 굴착기가 갖는 장점으로 옳지 않은 것은?

① 바닥과의 접지면에 가해지는 압력이 고르다.
② 사지나 습지에서의 작업이 용이하다.
③ 견인력이 우수하다.
④ 장거리 주행이 용이하다.

🖊️**해설** 무한궤도식(크롤러형) 굴착기는 주행장치가 트랙식으로 된 굴착기로 타이어식 굴착기에 비해 접지 압력이 작고, 평탄하지 않은 지반 위에서의 작업에 용이하며, 견인력이 크다는 장점이 있다.
④ 장거리 주행이 용이한 것은 타이어식(휠형) 굴착기의 특징에 해당한다.

07 동절기 기관이 동파되는 원인으로 맞는 것은?

① 냉각수가 얼어서
② 기동전동기가 얼어서
③ 발전장치가 얼어서
④ 엔진오일이 얼어서

🖊️**해설** 냉각수가 빙결될 경우 부피가 팽창하여 기관의 동파를 유발한다.
이때, 물의 빙점을 낮춰주는 부동액을 라디에이터, 엔진블록 등에 일정 비율로 주입하면 빙결 현상을 줄일 수 있다.

08 다음 중 압력제어밸브의 종류가 아닌 것은?

① 릴리프밸브
② 교축밸브
③ 감압밸브
④ 시퀀스밸브

🖊️**해설** 교축밸브(스로틀밸브)는 유량제어밸브의 한 종류로 조정핸들을 조작함에 따라 내부의 드로틀밸브가 움직여져 유도 면적을 바꿈으로써 유량을 조정한다.

09 12V 납산축전지는 몇 개의 셀이 어떤 방식으로 연결되어 있는가?

① 6개의 셀이 직렬로 연결되어 있다.
② 6개의 셀이 병렬로 연결되어 있다.
③ 4개의 셀이 직렬로 연결되어 있다.
④ 4개의 셀이 병렬로 연결되어 있다.

✎해설 12V의 축전지는 2V짜리 6개의 셀이 직렬로 연결되어 있다.

10 굴착기의 주요장치가 아닌 것은?

① 상부회전체   ② 작업장치
③ 중간선회체   ④ 하부회전체

✎해설 굴착기는 크게 작업장치, 상부회전체(상부선회체), 하부회전체(하부추진체)로 구성된다.

11 도시가스배관과 수평거리 몇 cm 이내에서는 파일박기를 하지 말아야 하는가?

① 10cm   ② 15cm
③ 20cm   ④ 30cm

✎해설 도시가스배관과 수평거리 30cm 이내에서는 파일박기를 하지 말 것(도시가스사업법 시행규칙 별표16)

12 다음 중 굴착기의 작업장치가 아닌 것은?

① 우드 그래플   ② 셔블
③ 백호   ④ 스프로킷

✎해설 스프로킷은 전동장치의 일종으로 체인기어라고도 한다. 주행 감속기어로부터 전달된 구동력을 트랙에 전달하는 역할을 한다.

★★
13 피스톤링의 3대 작용으로 틀린 것은?

① 기밀유지작용   ② 오일제어작용
③ 윤활작용   ④ 열전도작용

✎해설 피스톤링의 3대 작용은 기밀유지작용(밀봉작용), 열전도작용(냉각작용), 오일제어작용이다.

★
14 유압실린더는 유체의 힘을 어떤 운동으로 바꾸는가?

① 직선운동   ② 곡선운동
③ 회전운동   ④ 비틀림 운동

✎해설 유압실린더는 유압에 의해 피스톤 또는 플런저를 직선운동시켜 기계적인 일을 하는 장치이다.

15 다음 중 체적유량의 단위로 옳은 것은?(단, m은 길이, kg는 질량, s는 시간(초)를 의미한다)

① m^3/s ② m^3/s^3
③ kg/s ④ kg^3/s

✎해설
• 질량 유량(mass flow rate) : 단위 시간당 단면적을 통하여 흐르는 질량의 양. kg/s
• 체적 유량(volume flow rate) : 단위 시간당 단면적을 통하여 흐르는 물질의 체적(부피). m^3/s

★★★★
16 스패너 작업에 대한 설명으로 가장 옳은 것은?

① 스패너 자루에 파이프를 끼워서 사용한다.
② 고정 조(fixed jaw)에 힘을 가한다.
③ 볼트 머리보다 약간 큰 스패너를 사용하여도 된다.
④ 스패너는 당기지 말고 밀어서 사용한다.

✎해설 스패너 작업 시 안전수칙
• 스패너 자루에 파이프를 끼워서 사용하지 않는다.
• 고정 조(fixed jaw)에 힘을 가한다.
• 스패너는 볼트 및 너트 두부에 잘 맞는 것을 사용한다.
• 스패너는 밀지 말고 앞으로 당기며 사용한다.

17 다음 중 연소 시 발생하는 질소산화물(NOx)의 발생 원인과 가장 밀접한 관계가 있는 것은?

① 가속 불량   ② 높은 연소 온도
③ 흡입 공기 부족   ④ 소염 경계층

✎해설 질소산화물(NOx)은 고온에서 질소와 산소가 반응하여 생성되는 물질로 일산화질소와 이산화질소 등으로 나뉘어진다. 산성비와 오존층 파괴 등의 대기오염을 유발하고 기관지염 등 호흡기 질환의 원인이 되기도 한다.

18 굴착기 타이어의 트레드 패턴의 기능으로 틀린 것은?

① 빗길 운전 시 배수성을 증가시킨다.
② 조향 시 제동력을 감소시킨다.
③ 타이어 내부의 열을 발산한다.
④ 미끄러짐에 대한 저항력을 향상시킨다.

✎해설 타이어 트레드는 주행 시 노면과 직접 맞닿는 부분으로 타이어의 용도에 따라 여러 패턴의 선과 홈이 새겨져 있으며, 이러한 패턴은 타이어에 높은 구동력과 제동력을 제공한다.

★★
19 도로교통법상 승차인원·적재중량에 관하여 안전기준을 넘어서 운행하고자 하는 경우 누구의 허가를 받아야 하는가?

① 출발지를 관할하는 경찰서장

② 시·도지사

③ 절대 운행 불가

④ 국회의원

✎해설 모든 차의 운전자는 승차 인원, 적재중량 및 적재용량에 관하여 대통령령으로 정하는 운행상의 안전기준을 넘어서 승차시키거나 적재한 상태로 운전하여서는 아니 된다. 다만, 출발지를 관할하는 경찰서장의 허가를 받은 경우에는 그러하지 아니하다(도로교통법 제39조).

★★
20 야간에 자동차를 도로에 정차 또는 주차하였을 때 반드시 켜야 하는 등화는?

① 번호등

② 미등 및 차폭등

③ 실내등

④ 전조등

✎해설 차 또는 노면전차의 운전자가 밤에 도로에서 정차 또는 주차 시 켜야 하는 등화(도로교통법 시행령 제19조제2항)
1. 자동차(이륜자동차는 제외) : 미등 및 차폭등
2. 이륜자동차 및 원동기장치자전거 : 미등(후부 반사기를 포함)
3. 노면전차 : 차폭등 및 미등
4. 규정 외의 차 : 시·도경찰청장이 정하여 고시하는 등화

★★
21 가변용량형 유압펌프를 나타내는 기호로 맞는 것은?

①

②

③

④

✎해설 ② 릴리프밸브. ③ 스프링. ④ 정용량형 유압펌프

★★
22 굴착 작업 시 표지시트가 발견되었을 때 대처방법으로 가장 적절한 것은?

① 케이블 표지시트는 전력 케이블과는 무관하다.

② 표지시트를 걷어내고 계속 작업한다.

③ 표지시트를 덮고 인근 지대를 굴착한다.

④ 굴착을 즉시 중단하고 해당 설비관리자에게 연락을 취한다.

✎해설 케이블 표지시트가 발견되었다는 것은 해당 자리에 전력 케이블이 묻혀 있음을 의미한다. 이때 무리하게 작업을 진행하지 말고 해당 설비관리자에게 연락을 취한 후 그 지시에 따라 조치를 취해야 한다.

23 다음 중 도로명판의 예시가 아닌 것은?

①
중앙로
Jungang-ro
437

② 종로 200m
Jong-ro

③ 강남대로 1→699
Gangnam-daero

④ 56 방배길 60
Bangbae-gil

✎해설 도로명판의 종류 : 앞쪽 방향용 도로명판(②), 한 방향용 도로명판(③), 양 방향용 도로명판(④)
①은 일반용 오각형 건물번호판이다.

24 자동변속기가 장착된 건설기계의 주차 방법으로 틀린 것은?

① 평탄한 지대에 주차시킨다.

② 시동스위치를 계속 "ON"에 둔다.

③ 변속레버는 "P" 위치에 둔다.

④ 주차 브레이크를 이용하여 장비가 움직이지 않게 한다.

✎해설 시동 후에 시동스위치를 계속 ON에 두어서는 안 된다.

★★
25 건설기계관리법상 건설기계조종사 면허의 결격사유에 해당하지 않는 자는?

① 18세 미만인 자

② 알코올 중독자

③ 파산 후 복권되지 아니한 자

④ 정신질환자

✎해설 건설기계조종사면허의 결격사유(건설기계관리법 제27조)
1. 18세 미만인 사람
2. 건설기계 조종상의 위험과 장해를 일으킬 수 있는 정신질환자 또는 뇌전증환자로서 국토교통부령으로 정하는 사람
3. 앞을 보지 못하는 사람, 듣지 못하는 사람, 그 밖에 국토교통부령으로 정하는 장애인
4. 건설기계 조종상의 위험과 장해를 일으킬 수 있는 마약·대마·향정신성의약품 또는 알코올중독자로서 국토교통부령으로 정하는 사람
5. 건설기계조종사면허가 취소된 날부터 1년(같은 조 제1호 또는 제2호의 사유로 취소된 경우에는 2년)이 지나지 아니하였거나 건설기계조종사면허의 효력정지처분 기간 중에 있는 사람

★
26 드릴 작업 시의 안전수칙으로 틀린 것은?

① 머리가 길 경우 드릴에 끼지 않게 묶는다.

② 드릴을 끼운 뒤 척 렌치를 그대로 둔다.

③ 칩을 제거할 때 기계를 정지시키고 솔로 털어낸다.

④ 면장갑을 끼고 드릴 작업을 하지 않는다.

✎해설 드릴을 끼운 뒤에는 척 렌치를 반드시 빼놓아야 한다.

27 기관에서 체적 효율을 증대시키는 장치는?

① 과급기
② 압축기
③ 기화기
④ 소음기

✎해설 과급기(터보차저)는 흡기관과 배기관 사이에 설치된 흡입장치로 기관 출력과 체적 효율을 증대시키는 역할을 한다.

★★★
28 굴착기 작업 시 안정성 및 균형을 잡아주기 위해 장비 뒤쪽에 설치되어 있는 것은?

① 카운터 웨이트
② 버킷
③ 클램셸
④ 변속기

✎해설 카운터 웨이트(평형추)는 상부 회전체 프레임에 속한 것으로 작업 시 뒷부분에 무게를 실음으로써 굴착기의 롤링을 방지하고 임계 하중을 크게 하는 역할을 한다.

★
29 엔진오일 교환 후 압력이 높아졌다면 그 원인으로 가장 적절한 것은?

① 엔진오일 교환 시 냉각수가 혼입되었다.
② 오일 회로 내 누설이 발생하였다.
③ 오일의 점도가 낮은 것으로 교환하였다.
④ 오일의 점도가 높은 것으로 교환하였다.

✎해설 오일의 점도가 높아지면 그 저항으로 인하여 더 많은 힘이 필요하게 되어 유압 역시 높아지며, 오일의 점도가 낮아지면 유압 역시 낮아진다.

30 클러치의 구비조건으로 틀린 것은?

① 방열이 잘 되어 과열되지 않을 것
② 장비가 단순하고 조작이 쉬울 것
③ 회전부분의 평형이 좋을 것
④ 회전 관성이 클 것

✎해설 클러치의 회전 관성이 클 경우, 동력 연결 시 충격이 크게 발생한다.

31 변속기에 대한 설명으로 옳지 않은 것은?

① 자동변속기와 수동변속기 두 종류로 나뉜다.
② 시동 시 장비를 무부하 상태로 한다.
③ 점도지수가 낮은 오일 사용 시 소음이 발생한다.
④ 엔진과 액슬 축 사이에서 회전력을 증대시킨다.

✎해설 **변속기 소음 원인**
• 점도지수가 높은 오일을 사용하였을 경우
• 기어 및 축 지지 베어링이 심하게 마멸되었을 경우
• 기어오일 및 윤활유가 부족하거나 규정품 외의 것을 사용하였을 경우

32 다음 중 유류화재에 해당하는 것은?

① A형 화재
② B형 화재
③ C형 화재
④ D형 화재

✎해설 B급 화재(유류화재)는 가연성 액체, 유류 등 연소 후에 재가 거의 남지 않는 화재를 말한다.

33 작업장에서 안전모, 작업화, 작업복을 착용하도록 하는 이유로 가장 적절한 것은?

① 공장의 미관을 위하여
② 작업자의 정신통일을 위하여
③ 작업자의 안전을 위하여
④ 작업자의 복장을 통일하기 위하여

★
34 도시가스사업법상 굴착공사자는 굴착공사 예정지역의 위치를 무슨 색 페인트로 표시해야 하는가?

① 흰색
② 적색
③ 녹색
④ 황색

✎해설 굴착공사자는 굴착공사 예정지역의 위치를 흰색 페인트로 표시하고, 그 결과를 정보지원센터에 통지해야 한다(도시가스사업법 시행규칙 별표16).

35 다음 중 경고표지의 한 종류가 아닌 것은?

① 인화성물질 경고
② 낙하물 경고
③ 고압전기 경고
④ 방진마스크 경고

✎해설 '방진마스크 착용' 표지는 지시표지의 한 종류이다.

★★★
36 해머의 사용수칙으로 틀린 것은?

① 공동으로 해머작업 시 호흡을 잘 맞춘다.
② 해머를 사용할 때 자루 부분을 확인한다.
③ 장갑을 끼고 해머작업을 하지 않는다.
④ 담금질된 재료는 강하게 친다.

✎해설 **해머 사용수칙**
• 해머 선택 시 자기 체중에 비례하여 선택한다.
• 기름이 묻은 손 또는 장갑을 낀 손으로 작업하지 않는다.
• 좁은 곳, 발판이 불안정한 곳 등에서는 해머작업을 삼간다.
• 손잡이에 금이 가거나 두부가 손상된 것은 사용하지 않는다.
• 처음부터 큰 힘을 주어 작업하지 않고 서서히 타격하여 강도를 높여야 한다.

37 ★★★ 건설기계 운행 중 교차로 전방 20m 지점에 이르렀을 때 황색등화로 바뀌었다면 어떤 조치를 취해야 하는가?

① 일시정지 후 주위를 살핀 뒤 전진한다.
② 정지선에 정지한다.
③ 그대로 계속 진행한다.
④ 가속하여 교차로를 재빨리 빠져나간다.

✎해설 **황색 등화의 의미(도로교통법 시행규칙 별표2)**
• 차마는 정지선이 있거나 횡단보도가 있을 때에는 그 직전이나 교차로의 직전에 정지하여야 하며, 이미 교차로에 차마의 일부라도 진입한 경우에는 신속히 교차로 밖으로 진행하여야 한다.
• 차마는 우회전할 수 있고 우회전하는 경우에는 보행자의 횡단을 방해하지 못한다.

38 ★ 수공구 작업 시 재해방지를 위한 일반적인 유의사항이 아닌 것은?

① 사용 전 이상 유무를 점검한다.
② 작업자에게 필요한 보호구를 착용시킨다.
③ 적합한 수공구가 없을 경우 유사한 것을 선택하여 사용한다.
④ 사용 전 충분한 사용법을 숙지한다.

✎해설 본래의 용도에 적합한 수공구를 사용해야 한다.

39 ★★ 건설기계관리법상 그 소유자의 신청이나 시·도지사의 직권으로 건설기계를 등록말소할 수 있는 사유가 아닌 것은?

① 건설기계의 차대가 등록 시의 차대와 다를 때
② 건설기계가 멸실되었을 때
③ 정비 또는 개조를 목적으로 해체된 경우
④ 건설기계가 폐기되었을 때

✎해설 **등록의 말소(건설기계관리법 제6조제1항)**
시·도지사는 등록된 건설기계가 다음 중 어느 하나에 해당하는 경우에는 그 소유자의 신청이나 시·도지사의 직권으로 등록을 말소할 수 있다.
1. 거짓이나 그 밖의 부정한 방법으로 등록을 한 경우
2. 건설기계가 천재지변 또는 이에 준하는 사고 등으로 사용할 수 없게 되거나 멸실된 경우
3. 건설기계의 차대가 등록 시의 차대와 다른 경우
4. 건설기계가 건설기계안전기준에 적합하지 아니하게 된 경우
5. 정기검사 명령, 수시검사 명령 또는 정비 명령에 따르지 아니한 경우
6. 건설기계를 수출하는 경우
7. 건설기계를 도난당한 경우
8. 건설기계를 폐기한 경우
9. 건설기계해체재활용업을 등록한 자에게 폐기를 요청한 경우
10. 구조적 제작 결함 등으로 건설기계를 제작자 또는 판매자에게 반품한 경우
11. 건설기계를 교육·연구 목적으로 사용하는 경우
12. 대통령령으로 정하는 내구연한을 초과한 건설기계(정밀진단을 받아 연장된 경우는 그 연장기간을 초과한 건설기계)
13. 건설기계를 횡령 또는 편취당한 경우

40 ★★ 다음 중 굴착기 작업 시 작업안전 사항으로 적합하지 않은 것은?

① 버킷과 암의 하강력과 반등을 이용하여 굴착하지 않는다.
② 굴삭하면서 주행하지 않는다.
③ 운전자는 작업 반경의 주위를 파악한 후 스윙, 붐의 작동을 행한다.
④ 작업 시 보조 작업자는 버킷 옆에 위치하도록 한다.

✎해설 굴착 작업 시 버킷 옆에 사람이 있을 경우 안전사고의 발생 위험이 있다.

41 시·도지사가 수시검사를 명령하고자 하는 때에는 수시검사를 받아야 할 날로부터 며칠 이전에 건설기계 소유자에게 명령서를 교부하여야 하는가?

① 7일   ② 10일
③ 15일   ④ 1일

✎해설 시·도지사는 수시검사를 명령하려는 때에는 수시검사를 받아야 할 날부터 10일 이전에 건설기계소유자에게 건설기계 수시검사명령서를 교부해야 하며, 검사대행자를 지정한 경우에는 검사대행자에게 그 사실을 통보해야 한다(건설기계관리법 시행규칙 제26조)

시·도지사는 수시검사를 명령하려는 때에는 수시검사 명령의 이행을 위한 검사의 신청기간을 31일 이내로 정하여 건설기계소유자에게 건설기계 수시검사명령서를 서면으로 통지해야 한다(2022.08.04.개정). 개정 전후 내용을 알아두세요!!

42 시동전동기가 회전하지 않는 경우와 관계없는 것은?

① 브러시가 정류자에 밀착 불량 시
② 시동전동기가 손상되었을 때
③ 연료가 없을 때
④ 축전지 전압이 낮을 때

✎해설 시동전동기의 회전력은 순전히 축전지의 기전력에 의해 발생하므로 축전지의 전압이 낮으면 회전하지 않으며 연료의 유무는 전혀 상관이 없다. 또한 시동전동기 자체의 고장일 경우에도 회전이 일어나지 않을 수 있다.

43 ★ 엔진의 냉각장치에서 수온조절기의 열림 온도가 낮을 때 발생하는 현상은?

① 방열기 내의 압력이 높아진다.
② 엔진이 과열되기 쉽다.
③ 엔진의 워밍업 시간이 길어진다.
④ 물펌프에 과부하가 발생한다.

✎해설 수온조절기의 열림 온도가 낮다는 것은 냉각수가 적당한 온도보다도 낮아져야만 열린다는 의미가 된다. 즉, 과냉하게 된다. 기관 냉각수가 과냉하게 되면 엔진 워밍업 시간이 늘어나게 된다.

★★★
44 도로교통법상 서행 또는 일시정지할 장소로 지정된 곳은?

① 안전지대 우측

② 가파른 비탈길의 내리막

③ 좌우를 확인할 수 있는 교차로

④ 교량 위

✎해설 **서행할 장소(도로교통법 제31조)**
1. 교통정리를 하고 있지 아니하는 교차로
2. 도로가 구부러진 부근
3. 비탈길의 고갯마루 부근
4. 가파른 비탈길의 내리막
5. 시·도경찰청장이 도로에서의 위험을 방지하고 교통의 안전과 원활한 소통을 확보하기 위하여 필요하다고 인정하여 안전표지로 지정한 곳

45 디젤기관을 정지시키는 방법으로 가장 적합한 것은?

① 연료 공급을 차단한다.

② 초크밸브를 닫는다.

③ 기어를 넣어 기관을 정지한다.

④ 축전지에 연결된 전선을 끊는다.

✎해설 디젤기관을 정지시키는 방법에는 연료 공급을 중단하는 방법, 흡입 공기를 차단하는 방법, 압축행정에서 감압하는 방법 등이 있으며 일반적으로는 연료를 차단하여 기관을 정지시킨다.

46 건설기계기관에 설치되는 오일냉각기의 주 기능으로 맞는 것은?

① 오일 온도를 30℃ 이하로 유지하기 위한 기능을 한다.

② 오일 온도를 정상 온도로 일정하게 유지한다.

③ 수분, 슬러지(sludge) 등을 제거한다.

④ 오일의 압을 일정하게 유지한다.

✎해설 유압유는 정상 온도를 유지해야만 점성 특성이 유지된다. 정상 온도를 유지하기 위해서는 너무 냉각되지 않도록 하는 것도 중요하므로 어떤 온도 이하로 유지한다는 것만으로는 오일냉각기의 주 기능을 설명한 것으로 볼 수 없다.

47 건설기계장비에서 다음과 같은 상황의 경우 고장 원인으로 가장 적합한 것은?

> • 기관을 크랭킹했으나 시동전동기는 작동되지 않는다.
> • 헤드라이트 스위치를 켜고 다시 시동전동기 스위치를 켰더니 라이트 빛이 꺼져 버렸다.

① 축전지 방전

② 솔레노이드 스위치 고장

③ 회로의 단선

④ 시동모터 배선의 단선

✎해설 회로의 단선이라면 라이트 빛이 애초에 켜지지도 않았을 것이며 켜졌던 헤드라이트가 시동전동기 스위치를 켰을 때 꺼져 버린 것으로 봐서는 시동모터로 그나마 약한 전기가 흘러들어갔다는 이야기이다. 그러므로 시동모터 배선의 단선은 원인이 될 수 없다. 결국 축전지가 시동전동기를 돌릴 수 없을 만큼 방전을 일으킨 것으로밖에 볼 수 없다.

48 납산 축전지의 전해액을 만들 때 올바른 방법은?

① 황산에 물을 조금씩 부으면서 유리 막대로 젓는다.

② 황산과 물을 1:1의 비율로 동시에 붓고 잘 젓는다.

③ 증류수에 황산을 조금씩 부으면서 잘 젓는다.

④ 축전지에 필요한 양의 황산을 직접 붓는다.

✎해설 황산은 강한 산성을 띠는 화학약품이기 때문에 취급에 주의해야 한다. 전해액을 만들 때 황산액을 직접 축전지에 붓거나 황산액에 직접 물을 붓는 것은 위험하며 증류수에 황산액을 조금씩 부으면서 잘 젓는 것이 올바른 방법이다.

49 굴착기의 조종레버 중 굴착 작업과 직접 관계가 없는 것은?

① 버킷 제어레버

② 붐 제어레버

③ 암(스틱) 제어레버

④ 스윙 제어레버

✎해설 굴착기의 굴착 작업을 위해서는 붐, 암, 버킷, 셔블, 백호, 브레이커 등이 필요하다. 이들을 조작할 수 있는 레버가 바로 굴착 작업과 직접 관련이 있는 레버이다.

50 수동변속기가 장착된 건설기계에서 기어의 이중 물림을 방지하는 장치는?

① 인젝션 장치

② 인터쿨러 장치

③ 인터록 장치

④ 인터널 기어 장치

✎해설 인터록 시스템(interlock system)의 일반적인 의미는 기계의 각 작동 부분이 정상적으로 작동하기 위한 조건이 만족되지 않는 경우 자동적으로 그 기계를 작동할 수 없도록 하는 기구를 뜻한다. 그러므로 기어 이중 물림을 방지하기 위한 장치도 인터록 장치의 일종이다.

51 건설기계를 도난당한 때 등록말소 사유 확인서류로 적당한 것은?

① 수출신용장

② 경찰서장이 발행한 도난신고 접수 확인원

③ 주민등록등본

④ 봉인 및 번호판

✎해설 건설기계 등록의 말소를 신청하려는 건설기계소유자는 건설기계 등록말소 신청서에 다음 각 호의 서류를 첨부하여 등록지의 시·도지사에게 제출하여야 한다(건설기계관리법 시행규칙 제9조제1항).
1. 건설기계등록증
2. 건설기계검사증
3. 멸실, 도난, 수출, 폐기, 폐기요청, 반품 및 교육·연구목적 사용 등 등록말소 사유를 확인할 수 있는 서류

52 공장에서 엔진 등 중량물을 이동하려고 한다. 가장 좋은 방법은?

① 여러 사람이 들고 조용히 움직인다.

② 체인 블록이나 호이스트를 사용한다.

③ 로프로 묶어 인력으로 당긴다.

④ 지렛대를 이용하여 움직인다.

✎해설 호이스트는 비교적 소형의 화물을 들어 옮기는 장치로, 창고·철도역 등에서 화물의 운반이나 공장에서의 기계분해·조립에 사용된다.

★
53 건설기계장비 유압 계통에 사용되는 라인(line) 필터의 종류가 아닌 것은?

① 복귀관 필터
② 압력관 필터
③ 흡입관 필터
④ 누유관 필터

✎해설 일반적으로 유압 계통의 미세한 불순물을 걸러내는 것을 라인 필터라 하고 유압 계통의 복귀관, 흡입관, 압력관 등에 설치된다.

★
54 굴착기의 한쪽 주행레버만 조작하여 회전하는 것을 무엇이라 하는가?

① 피벗회전
② 급회전
③ 스핀회전
④ 원웨이회전

✎해설 피벗회전은 두 축을 가지고 있을 때, 한 축은 바닥에 붙이고 나머지 한 축이 회전하는 것을 의미한다.

55 유압장치의 주된 고장원인이 되는 것과 가장 거리가 먼 것은?

① 과부하 및 과열로 인하여
② 공기, 물, 이물질의 혼입에 의하여
③ 기기의 기계적 고장으로 인하여
④ 덥거나 추운 날씨에 사용함으로 인하여

✎해설 유압장치 및 유압유는 덥거나 추운 환경에서도 잘 작동할 수 있도록 조치가 되어 있는 상태이다. 그러므로 유압장치의 주된 고장원인으로 볼 수는 없다.

56 재해의 원인 중 생리적인 원인에 해당되는 것은?

① 작업자의 피로
② 작업복의 부적당
③ 안전장치의 불량
④ 안전수칙의 미준수

✎해설 **재해의 원인**

인적 원인	• 관리상 원인 : 작업지식 부족, 작업 미숙, 작업방법 불량 등 • 생리적인 원인 : 체력 부족, 신체적 결함, 피로, 수면 부족, 질병 등 • 심리적인 원인 : 정신력 부족, 무기력, 부주의, 경솔, 불만 등
환경적 원인	시설물의 불량, 공구의 불량, 작업장의 환경 불량, 복장의 불량 등

57 작동유 온도가 과열되었을 때 유압 계통에 미치는 영향으로 틀린 것은?

① 열화를 촉진한다.
② 점도의 저하에 의해 누유되기 쉽다.
③ 유압펌프 등의 효율은 좋아진다.
④ 온도변화에 의해 유압기기가 열변형 되기 쉽다.

✎해설 유압유가 과열하게 되면 유압유 노후화가 촉진되고 점도가 떨어지게 됨에 따라 유압장치 내에서의 작동유 누출이 일어나며 유압유가 부족하게 된다. 열화가 더욱 진행하게 되면 유압장치의 일부분이 열변형을 일으키기도 한다.

★
58 건설기계 검사를 연장 받을 수 있는 기간을 잘못 설명한 것은?

① 해외 임대를 위하여 일시 반출된 경우 – 반출기간 이내
② 압류된 건설기계의 경우 – 압류기간 이내
③ 건설기계대여업을 휴지하는 경우 – 휴지기간 이내
④ 장기간 수리가 필요한 경우 – 소유자가 원하는 기간

✎해설 **건설기계 검사의 연기(건설기계관리법 시행규칙 제31조의2)**
• 검사를 연기하는 경우에는 그 연기기간을 6월 이내로 한다.
• 남북경제협력 등으로 북한지역의 건설공사에 사용되는 건설기계 : 반출기간 이내
• 해외임대를 위하여 일시 반출되는 건설기계의 경우 : 반출기간 이내
• 압류된 건설기계의 경우 : 압류기간 이내
• 타워크레인 또는 천공기(터널보링식 및 실드굴진식으로 한정)가 해체된 경우 : 해체되어 있는 기간 이내
• 건설기계소유자가 당해 건설기계를 사용하는 사업의 휴지를 신고한 경우 : 사업의 개시신고를 하는 때까지
• 정기검사등을 신청한 건설기계가 섬지역(육지와 연결된 섬지역 및 제주도는 제외한다) 또는 산간벽지에 위치한 경우에는 검사대행자의 요청에 따라 필요하다고 인정되는 기간 동안 정기검사등의 처리기간을 연장할 수 있다. 이 경우 검사대행자는 건설기계의 소유자에게 예상되는 처리기간을 지체 없이 서면으로 통지해야 함
• 건설기계매매업자가 시장·군수·구청장에게 매매용 건설기계를 사업장에 제시한 사실을 신고한 경우에는 해당 건설기계의 매도를 신고하는 때까지

★
59 냉각장치에 사용되는 전동팬에 대한 설명으로 틀린 것은?

① 냉각수 온도에 따라 작동한다.
② 정상 온도 이하에는 작동하지 않고 과열일 때 작동한다.
③ 엔진이 시동되면 동시에 회전한다.
④ 팬벨트는 필요 없다.

✎해설 냉각장치에 사용되는 전동팬은 엔진이 시동된다고 해서 함께 가동되는 것이 아니다. 수온 센서에서 검출한 값이 높아 냉각수가 과열될 우려가 생기는 경우에 자동으로 작동하게 된다. 그러므로 정상 온도 이하에서 작동하지 않고 과열일 때 작동한다.

60 굴착기의 일상 점검사항이 아닌 것은?

① 엔진 오일양
② 냉각수 누출 여부
③ 오일 쿨러 세척
④ 유압오일양

✎해설 오일 쿨러(오일냉각기)는 엔진 오일을 항상 70~80℃ 정도로 일정하게 유지시켜 주는 장치로 소형의 라디에이터와 같은 모양이며, 주로 라디에이터 아래쪽에 설치된다. 오일 쿨러의 세척은 일상 점검사항이 아니고 엔진 오일의 교환주기 등에 따른다.

정답 53. ④ 54. ① 55. ④ 56. ① 57. ③ 58. ④ 59. ③ 60. ③

01 굴착기에서 매 2,000시간마다 점검, 정비해야 할 항목으로 맞지 않는 것은?

① 작동유탱크 오일교환
② 액슬 케이스 오일교환
③ 선회구동 케이스 오일교환
④ 트랜스퍼 케이스 오일교환

✎해설 스윙(선회)장치의 베어링에는 그리스를 250시간마다 주유해야 한다.

02 건설기계장비에 사용되는 12V 납산 축전지의 구성(셀수)은 어떻게 되는가?

① 약 2V의 셀이 6개로 되어 있다.
② 약 3V의 셀이 4개로 되어 있다.
③ 약 4V의 셀이 3개로 되어 있다.
④ 약 6V의 셀이 2개로 되어 있다.

✎해설 2V의 셀 6개를 사용하기 때문에 12V의 출력을 낸다.

03 타이어식 건설기계에서 브레이크를 연속하여 자주 사용하면 브레이크 드럼이 과열되어 마찰계수가 떨어지며 브레이크가 잘 듣지 않는 것으로서 짧은 시간 내에 반복 조작이나 내리막길을 내려갈 때 브레이크 효과가 나빠지는 현상은?

① 노킹 현상
② 페이드 현상
③ 하이드로 플레이닝 현상
④ 채팅 현상

✎해설 페이드 현상은 마찰열이 축적되어 마찰계수의 저하로 제동력이 감소되는 현상을 말한다.

04 건설기계에서 변속기의 구비 조건으로 가장 적절한 것은?

① 대형이고 고장이 없어야 한다.
② 조작이 쉬우므로 신속할 필요는 없다.
③ 연속적 변속에는 단계가 있어야 한다.
④ 전달 효율이 좋아야 한다.

✎해설 **변속기의 구비 조건**
• 소형, 경량이고 조작이 쉬울 것
• 단계 없이 연속적으로 변속될 것
• 신속 정확하고 정숙하게 작동할 것
• 전달 효율이 좋고 수리하기 쉬울 것

05 암석, 콘크리트, 아스팔트의 파괴, 말뚝박기 등에 사용되는 굴착기의 작업장치는?

① 붐
② 브레이커
③ 크램셸
④ 셔블

✎해설 브레이커는 암석, 콘크리트, 아스팔트 등을 파괴하거나 말뚝박기 등에 사용되는 굴착기의 작업장치이다.

06 크롤러 타입 유압식 굴착기의 주행 동력으로 이용되는 것은?

① 전기모터
② 유압모터
③ 변속기 동력
④ 차동장치

✎해설 크롤러(무한궤도 트랙식) 타입 유압식 굴착기의 각 작동 부분들은 유압펌프, 유압모터, 유압실린더에 의해 작동된다.

07 굴착기를 크레인으로 들어 올릴 때 틀린 것은?

① 굴착기 중량에 맞는 크레인을 사용한다.
② 굴착기의 앞부분부터 들리도록 와이어를 묶는다.
③ 와이어는 충분한 강도가 있어야 한다.
④ 암과 붐 등에 와이어가 닿지 않도록 한다.

✎해설 굴착기는 무게중심이 상부 회전체와 하부 주행체에 있으므로 뒷부분이 먼저 들리도록 와이어를 묶고, 전체를 기울어짐 없이 동시에 들어 올려야 한다.

08 화물을 적재하고 주행할 때 포크와 지면과의 간격으로 가장 적합한 것은?

① 지면에 밀착
② 20~30cm
③ 50~55cm
④ 80~85cm

✎해설 화물을 적재하고 주행할 경우 포크와 지면과의 간격이 너무 낮거나 너무 높지 않도록 20~30cm를 유지하는 것이 좋다. 너무 높으면 주행 안정성이 떨어진다.

09 굴착기 운전 시 작업안전 사항으로 적합하지 않은 것은?

① 스윙하면서 버킷으로 암석을 부딪쳐 파쇄하는 작업을 하지 않는다.
② 안전한 작업 반경을 초과해서 하중을 이동시킨다.
③ 굴삭하면서 주행하지 않는다.
④ 작업을 중지할 때는 파낸 모서리로부터 장비를 이동시킨다.

✎해설 굴착기의 하중을 이동시킬 때는 안전한 작업반경을 초과하지 않아야 한다. 그렇지 않으면 안전 작업반경 외부에 대한 각종 위험에 노출될 수 있다.

10 유압식 굴착기에서 센터 조인트의 기능은?

① 스티어링 링키지의 하나로 차체의 중앙 고정축 주위에 움직이는 암이다.

② 상부 회전체의 오일을 하부 주행모터에 공급한다.

③ 전·후륜의 중앙에 있는 디퍼렌셜을 가리키는 것이다.

④ 물체가 원운동을 하고 있을 때 그 물체에 작용하는 원심력으로서 원의 중심에서 멀어지는 기능을 하는 것이다.

✎해설 센터 조인트는 상부 회전체의 중심부에 설치돼 상부 회전체의 오일을 하부 주행체(주행모터)로 공급하는 부품이다.

11 굴착기 하부 구동체 기구의 구성요소와 관련된 사항이 아닌 것은?

① 트랙 프레임   ② 주행용 유압모터

③ 트랙 및 롤러   ④ 붐 실린더

✎해설 굴착기 하부 구동체는 상부 회전체와 전부장치 등의 하중을 지지하고 장비를 이동시키는 장치로 스윙 링기어, 센터조인트 트랙 및 롤러, 주행모터, 주행감속기어, 스프로킷 등으로 구성되어 있다. 붐 실린더는 전부장치의 일부이다.

12 〈보기〉에 나타낸 것은 어느 구성품을 형태에 따라 구분한 것인가?

보기
직접분사실식, 예연소실식, 와류실식, 공기실식

① 연료분사장치   ② 연소실

③ 기관구성   ④ 동력전달장치

✎해설 연소실은 분사된 연료가 연소되는 곳으로 직접분사실식, 예연소실식, 와류실식, 공기실식 등이 있다.

13 건설기계에서 10시간 또는 매일 점검해야 하는 사항이 아닌 것으로 가장 적당한 것은?

① 엔진 오일양   ② 연료탱크 연료량

③ 종감속기어 오일양   ④ 자동변속기 오일양

✎해설 건설기계 일상점검 항목은 연료량, 각종 오일(엔진 오일, 변속기오일), 타이어 공기압, 냉각수량, 전기·점등장치, 배터리, 각종 벨트 등이다.

14 포장도로가 파손이 되지 않도록 하기 위해 사용되는 굴착기 트랙 슈는?

① 단일돌기 슈   ② 평활 슈

③ 스노 슈   ④ 습지용 슈

✎해설 평활 슈는 도로를 주행할 때 노면의 파손을 방지하기 위해 사용된다.

15 굴착기 붐의 자연 하강량이 많다. 원인이 아닌 것은?

① 유압실린더 배관이 파손되었다.

② 컨트롤 밸브의 스풀에서 누출이 많다.

③ 유압실린더의 내부누출이 있다.

④ 유압작동 압력이 과도하게 낮다.

✎해설 붐의 자연 하강량의 큰 원인은 유압실린더 내부누출, 컨트롤 밸브 스풀에서의 누출, 유압실린더 배관의 파손, 유압이 과도하게 낮을 때이다.

★

16 장비에 부하가 걸릴 때 토크컨버터의 터빈 속도는 어떻게 되는가?

① 빨라진다.   ② 느려진다.

③ 일정하다.   ④ 관계없다.

✎해설 토크컨버터는 유체클러치를 개량하여 유체클러치보다 회전력의 변화를 크게 한 것이다. 장비에 부하가 걸리면 토크컨버터의 터빈 속도는 느려진다.

17 무한궤도식 건설기계에서 주행 불량현상의 원인이 아닌 것은?

① 한쪽 주행모터의 브레이크 작동이 불량할 때

② 유압펌프의 토출 유량이 부족할 때

③ 트랙에 오일이 묻었을 때

④ 스프로킷이 손상되었을 때

✎해설 트랙은 건설기계를 이동시키는 장치로 상태가 나쁜 노면에서 잘 작동한다. 그러므로 트랙에 오일이 묻었다고 해서 미끄러지는 등의 영향을 받지 않는다.

18 건설기계장비의 운전 중에도 안전을 위하여 점검하여야 하는 것은?

① 계기판 점검

② 냉각수량 점검

③ 팬벨트 장력 점검

④ 타이어 압력 측정 및 점검

✎해설 계기판은 건설기계장비를 운전하는 도중에 각종 장치의 이상 상황을 점검하기 위해 만들어 놓은 것이다. 그러므로 계기판을 적절히 이용하여 이상 상황이 발생하는지 살펴보아야 한다. 선택지의 나머지 사항들은 장비의 운전 도중에는 점검할 수 없는 항목들이다.

19 건설기계장비에 연료를 주입할 때 주의사항으로 가장 거리가 먼 것은?

① 화기를 가까이 하지 않는다.

② 불순물이 있는 것을 주입하지 않는다.

③ 연료탱크의 3/4까지 주입한다.

④ 탱크의 여과망을 통해 주입한다.

✎해설 겨울철에는 공기 중의 수증기가 응축하여 물이 되어 들어가므로 연료를 탱크에 가득 채워 두도록 한다.

20 휠 타입 굴착기의 동력전달장치에서 슬립이음(슬립 조인트)이 변화를 가능하게 하는 것은?

① 훅의 진동
② 회전속도
③ 드라이브 각
④ 훅의 길이

21 굴착 깊이가 깊으며, 토사의 이동, 적재, 클램셸 작업 등에 적합하며, 좁은 장소에서 작업이 용이한 붐은?

① 원피스 붐(one piece boom)
② 투피스 붐(two piece boom)
③ 백호 스틱 붐(back hoe sticks boom)
④ 회전형

해설 투피스 붐은 최대 굴삭 반경, 굴삭 깊이 등 작업 범위가 넓고, 최소 선회 반경이 작아 근접 굴삭작업이 가능해 좁은 공간에서의 작업효율성이 높다.

22 건설기계장비에서 기관을 시동한 후 정상 운전 가능 상태를 확인하기 위해 운전자가 가장 먼저 점검해야 할 것은?

① 주행속도계
② 엔진오일양
③ 냉각수 온도계
④ 오일압력계

해설 기관 정상 운전 가능 상태를 확인하기 위해 가장 먼저 오일압력계를 점검해야 한다.

23 타이어식 건설기계 정비에서 토인에 대한 설명으로 틀린 것은?

① 토인은 반드시 직진 상태에서 측정해야 한다.
② 토인은 직진성을 좋게 하고 조향을 가볍도록 한다.
③ 토인은 좌·우 앞바퀴의 간격이 앞보다 뒤가 좁은 것이다.
④ 토인 조정이 잘못되었을 때 타이어가 편마모된다.

해설 토인(toe−in)은 차량의 앞바퀴를 위에서 내려다보면 바퀴 중심선 사이의 거리가 앞쪽이 뒤쪽보다 약간 작게 되어 있는 것이다.

★
24 건설기계 작업 시 주의사항으로 틀린 것은?

① 운전석을 떠날 경우에는 기관을 정지시킨다.
② 작업 시에는 항상 사람의 접근에 특별히 주의한다.
③ 주행 시는 가능한 한 평탄한 지면으로 주행한다.
④ 후진 시는 후진 후 사람 및 장애물 등을 확인한다.

해설 후진하기 전에 사람이나 장애물이 있는지 확인하고 진행해야 한다.

25 유압 도면기호에서 압력스위치를 나타내는 것은?

해설 ①은 어큐뮬레이터, ②는 스톱밸브, ④는 압력계 기호이다.

26 건설기계 운전 작업 중 온도 게이지가 "H" 위치에 근접되어 있다. 운전자가 취해야 할 조치로 가장 알맞은 것은?

① 작업을 계속해도 무방하다.
② 잠시 작업을 중단하고 휴식을 취한 후 다시 작업한다.
③ 윤활유를 즉시 보충하고 계속 작업한다.
④ 작업을 중단하고 냉각수 계통을 점검한다.

해설 엔진이 과열되면 온도 게이지 지침이 "H(High)"를 가리킨다. 운전자는 작업을 중단하고 냉각수 계통을 점검하여야 한다.

★★★★★
27 교류(AC) 발전기의 장점이 아닌 것은?

① 소형 경량이다.
② 저속 시 충전 특성이 양호하다.
③ 정류자를 두지 않아 풀리비를 작게 할 수 있다.
④ 반도체 정류기를 사용하므로 전기적 용량이 크다.

해설 **교류 발전기의 장점**
• 소형 경량이다.
• 브러시 수명이 길다.
• 전압조정기만 필요하다.
• 저속에서 충전이 가능하다.
• 출력이 크고 고속회전에 잘 견딘다.

28 베인 모터는 항상 베인을 캠링(cam ring)면에 압착시켜 두어야 한다. 이때 사용하는 장치는?

① 볼트와 너트
② 스프링 또는 로킹빔(locking beam)
③ 스프링 또는 베플 플레이트
④ 캠링 홀더(cam ring holder)

해설 베인(날개)을 캠링에 압착시키기 위해 스프링이나 로킹빔을 사용한다.

29 유압유를 외관상 점검한 결과 정상적인 상태를 나타내는 것은?

① 투명한 색채로 처음과 변화가 없다.
② 암흑색체이다.
③ 흰색체를 나타낸다.
④ 기포가 발생되어 있다.

해설 유압유는 동력 전달, 마찰열 흡수, 움직이는 기계요소 윤활, 필요한 기계 사이의 밀봉작용을 한다. 처음과 같이 투명한 색채를 유지할 경우 정상적인 상태라 할 수 있다.

30 기계식 변속기가 장착된 건설기계장비에서 클러치가 미끄러지는 원인으로 옳은 것은?

① 클러치 페달의 유격이 크다.
② 릴리스 레버가 마멸되었다.
③ 클러치 압력판 스프링이 약해졌다.
④ 파일럿 베어링이 마멸되었다.

✎해설 **클러치가 미끄러지는 원인**
• 클러치 판(디스크)의 마멸이 심함
• 클러치 판(디스크)에 오일이 묻음
• 플라이휠과 압력판의 손상 및 변형
• 클러치 페달의 자유간극(유격)이 작음
• 클러치 스프링의 장력이 약하거나 자유높이 감소

31 기어식 유압펌프의 특징이 아닌 것은?

① 구조가 간단하다.
② 유압 작동유의 오염에 비교적 강한 편이다.
③ 플런저 펌프에 비해 효율이 떨어진다.
④ 가변 용량형 펌프로 적당하다.

✎해설 기어펌프는 토출압력이 바뀌어도 토출유량이 크게 변하지 않는 정용량 펌프이다.

★★★
32 압력제어밸브 중 상시 닫혀 있다가 일정조건이 되면 열려서 작동하는 밸브가 아닌 것은?

① 릴리프밸브　　　② 감압밸브
③ 시퀀스밸브　　　④ 언로드밸브

✎해설 감압밸브는 상시 개방 상태로 되어 있다.

33 기관의 엔진오일 여과기가 막히는 것을 대비해서 설치하는 것은?

① 체크밸브(check valve)　② 바이패스밸브(bypass valve)
③ 오일 디퍼(oil dipper)　④ 오일팬(oil pan)

✎해설 오일여과기가 막혀 오일이 공급되지 않을 경우에는 여과기를 통과하지 않고 오일이 우회할 수 있도록 바이패스밸브를 설치한다.

★
34 기관의 온도를 측정하기 위해 냉각수의 수온을 측정하는 곳으로 가장 적절한 곳은?

① 실린더헤드 물재킷 부　② 엔진 크랭크 케이스 내부
③ 라디에이터 하부　　　④ 수온조절기 내부

✎해설 기관이 과열되었을 때 팬과 같은 냉각장치를 작동하기 위해 온도를 측정한다. 기관이 과열되었는지 온도를 검출하기 위해서는 물이 냉각장치를 거치기 전 상태로 측정하는 것이 필요하다.

★★★
35 건설기계등록신청 시 첨부하지 않아도 되는 서류는?

① 호적등본
② 건설기계 소유자임을 증명하는 서류
③ 건설기계제작증
④ 건설기계제원표

✎해설 **건설기계 등록 시 필요한 서류**(건설기계관리법 시행령 제3조제1항)
• 해당 건설기계의 출처를 증명하는 서류 : 건설기계제작증(국내에서 제작한 건설기계), 수입면장 등 수입사실을 증명하는 서류(수입한 건설기계), 매수증서(행정기관으로부터 매수한 건설기계)
• 건설기계의 소유자임을 증명하는 서류
• 건설기계제원표
• 보험 또는 공제의 가입을 증명하는 서류

36 철길건널목 통과 방법으로 틀린 것은?

① 경보기가 울리고 있는 동안에는 통과하여서는 아니 된다.
② 건널목에서 앞차가 서행하면서 통과할 때에는 그 차를 따라 서행한다.
③ 차단기가 내려지려고 할 때에는 통과하여서는 아니 된다.
④ 건널목 앞에서 일시정지하여 안전한지 여부를 확인한 후 통과한다.

✎해설 모든 차의 운전자는 철길 건널목을 통과하려는 경우에는 건널목 앞에서 일시정지하여 안전한지 확인한 후에 통과하여야 한다.

37 디젤기관에 사용하는 분사노즐의 종류 중 틀린 것은?

① 핀틀(pintle)형　　② 스로틀(throttle)형
③ 홀(hole)형　　　④ 싱글 포인트(single point)형

✎해설 싱글 포인트 노즐은 노즐이 한 개여서 연소실에서 분산상태가 좋지 않아 디젤기관에서는 사용하지 않는다.

38 다음 중 정차 및 주차가 금지되어 있지 않은 장소는?

① 횡단보도　　　② 교차로
③ 경사로의 정상 부근　④ 건널목

✎해설 모든 차의 운전자는 교차로·횡단보도·건널목이나 보도와 차도가 구분된 도로의 보도에서는 차를 정차하거나 주차하여서는 아니 된다.

39 건설기계관리법상 건설기계형식의 정의로 옳은 것은?

① 건설기계의 구조, 규격 및 성능 등에 관하여 일정하게 정한 것이다.
② 건설기계의 크기를 말한다.
③ 건설기계의 종류를 말한다.
④ 건설기계의 제작번호를 말한다.

✎해설 건설기계형식이란 건설기계의 구조·규격 및 성능 등에 관하여 일정하게 정한 것을 말한다.

40 야간에 자동차를 도로에 정차 또는 주차하였을 때 등화조작으로 가장 적절한 것은?

① 전조등을 켜야 한다.
② 방향지시등을 켜야 한다.
③ 실내등을 켜야 한다.
④ 미등 및 차폭등을 켜야 한다.

✏해설 자동차의 운전자가 밤에 도로에서 정차 또는 주차하는 경우에 켜야 하는 등화는 미등 및 차폭등이다.

41 건설기계를 검사유효기간 만료 후에 계속 운행하고자 할 때는 어느 검사를 받아야 하는가?

① 신규등록검사
② 계속검사
③ 수시검사
④ 정기검사

✏해설 정기검사는 건설공사용 건설기계로서 3년의 범위에서 국토교통부령으로 정하는 검사유효기간이 끝난 후에 계속하여 운행하려는 경우에 실시하는 검사와 대기환경보전법 제62조 및 소음·진동관리법 제37조에 따른 운행차의 정기검사를 말한다.

42 덤프트럭에 토사를 상차작업 시 가장 중요한 굴착기의 위치는?

① 선회거리를 짧게 한다.
② 암 작동거리를 짧게 한다.
③ 붐 작동거리를 짧게 한다.
④ 버킷 작동거리를 짧게 한다.

✏해설 덤프트럭에 토사를 상차작업할 때 선회거리를 짧게 한다.

★ 43 전조등의 형식 중 내부에 불활성 가스가 들어 있으며, 광도의 변화가 적은 것은?

① 로우빔식
② 하이빔식
③ 실드빔식
④ 세미 실드빔식

✏해설 실드빔식 전조등
• 대기 조건에 따라 반사경이 흐려지지 않는다.
• 내부에 불활성 가스가 들어 있다.
• 사용에 따른 광도의 변화가 적다.

★ 44 건설기계관리법령상 등록되지 아니한 건설기계를 사용하거나 운행한 자에 대한 벌칙은?

① 50만 원 이하 벌금
② 100만 원 이하 벌금
③ 1년 이하 징역 또는 100만 원 이하 벌금
④ 2년 이하 징역 또는 2천만 원 이하 벌금

✏해설 등록되지 아니한 건설기계를 사용하거나 운행한 자는 2년 이하의 징역 또는 2천만 원 이하의 벌금에 처한다(건설기계관리법 제40조).

45 건설기계 유압회로에서 유압유 온도를 알맞게 유지하기 위해 오일을 냉각하는 부품은?

① 어큐뮬레이터
② 오일 쿨러
③ 방향제어밸브
④ 유압밸브

✏해설 오일 쿨러(오일냉각기)는 엔진 오일을 항상 70~80℃ 정도로 일정하게 유지해주는 장치이다. 주로 라디에이터 아래쪽에 설치된다.

★ 46 건설기계의 등록번호를 지워 없애거나 식별을 곤란하게 한 자에게 부과하는 벌금으로 옳은 것은?

① 100만 원 이하
② 300만 원 이하
③ 500만 원 이하
④ 1,000만 원 이하

✏해설 등록번호표를 가리거나 훼손하여 알아보기 곤란하게 한 자 또는 그러한 건설기계를 운행한 자에게는 100만 원 이하의 과태료를 부과한다(건설기계관리법 제44조제2항).

> 합격 Tip!
> 1차 위반 시 50만 원, 2차 위반 시 70만 원, 3차 이상 위반 시 100만 원의 과태료를 부과한다(건설기계관리법 시행령 별표3 2023.04.25. 개정).

47 굴착기의 3대 주요부 구분으로 옳은 것은?

① 트랙 주행체, 하부 추진체, 중간 선회체
② 동력 주행체, 하부 추진체, 중간 선회체
③ 작업(전부)장치, 상부 선회체, 하부 추진체
④ 상부 조정장치, 하부 추진체, 중간 동력장치

✏해설 굴착기의 3대 주요부는 작업(전부)장치, 상부 선회체, 하부 추진체이다.

★ 48 AC 발전기 작동 중 소음발생의 원인과 가장 거리가 먼 것은?

① 베어링이 손상되었다.
② 벨트 장력이 약하다.
③ 고정 볼트가 풀렸다.
④ 축전지가 방전되었다.

✏해설 AC 발전기의 소음은 주로 기계적인 결속이 풀리거나 베어링이 손상된 경우, 그리고 벨트 장력이 약하여 요동치게 되는 경우 생긴다. 축전지가 방전되는 것과 소음은 아무런 관련이 없다.

49 안전점검의 일상점검표에 포함되어 있는 항목이 아닌 것은?

① 전기스위치
② 작업자의 복장상태
③ 가동 중 이상소음
④ 폭풍 후 기계의 기능상 이상 유무

✏해설 안전점검의 일상점검표에는 부수적인 작업 없이 기계 및 기구의 사용 전, 사용 도중, 사용 후에 쉽게 할 수 있는 점검사항이 포함되어야 한다. 폭풍 후 기계 기능상의 이상 유무를 점검하는 것은 일상점검에 해당하지 않는다.

50 산업재해의 원인은 직접원인과 간접원인으로 구분되는데, 다음 직접원인 중에서 불안전한 행동에 해당하지 않는 것은?

① 허가 없이 장치를 운전
② 불충분한 경보 시스템
③ 결함 있는 장치를 사용
④ 개인 보호구 미사용

✎해설 불충분한 경보 시스템은 불안전 상태이다.

★★★★★
51 수공구 사용방법으로 옳지 않은 것은?

① 좋은 공구를 사용할 것
② 해머의 쐐기 유무를 확인할 것
③ 스패너는 너트에 잘 맞는 것을 사용할 것
④ 해머의 사용면이 넓고 얇아진 것을 사용할 것

✎해설 **해머 작업 시 안전수칙**
• 타격면이 마모되어(닳아) 경사진 것은 사용하지 않는다.
• 기름이 묻은 손으로 자루를 잡지 않는다.
• 해머를 사용할 때 자루 부분을 확인한다. 쐐기를 박아서 자루가 단단한 것을 사용한다. 자루가 불안정하거나 쐐기가 없는 것 등은 사용하지 않는다.
• 열처리 된 재료는 해머로 때리지 않도록 주의한다.

52 도시가스 배관 주위에서 굴착장비 등으로 작업할 때 준수사항으로 적합한 것은?

① 가스배관 주위 30cm까지는 장비로 작업이 가능하다.
② 가스배관 좌우 1m 이내에서는 장비작업을 금하고 인력으로 작업해야 한다.
③ 가스배관 3m 이내에서는 어떤 장비의 작업도 금한다.
④ 가스배관 주위 50cm까지는 사람이 직접 확인할 경우 굴착기 등으로 작업할 수 있다.

✎해설 도시가스배관 주위를 굴착하는 경우 도시가스배관의 좌우 1m 이내 부분은 인력으로 굴착하여야 한다.

★
53 소화작업이 적합하지 않은 것은?

① 화재가 일어나면 화재경보를 한다.
② 배선의 부근에 물을 뿌릴 때에는 전기가 통하는지의 여부를 확인한 후에 한다.
③ 가스밸브를 잠그고 전기 스위치를 끈다.
④ 카바이드 및 유류에는 물을 뿌린다.

✎해설 유류화재는 물로 소화할 수 없고, 모래나 ABC소화기, B급 화재 전용소화기를 이용하여 진압해야 한다. 카바이드는 물과 만나면 아세틸렌가스를 발생시키므로 화재를 확산시키게 된다.

54 장비의 운행 중 변속 레버가 빠질 수 있는 원인에 해당되는 것은?

① 기어가 충분히 물리지 않을 때
② 클러치 조정이 불량할 때
③ 릴리스 베어링이 파손되었을 때
④ 클러치 연결이 분리되었을 때

✎해설 장비 운행 중 변속 레버가 빠진다는 것은 변속 기어 간의 물림 상태가 헐거워 탈거되는 현상으로, 기어가 충분히 물리지 않았기 때문에 일어난다.

55 무한궤도식에 리코일 스프링을 이중 스프링으로 사용하는 이유로 가장 적합한 것은?

① 강한 탄성을 얻기 위해서
② 서징 현상을 줄이기 위해서
③ 스프링이 잘 빠지지 않게 하기 위해서
④ 강력한 힘을 축적하기 위해서

✎해설 리코일 스프링은 주행 중 트랙 전면에서 오는 충격을 완화하여 차체의 파손을 방지하고 원활한 운전이 될 수 있도록 하는 역할을 한다. 스프링을 이중으로 하면 공진 현상을 완화시켜 서징 현상을 줄일 수 있다.

56 수동식 변속기 건설기계를 운행 중 급가속시켰더니 기관의 회전은 상승하는데, 차속이 증속되지 않았다. 그 원인에 해당되는 것은?

① 클러치 파일럿 베어링의 파손
② 릴리스 포크의 마모
③ 클러치 페달의 유격 과대
④ 클러치 디스크 과대 마모

✎해설 클러치 디스크가 과대 마모되면 엔진의 회전 변화가 이후 동력전달장치로 제대로 이행되지 않는다.

57 건설기계에서 시동전동기가 회전이 안 될 경우 점검할 사항이 아닌 것은?

① 축전지의 방전 여부
② 배터리 단자의 접촉 여부
③ 팬벨트의 이완 여부
④ 배선의 단선 여부

✎해설 시동전동기가 작동하지 않는 것은 배터리가 방전되었거나 배터리 단자가 접촉이 불량하여 전원이 공급되지 않기 때문이다. 팬벨트가 이완되는 경우 냉각팬이 잘 돌지 않아 라디에이터를 제대로 냉각할 수 없어 과열이 일어날 수 있으나 시동전동기 작동과는 관련 없다.

정답 50. ② 51. ④ 52. ② 53. ④ 54. ① 55. ② 56. ④ 57. ③

★

58 기관의 피스톤링에 대한 설명 중 틀린 것은?

① 압축링과 오일링이 있다.

② 기밀유지의 역할을 한다.

③ 연료 분사를 좋게 한다.

④ 열전도 작용을 한다.

✎해설. 피스톤링은 압축링과 오일링으로 이루어져 있다. 실린더벽과 피스톤 사이의 기밀을 유지하여 엔진 효율의 손실을 막고, 실린더 벽과 피스톤 사이의 열전도 작용을 통해 냉각에도 도움을 준다.

★

59 아크용접에서 눈을 보호하기 위한 보안경 선택으로 맞는 것은?

① 도수 안경　　　　　　② 방진 안경

③ 차광용 안경　　　　　④ 실험실용 안경

✎해설. 아크용접을 할 때는 강한 빛이 발생하여 눈이 상할 수 있기 때문에 차광기능이 포함된 보안경을 사용해야 한다.

60 온도변화에 따라 점도변화가 큰 오일의 점도지수는?

① 점도지수가 높은 것이다.

② 점도지수가 낮은 것이다.

③ 점도지수는 변하지 않는 것이다.

④ 점도변화와 점도지수는 무관하다.

✎해설. 유압유는 온도지수가 높아야 한다. 즉, 온도변화에 따라 점도변화가 작은 오일을 사용해야 한다.

01 운전 중 엔진오일 경고등이 점등되었을 때의 원인으로 볼 수 없는 것은?

① 드레인 플러그가 열렸을 때   ② 윤활계통이 막혔을 때
③ 오일필터가 막혔을 때   ④ 연료필터가 막혔을 때

✎해설 엔진오일 경고등이 들어오는 것은 윤활계통에 문제가 생겼을 때이다. 오일팬에는 교환 시 찌꺼기를 빼내기 위해 오일 드레인 플러그가 설치되어 있다. 이것이 열려 있을 경우 엔진오일이 빠져나가 경고등이 들어온다. 오일필터가 막히면 윤활계통의 순환이 불량하여 경고등이 들어온다. 연료필터는 윤활계통이 아니라 연료공급 체계의 일부이다.

02 ★ 디젤기관에 과급기를 부착하는 주된 목적은?

① 출력의 증대   ② 냉각효율의 증대
③ 배기의 정화   ④ 윤활성의 증대

✎해설 과급기는 흡기 다기관을 통해 공기가 각 실린더의 흡입 밸브가 열릴 때마다 신선한 공기가 다량으로 들어갈 수 있도록 해주는 장치로, 실린더의 흡입 효율이 좋아져 출력이 증대된다.

03 노즐을 노즐테스터기로 시험할 때 검사하지 않는 것은?

① 분포상태   ② 분사시간
③ 후적유무   ④ 분사개시 압력

✎해설 분사노즐은 분사펌프에서 공급한 고압의 연료를 미세한 안개 모양으로 연소실 내에 분사하는 장치를 말한다. 노즐 테스터는 분사노즐의 구비조건을 검사하는 기구로, 연료가 안개 모양으로 되어 쉽게 착화될 수 있는지, 분무를 연소실 구석구석까지 뿌려지게 하는지, 후적이 일어나지 않는지, 분사개시 압력이 적당한지 등을 검사한다.

04 ★★ 직권식 시동전동기의 전기자 코일과 계자 코일의 연결이 맞는 것은?

① 병렬로 연결되어 있다.
② 직렬로 연결되어 있다.
③ 직렬·병렬로 연결되어 있다.
④ 계자 코일은 직렬, 전기자 코일은 병렬로 연결되어 있다.

✎해설 직류직권 전동기는 전기자 코일과 계자 코일이 직렬로 접속된 전동기로 시동 회전력이 크고 고속 회전할 수 있으며, 한정된 전기용량의 축전지를 전원으로 할 수 있기 때문에 건설기계의 시동전동기로 사용된다.

05 다음 배출가스 중에서 인체에 가장 해가 없는 가스는?

① CO   ② CO_2
③ HC   ④ NOx

✎해설 CO(일산화탄소)는 인체에 다량 들어올 경우 중독을 일으킬 수 있다. HC(탄화수소)는 탄소와 수소의 화합물로 이 중 주로 에탄(C_2H_6)이 대기오염의 주범이며 인체에 해롭다. 탄화수소는 이산화질소와 반응하여 광학스모그 현상을 일으킨다. NOx(산화질소)는 대기 중에 미량 포함되어 있는 독성 물질로 강력한 혈관 이완 작용을 한다.

06 ★★★ 굴착기 작업 시 주의사항으로 틀린 것은?

① 단단한 지면은 버킷 투스로 단번에 강한 힘으로 굴착한다.
② 운전자가 굴착기에서 하차할 때는 항상 주차브레이크를 당겨 놓는다.
③ 주행 중에는 굴착하지 않는다.
④ 주행 시 평탄지면을 택하고 엔진은 중속이 적합하다.

✎해설 단단한 지면은 버킷 투스로 표면을 얇게 여러 번 굴착한다.

07 ★★★ 무한궤도식 굴착기의 트랙이 벗겨지는 원인으로 틀린 것은?

① 조향장치가 지나치게 뻣뻣한 경우
② 트랙의 장력이 너무 느슨한 경우
③ 고속주행 중 급커브를 도는 경우
④ 트랙의 중심 정렬이 맞지 않는 경우

✎해설 고속주행 중 급커브를 돌거나, 유동륜과 스프로킷이 마모되거나, 트랙 유격이 지나치게 이완되거나, 트랙의 중심 정렬이 맞지 않을 때 트랙이 벗겨지는 일이 발생한다.

08 크롤러형 굴착기와 휠형 굴착기의 운전 특성에 대한 설명으로 거리가 먼 것은?

① 기동성에서는 크롤러형이 더 우수하다.
② 습지에서는 크롤러형이 더 적합하다.
③ 좁은 장소에서는 크롤러형이 더 유리하다.
④ 장거리 이동에는 휠형이 더 적합하다.

✎해설 크롤러형 굴착기는 기복이 심하고 험한 곳의 작업에 유리한 대신 변속이나 기동성에 있어서는 불리하다. 휠형은 장거리와 이동과 같이 주행 작업에 더욱 적합하다.

09 ★★ 굴착기로 콘크리트관을 매설한 뒤 매설된 관 위를 주행하는 방법으로 옳은 것은?

① 크게 주의해야 할 사항은 없다.
② 버킷을 지면에 바짝 대고 주행한다.
③ 콘크리트관 위로 토사를 쌓은 뒤 서행하여 주행한다.
④ 버킷을 최대한 높인 후에 주행한다.

✎해설 콘크리트관 위로 토사를 쌓아 관이 파손되지 않게 보호한 뒤에 서행하여 주행해야 한다.

★★★★
10 무한궤도식 굴착기를 구성하는 장치 중 주행 시 트랙 전면에서 오는 충격을 완화하는 부품은?

① 상부롤러
② 하부롤러
③ 리코일 스프링
④ 트랙 아이들러

✏️해설 리코일 스프링은 주행 중 트랙 전면에서 오는 충격을 완화하여 차체의 파손을 방지하고 원활한 운전이 될 수 있도록 한다.

11 크롤러형 굴착기와 휠형 굴착기가 공통으로 가지는 구성품은?

① 아웃트리거
② 선회고정장치
③ 프론트 아이들러
④ 스프로킷

✏️해설 선회고정장치는 굴착기의 상부회전체 프레임 중 하나로 상부회전체와 하부구동체를 고정시켜 자연적으로 회전하는 것을 막아주는 역할을 한다. 크롤러형 굴착기는 궤도를 지지해 주는 프론트 아이들러와 스프로킷을 포함하며, 휠형 굴착기는 안정성 도모를 위해 아웃트리거를 사용한다.

★★
12 축전지의 전해액이 지나치게 빨리 줄어든다면 그 원인으로 가장 적절한 것은?

① 전해액의 비중이 낮다.
② 증류수만으로 전해액을 보충하였다.
③ 전압조정기가 불량하였다.
④ 적당량이 충전되었다.

✏️해설 축전지의 전해액은 전압조정기가 불량하거나, 과충전되었거나, 케이스가 손상되었을 때 빠르게 줄어들 수 있다.

★★
13 운전 중 기관이 과열됐을 시 가장 먼저 점검해야 하는 것으로 옳은 것은?

① 정온기　　　　　　② 과급기
③ 냉각수량　　　　　④ 에어 컴프레셔

14 4행정 사이클 기관에서 엔진이 4,000rpm일 때, 분사펌프의 회전수는?

① 1,500rpm　　　　② 2,000rpm
③ 3,000rpm　　　　④ 4,000rpm

✏️해설 크랭크축이 2회전할 때 4행정(흡입-압축-폭발-배기)이 이루어져 캠축이 1회전, 흡기와 배기밸브는 1회씩 열고 닫힌다. 엔진과 분사펌프 회전수의 비는 2:1이므로 2,000rpm이다.

15 디젤기관 운전 중에 흑색 배기가스가 배출되는 원인이 아닌 것은?

① 엔진오일이 함께 연소된 경우
② 공기청정기가 막힌 경우
③ 인젝션 펌프가 고장이 난 경우
④ 불완전 연소가 일어난 경우

✏️해설 인젝션 펌프에 이상이 생겨 연료가 과도하게 공급되거나 공기청정기가 막혀 신선한 공기가 흡입되지 못해 연소가 불량해지면 배기가스가 흑색이 된다.
① 흰색 배기가스가 배출되는 경우에 해당된다.

★
16 유도표시가 없는 교차로에서의 좌회전 방법으로 가장 적절한 것은?

① 운전자 편한 대로 운전한다.
② 교차로 중심 바깥쪽으로 서행한다.
③ 교차로 중심 안쪽으로 서행한다.
④ 앞차의 주행방향으로 따라가면 된다.

✏️해설 모든 차의 운전자는 교차로에서 좌회전을 하려는 경우에는 미리 도로의 중앙선을 따라 서행하면서 교차로의 중심 안쪽을 이용하여 좌회전하여야 한다.

17 작동유의 첨가제가 아닌 것은?

① 소포제　　　　　　② 유동점 강하제
③ 산화 방지제　　　④ 점도지수 방지제

✏️해설 작동유의 첨가제 : 소포제, 유동점 강하제, 산화 방지제, 점도지수 향상제
점도지수가 큰 작동유(유압유)는 온도에 따른 점도변화가 적으므로 작동유는 점도지수가 커야 한다.

18 클러치판의 구성 요소가 아닌 것은?

① 쿠션 스프링　　　② 페이싱
③ 리턴 스프링　　　④ 토션 스프링

✏️해설 ③ 리턴 스프링은 유압브레이크의 구성요소이다.
클러치판의 구성 요소 : 페이싱(라이닝), 토션 스프링(회전 충격 흡수), 쿠션 스프링(회전 충격 흡수 및 동력 전달, 클러치의 편마멸·변형·파손 방지)

19 다음 중 긴급자동차가 아닌 것은?

① 학생들을 태우고 있는 통학용 학교차량
② 가스사고의 응급작업을 위한 차량
③ 범죄수사를 위해 출동 중인 수사기관의 차량
④ 혈액공급차량

✏️해설 **긴급자동차의 종류**(도로교통법 시행령 제2조)
· 긴급한 업무수행용 경찰차
· 범죄수사용 수사기관 차량
· 군 내부 질서 유도용 국군 및 주한 국제연합군용 차량
· 도주자, 수용자 등의 체포·호송·경비용 차량
· 국내외 요인(要人)에 대한 경호업무 수행용 공무 차량
· 전기·가스·도로 등의 응급작업용 차량
· 긴급한 우편물의 운송 차량
· 부상자, 위급한 환자, 혈액 등의 운송 차량
· 소방차, 구급차, 혈액 공급차량

★★★
20 기관의 시동이 걸리지 않는 원인으로 틀린 것은?

① 분사펌프 타이밍 틀림

② 분사노즐의 불량

③ 압축압력의 불량

④ 물펌프 구동벨트의 이완

✎해설 물펌프 구동벨트는 냉각장치에 해당한다.

★★★★
21 산업안전보건표지에서 다음 그림이 나타내는 것은?

① 사용금지   ② 보행금지

③ 탑승금지   ④ 출입금지

✎해설 ① 사용금지   ② 보행금지   ③ 탑승금지

22 다음 유압기호 중 체크밸브를 나타낸 것은?

①

②

③

④

✎해설 ① 압력원, ② 어큐뮬레이터, ③ 필터

23 과급기에 대한 설명으로 옳지 않은 것은?

① 실린더 내 흡입 공기량을 증대시킨다.

② 유압오일을 급유한다.

③ 엔진의 출력을 증대시킨다.

④ 회전력을 상승시킨다.

✎해설 과급기(터보차저)는 흡입효율을 높이기 위해 흡기에 압력을 가하여 엔진의 출력을 증대시켜 고지대에서 운전 시 기관의 출력 저하를 방지하는 장치이며, 급유 시에는 기관오일을 사용한다.

★★★★
24 교차로 내를 진입하는 중에 황색신호로 바뀌었을 경우 운전자의 조치방법으로 맞는 것은?

① 일시정지하여 좌우를 살핀 뒤 보행자가 없으면 계속 진행한다.

② 그 자리에 정지하여 다음 신호를 기다린다.

③ 계속 진행하여 신속히 교차로에서 벗어난다.

④ 속도를 줄여서 서행하면서 진행한다.

✎해설 차마는 정지선이 있거나 횡단보도가 있을 때에는 그 직전이나 교차로의 직전에 정지하여야 하며, 이미 교차로에 차마의 일부라도 진입한 경우에는 신속히 교차로 밖으로 진행하여야 한다.

25 도시가스 배관은 황색의 보호포로부터 몇 cm 이상의 깊이에 매설되어 있는가?

① 20cm   ② 30cm

③ 50cm   ④ 60cm

✎해설 • 황색 보호포 : 저압, 60cm 이상
• 적색 보호표 : 중압, 30cm 이상

26 도로교통법상 횡단보도로부터 주·정차가 금지된 거리는 몇 m 이내인가?

① 5m   ② 10m

③ 15m   ④ 20m

✎해설 모든 차의 운전자는 건널목의 가장자리 또는 횡단보도로부터 10미터 이내인 곳에서는 차를 정차하거나 주차하여서는 아니 된다(도로교통법 제32조).

27 다음 중 굴착공사 예정지역을 표시하는 페인트의 색상으로 맞는 것은?

① 황색   ② 적색

③ 백색   ④ 검정색

✎해설 굴착공사자는 굴착공사 예정지역의 위치를 흰색 페인트로 표시해야 한다.

28 엔진의 실린더 내 기밀이 제대로 유지되지 않을 때 어느 부위에 문제가 있다고 진단할 수 있는가?

① 피스톤 핀   ② 압축링

③ 커넥팅로드   ④ 오일링

✎해설 피스톤링은 압축링과 오일링으로 나누어져 있으며, 이때 압축링은 기밀유지작용(밀봉작용)을 담당한다.

29 다음 중 유압실린더를 구성하는 것이 아닌 것은?

① 실린더
② 피스톤
③ 드레인 플러그
④ O링

✎해설 드레인 플러그는 오일탱크의 부속장치이다.

★★★★
30 유압회로 내의 유압을 설정압력으로 일정하게 유지하는 밸브는?

① 클러치밸브
② 카운트밸런스밸브
③ 스풀밸브
④ 릴리프밸브

✎해설 릴리프밸브는 회로 압력을 일정하게 하며 최고 압력을 규제하고 각 기기를 보호한다.

31 다음 중 유압장치의 장점으로 볼 수 없는 것은?

① 내마모성이 좋다.
② 유압유 점도의 영향을 적게 받는다.
③ 힘의 전달 및 증폭이 용이하다.
④ 속도제어가 용이하다.

✎해설 유압장치는 힘, 속도, 방향 등의 제어가 유리하며 내마모성, 방청을 지니지만 온도와 유압유의 점도에 크게 영향을 받는다는 단점이 있다.

★
32 다음 중 건설기계 정기검사의 연기 사유가 아닌 것은?

① 건설기계를 압류당한 경우
② 건설기계의 정비에 3주 이상의 시간이 걸리는 경우
③ 건설기계를 해외에 임대한 경우
④ 천재지변으로 인해 사고가 발생한 경우

✎해설 건설기계소유자는 천재지변, 건설기계의 도난, 사고발생, 압류, 31일 이상에 걸친 정비 그 밖의 부득이 한 사유로 검사신청기간 내에 검사를 신청할 수 없는 경우에는 검사신청기간 만료일까지 기간연장신청서에 연장사유를 증명할 수 있는 서류를 첨부하여 시·도지사에게 제출하여야 한다(건설기계관리법 시행규칙 제32조의2제1항).

33 가압식 라디에이터에 대한 설명으로 옳지 않은 것은?

① 냉각수의 손실이 적다.
② 냉각수의 순환속도와는 무관하다.
③ 냉각수의 비등점을 낮출 수 있다.
④ 방열기를 작게 할 수 있다.

✎해설 가압식 라디에이터는 냉각수에 압력을 가하여 비등점을 높일 수 있고, 방열기를 작게 만들 수 있다는 특징이 있으며, 펌프에 의존하는 냉각수 순환속도와는 무관하다.

34 우드그래플(우드클램프)로 할 수 있는 작업은?

① 목재 운반, 적재 하역, 전신주, 기중 작업
② 자갈, 골재 선별 적재, 오물 처리
③ 수직 굴토 작업, 배수구 굴착 및 청소 작업
④ 암석·콘크리트 파괴, 나무뿌리 뽑기

✎해설 ② 폴립클램프, ③ 클램셸, ④ 리퍼

35 납산축전지를 충전할 때 축전지 내에 발생하는 수소가스는 어떤 가스인가?

① 중성가스
② 가연성가스
③ 소화가스
④ 불연성가스

✎해설 납산축전지를 충전할 때에는 화학반응에 의해 수소 가스가 발생한다. 수소 가스는 폭발성 가스이므로 화기에 가까이하면 폭발할 위험이 있다

36 높은 가동성이 필요한 부분에 사용하는 유압 배관의 종류는 어느 것인가?

① 유압호스
② 강 파이프
③ 황동 파이프
④ PVC 파이프

✎해설 유압호스는 고무와 철사 등의 강선으로 만들어진 것으로 플렉시블 호스, 고압호스라고도 부른다.

37 클러치 부품 중에서 세척유로 세척해서는 안 되는 것은?

① 댐퍼스프링
② 릴리스레버
③ 압력판
④ 릴리스베어링

✎해설 릴리스베어링은 회전 운동이 일어나는 부분이므로 윤활 작용이 계속 이루어져야 한다. 세척유로 베어링을 닦을 경우에는 남아 있어야 할 윤활유가 없어져 마모가 생겨 클러치 작동에 지장을 초래한다.

38 다음 중 4행정 사이클 기관에서 주로 사용되는 윤활방식으로 맞는 것은?

① 비산식, 압송식
② 혼합식, 압송식
③ 혼합식, 비산압송식
④ 확산식, 비산압송식

✎해설 4행정 사이클에서는 주로 비산식, 압송식, 비산압송식의 윤활방식이 사용된다.

39 펌프의 최고 토출압력, 평균효율이 가장 높아 고압 대출력에 사용하는 유압 모터로 가장 적절한 것은?

① 기어 모터
② 베인 모터
③ 트로코이드 모터
④ 피스톤 모터

✎해설 유압 모터는 유압 에너지를 이용하여 연속적으로 회전운동을 시키는 기기로 기구는 유압 펌프와 유사하지만 구조는 다른 점이 많다. 종류로는 기어 모터, 피스톤(플런저) 모터, 베인 모터 등 세 종류가 있다. 토출압력, 평균효율이 가장 높아 고압 대출력에 사용되는 것은 피스톤 모터이다.

40 다음 중 제1종 대형면허를 취득할 수 없는 경우는?

① 두 눈의 시력이 각각 0.5 이상인 경우

② 한쪽 눈을 보지 못하고, 다른 쪽 눈이 0.6 이상인 경우

③ 붉은색, 녹색, 노란색을 구별할 수 있는 경우

④ 55데시벨의 소리를 들을 수 있는 경우

✎해설 **자동차 등의 운전에 필요한 적성의 기준**(도로교통법 시행령 제45조)
• 두 눈을 동시에 뜨고 잰 시력이 0.8 이상, 두 눈의 시력이 각각 0.5 이상일 것(다만, 한쪽 눈을 보지 못하는 사람이 보통면허를 취득하려는 경우에는 다른 쪽 눈의 시력이 0.8 이상)
• 붉은색·녹색 및 노란색을 구별할 수 있을 것
• 55데시벨(보청기를 사용하는 사람은 40데시벨)의 소리를 들을 수 있을 것
• 조향장치나 그 밖의 장치를 뜻대로 조작할 수 없는 등 정상적인 운전을 할 수 없다고 인정되는 신체상 또는 정신상의 장애가 없을 것

41 급속충전 시 주의사항으로 틀린 것은?

① 충전 중에는 축전지에 충격을 가하지 않는다.

② 통풍이 잘 되는 장소에서 충전한다.

③ 충전 시 가스가 발생하므로 화기 가까이에 두지 않는다.

④ 전해액의 온도를 45℃ 이상으로 유지한다.

✎해설 전해액의 온도가 올라가면 비중은 작아지고, 온도가 내려가면 비중이 커진다. 즉, 전해액의 온도와 비중은 반비례 관계이다. 급속충전 시에는 전해액의 온도가 45℃를 넘지 않도록 주의해야 한다.

42 엔진이 과열되는 원인으로 가장 거리가 먼 것은?

① 냉각장치의 고장   ② 오일의 품질 불량

③ 정온기가 닫힌 상태로 고장   ④ 냉각수의 부족

✎해설 ② 오일의 품질이 불량할 시에는 실린더 내에서 노킹하는 소리가 난다.
♣ 기관 과열의 원인 : 라디에이터의 코어 막힘, 냉각장치 내부에 물때가 낌, 냉각수의 부족, 물펌프의 벨트가 느슨해짐, 정온기가 닫힌 상태로 고장, 냉각팬의 벨트가 느슨해짐 등

43 조향장치에 대한 설명으로 틀린 것은?

① 노면의 충격이나 진동이 핸들에 전달되지 않아야 한다.

② 조향핸들의 조작이 자유로워야 한다.

③ 회전반경이 크고 방향 조향이 수월해야 한다.

④ 조향장치의 내구성이 커야 한다.

✎해설 회전반경이 작아야 한다.

44 어큐뮬레이터의 기능과 관계없는 것은?

① 충격 압력 흡수   ② 릴리프밸브 제어

③ 유압펌프 맥동 흡수   ④ 유압 에너지 축적

✎해설 어큐뮬레이터(축압기)의 기능 : 압력 보상, 에너지 축적, 유압회로 보호, 체적 변화 보상, 맥동 감쇠, 충격 압력 흡수 및 일정 압력 유지

45 감전사고 발생 시 취해야 할 응급조치로 틀린 것은?

① 즉시 장치의 전원을 끈다.

② 고무장갑을 끼고 피해자를 구출한다.

③ 의식불명일 경우, 인공호흡을 한 뒤 작업을 직접 마무리할 수 있도록 한다.

④ 상태가 심할 경우, 즉시 응급조치를 한 뒤 의사에게 보인다.

✎해설 의식불명이나 피해 정도가 심각할 경우에는 인공호흡 등의 응급조치를 취한 뒤, 피해자가 의식을 회복하면 신속히 병원으로 이송해야 한다.

46 도로교통법상 경찰공무원 등이 표시하는 수신호의 종류로 틀린 것은?

① 진행신호   ② 좌·우회전 신호

③ 정지신호   ④ 추월신호

47 도로교통법상 승차인원 및 적재중량의 안전기준을 초과하여 운행 시 누구의 허가를 받아야 하는가?

① 출발지를 관할하는 경찰서장

② 출발지를 관할하는 시·도지사

③ 도착예정지를 관할하는 경찰서장

④ 도착예정지의 동·읍·면장

✎해설 모든 차의 운전자는 승차 인원, 적재중량 및 적재용량에 관하여 대통령령으로 정하는 운행상의 안전기준을 넘어서 승차시키거나 적재한 상태로 운전하여서는 아니 된다. 다만, 출발지를 관할하는 경찰서장의 허가를 받은 경우에는 그러하지 아니하다(도로교통법 제39조).

48 유류화재 발생 시 소화방법으로 틀린 것은?

① 다량의 물을 붓는다.

② B급화재 소화기를 사용한다.

③ ABC소화기를 사용한다.

④ 다량의 모래를 뿌린다.

✎해설 기름은 물과 잘 섞이지 않는 성질이 있으므로 유류화재(B급화재) 시 다량의 물을 붓는다면 기름이 물을 타고 흘러 화재가 더욱 확산될 위험이 있다. 유류화재에는 B급화재 전용 소화기를 이용하는 것이 가장 좋으며, 그 외 방화커튼이나 모래, ABC소화기 등을 사용하여 화재를 진압할 수 있다.

49 산업안전보건법상 안전표지의 종류가 아닌 것은?

① 금지표지   ② 경고표지

③ 지시표지   ④ 허가표지

✎해설 산업안전보건법상 안전표지 종류 : 금지표지, 경고표지, 지시표지, 안내표지

50 안전표지의 종류 중 지시표지에 속하는 것은?

① 응급구호표지　　　　② 녹십자표지

③ 보행금지　　　　　　④ 안전모 착용

✎해설 지시표지 : 보안경·안전복·안전모·방독마스크 착용

★★
51 일반가연성 물질의 화재로 물질 연소 후 재를 남기는 일반화재는?

① A급화재　　　　　　② B급화재

③ C급화재　　　　　　④ D급화재

✎해설 A급화재(일반화재), B급화재(유류화재), C급화재(전기화재), D급화재(금속화재)

★★
52 제동장치의 구비조건으로 틀린 것은?

① 작동이 확실해야 한다.

② 점검 및 정비가 용이해야 한다.

③ 마찰력이 작아야 한다.

④ 신뢰성 및 내구성이 커야 한다.

✎해설 마찰력이 커서 제동효과를 높여야 한다.

53 다음 중 디젤기관 연료장치의 공기빼기 순서로 옳은 것은?

① 분사펌프 → 공급펌프 → 연료여과기

② 공급펌프 → 연료여과기 → 분사펌프

③ 분사펌프 → 공급펌프 → 연료여과기

④ 연료여과기 → 공급펌프 → 분사펌프

★★
54 디젤기관의 진동이 심해지는 경우가 아닌 것은?

① 마모로 인하여 실린더 내경의 차가 심할 때

② 분사압력, 분사량, 분사시기의 불균형이 심할 때

③ 피스톤 및 커넥팅 로드의 중량 차가 클 때

④ 실린더 수가 많을 때

✎해설 디젤기관의 진동 원인
• 연료의 분사압력, 분사량, 분사시기 등의 불균형이 심할 때
• 연료공급 계통에 공기가 침입하거나 분사노즐이 막혔을 때
• 피스톤 커넥팅 로드 어셈블리 중량 차이가 클 때
• 크랭크축 무게가 불평형이거나 실린더 내경이 일정하지 않을 때

55 타이어에서 직접 노면과 접촉되어 마모를 견디고 적은 슬립으로 견인력을 증대시키는 역할을 하는 것은?

① 카커스(Carcass)　　　② 비드(Bead)

③ 트레드(Tread)　　　　④ 브레이커(Breaker)

✎해설 • 카커스 : 튜브가 접촉되는 내면의 부분으로 튜브의 고압 공기를 견디고 하중·충격에 변형되어 완충작용을 한다.
• 비드 : 타이어가 림과 접촉하는 부분으로, 와이어의 손상을 막고 타이어가 림에서 벗어나지 않게 한다.
• 브레이커 : 카커스와 트레드 사이의 코드층으로 외부의 충격을 흡수하고 트레드에 생긴 상처가 카커스에 미치지 않게 한다.

56 전압이 20V, 저항이 5Ω일 때 전류는 얼마인가?

① 10A　　　　　　　　② 5A

③ 4A　　　　　　　　 ④ 15A

✎해설 전류를 구하는 식은 다음과 같다.
$$전류(A) = \frac{전압(V)}{저항(ohm)} \text{ 이므로, } \frac{20V}{5ohm} = 4A \text{ 이다.}$$

57 세미실드빔 형식의 전조등을 사용하는 건설기계장비에서 전조등이 점등되지 않을 때 가장 올바른 조치 방법은?

① 렌즈를 교환한다.　　② 반사경을 교환한다.

③ 전조등을 교환한다.　④ 전구를 교환한다.

✎해설 반사경, 렌즈, 필라멘트가 일체인 실드빔식 전조등과는 달리 세미실드빔식 전조등은 렌즈와 반사경은 일체로 되어 있고 전구는 별도로 설치하여 분리 및 교환할 수 있다.

58 운반작업 시의 안전수칙으로 틀린 것은?

① 무거운 물건을 이동할 때 호이스트 등을 활용한다.

② 화물은 될 수 있는 대로 중심을 높게 한다.

③ 어깨보다 높이 들어 올리지 않는다.

④ 무리한 자세로 장시간 사용하지 않는다.

✎해설 화물에 될 수 있는 한 접근하여 중심을 낮게 한다.

59 방향제어밸브를 동작시키는 방식이 아닌 것은?

① 전자식　　　　　　　② 수동식

③ 전자 유압 파일럿식　④ 스프링식

✎해설 방향제어밸브를 동작시키는 방식으로는 전자식, 수동식, 전자 유압 파일럿식이 있다.

★★
60 건설기계관리법상 출장검사가 가능한 경우가 아닌 것은?

① 중량이 40톤을 초과하는 건설기계

② 최고속도가 시간당 50킬로미터 미만인 건설기계

③ 도서지역에 있는 건설기계

④ 너비가 3미터인 건설기계

✎해설 **덤프트럭, 콘크리트믹서트럭, 콘크리트펌프(트럭적재식), 아스팔트살포기, 트럭지게차가 해당 건설기계가 위치한 장소에서 검사를 할 수 있는 경우(건설기계관리법 시행규칙 제32조제2항)**
• 도서지역에 있는 경우
• 자체중량이 40톤을 초과하거나 축하중이 10톤을 초과하는 경우
• 너비가 2.5미터를 초과하는 경우
• 최고속도가 시간당 35킬로미터 미만인 경우

01 다음 중 디젤기관의 시동보조장치가 아닌 것은?

① 히트레인저
② 공기 예열장치
③ 과급장치
④ 실린더 감압장치

✎해설 디젤기관의 시동보조장치로는 감압장치, 예열장치, 흡기 가열장치(히트레인저, 흡기 히터), 연소 촉진제 공급장치 등이 있다.

02 에어클리너가 막혔을 때의 현상으로 옳은 것은?

① 배기색은 흰색이고 출력은 낮아진다.
② 배기색은 검은색이고 출력은 낮아진다.
③ 배기색은 검은색이고 출력은 높아진다.
④ 배기색은 흰색이고 출력은 변동없다.

✎해설 에어클리너는 흡입되는 공기 중의 먼지 등의 불순물을 여과하고, 피스톤의 마모를 방지하는 역할을 한다. 만약 에어클리너가 막히면 연소에 문제가 생겨 배기색이 검게 변하고 출력이 감소하게 된다.

03 냉각장치의 부동액에 이용되는 액체가 아닌 것은?

① 글리세린
② 메탄올
③ 에틸렌글리콜
④ 그리스

✎해설 부동액이란 냉각수의 동결을 막기 위해 냉각수와 혼합하여 사용하는 액체로 그 종류로는 글리세린, 메탄올, 에틸렌글리콜이 있다.

04 유압 건설기계의 고압호스가 파열되는 원인으로 옳은 것은?

① 오일의 점도 저하
② 유압펌프의 고속회전
③ 유압모터의 고속회전
④ 릴리프밸브의 설정 압력 불량

✎해설 릴리프밸브의 설정 압력이 불량하여 압력이 높아지면 고압호스가 파열되는 원인이 된다.

★★★★★
05 타이어식 굴착기에서 조향기어 백래시가 클 때의 현상으로 옳은 것은?

① 핸들의 유격이 커진다.
② 조향핸들의 축방향 유격이 커진다.
③ 조향핸들이 한쪽으로 쏠린다.
④ 조향각도가 커진다.

✎해설 백래시는 한 쌍의 기어를 맞물렸을 때 치면 사이에 생기는 간극을 의미한다. 조향기어의 백래시가 너무 작을 경우에는 조향핸들이 무거워지고, 너무 클 경우에는 기어가 파손되거나 핸들의 유격이 커진다.

06 도시가스배관 매설 시 공동주택 등의 부지 안에서는 몇 m 이상의 매설 깊이를 유지해야 하는가?

① 0.5
② 0.6
③ 1.0
④ 1.2

✎해설 **배관 매설 기준**(도시가스사업법 시행규칙 별표6)
• 공동주택 등의 부지 안에서는 0.6m 이상
• 폭 4m 이상 8m 미만인 도로에서는 1m 이상
• 폭 8m 이상의 도로에서는 1.2m 이상

★
07 축전지의 전해액에 대한 설명으로 틀린 것은?

① 전해액의 온도가 상승하면 비중도 상승한다.
② 충전 시 전해액의 온도가 45℃ 이상이 되지 않도록 한다.
③ 축전지의 전해액에 불순물이 많을 경우 수명이 짧아진다.
④ 전해액은 증류수에 황산을 혼합하여 희석한 묽은 황산이다.

✎해설 축전지 전해액의 온도와 비중은 반비례 관계이다. 즉, 전해액의 온도가 상승하면 비중은 작아지고, 온도가 내려가면 비중이 상승한다.

★★
08 다음 중 건설기계조종사의 면허를 취득할 수 있는 사람은?

① 알코올 중독자
② 주민등록상 18세인 사람
③ 앞을 보지 못하는 시각 장애인
④ 건설기계조종사 면허가 취소되고 9개월이 지난 사람

✎해설 ② 건설기계조종사 면허의 결격사유는 18세 미만이므로 18세는 면허 취득이 가능하다.

09 건설기계에 사용하는 교류발전기의 구성요소가 아닌 것은?

① 로터
② 정류자
③ 슬립 링
④ 스테이터 코일

✎해설 ② 정류자는 직류발전기의 부속이다.

★★★★★
10 굴착기 트랙이 벗겨지는 이유로 옳은 것은?

① 트랙 유격이 작을 때
② 프런트 아이들러와 스프로킷의 중심이 일치되었을 때
③ 트랙의 장력이 헐거울 때
④ 고속 주행 시 천천히 선회하였을 때

✎해설 **트랙이 벗겨지는 원인**
• 트랙의 유격이 너무 클 때
• 트랙의 장력이 헐거울 때
• 프런트 아이들러와 스프로킷의 중심이 일치되지 않았을 때
• 고속 주행 시 급선회를 하였을 때

정답 01. ③ 02. ② 03. ④ 04. ④ 05. ① 06. ② 07. ① 08. ② 09. ② 10. ③

11 굴착기 작업장치의 구성품이 아닌 것은?

① 암
② 붐
③ 아이들러
④ 버킷

✎해설 **굴착기의 작업장치**
• 붐 : 상부회전체의 프레임에 풋핀을 통해 설치된 부분
• 암 : 버킷과 붐 사이에 설치하여 버킷의 굴착 작업을 돕는 부분
• 버킷 : 직접 굴착 작업을 하여 토사를 담는 부분

12 안전보건표지에 대한 설명으로 틀린 것은?

① 안내표지 – 비상용 기구 등의 위치 안내
② 경고표지 – 과태료, 벌금 등의 경고
③ 지시표지 – 안전모, 보안경 등의 착용 지시
④ 금지표지 – 진입, 보행 등의 금지

✎해설 경고표지의 종류 : 인화성물질 경고, 산화성물질 경고, 폭발성물질 경고, 급성독성 물질 경고, 부식성물질 경고, 방사성물질 경고, 고압전기 경고, 낙하물 경고 등

13 축전지의 전해액을 담는 용기로 가장 적당한 것은?

① 철제 용기
② 내산성 플라스틱 용기
③ 구리 합금 용기
④ 알루미늄 용기

✎해설 전해액을 만들 때에는 화학 작용을 일으키지 않는 용기를 사용해야 한다. 보통 납산 축전지의 케이스는 플라스틱, 합성수지 등으로 제작한다.

14 시동전동기의 회전부에 해당하는 것은?

① 전기자
② 계자코일
③ 계자철심
④ 브러시 홀더와 브러시 스프링

✎해설 시동전동기의 전동기 부분은 회전부(전기자, 정류자)와 고정부(계자코일, 계자철 심, 브러시 등)로 구성되어 있다.

★★
15 건설기계조종사가 고의로 인명피해를 냈을 때 처분기준은?

① 면허효력정지 20일
② 면허효력정지 10일
③ 면허효력정지 30일
④ 면허취소

✎해설 고의로 인명피해(사망·중상·경상 등을 말한다)를 입힌 경우에는 면허취소 처 분을 받는다(건설기계관리법 시행규칙 별표22).

★★
16 작업복의 조건으로 적합하지 않은 것은?

① 작업의 용도에 적합한 것
② 몸에 잘 맞고 동작하기 편한 것
③ 소매나 바지 자락이 조여질 수 있는 것
④ 단추가 많이 달린 것

✎해설 작업복은 작업의 용도에 적합하고 동작하기 편한 것이어야 한다. 단추가 많은 것, 오손된 것, 통이 지나치게 넓어 움직임이 불편한 것은 피해야 한다.

17 저항에 대한 설명으로 틀린 것은?

① 측정단위는 옴(Ω)이다.
② 전류(A)는 저항에 비례한다.
③ 전류의 움직임을 방해하는 것이다.
④ 전압이 1V, 전력이 1A일 때 저항은 1Ω이다.

✎해설 옴의 법칙에 따르면 전류는 전압에 비례하고, 저항에 반비례한다.
전압 = 전류 × 저항

18 가변용량형 유압펌프의 기호로 올바른 것은?

①
②
③
④

✎해설 ② 릴리프밸브
③ 유량조절밸브
④ 정용량형 유압모터

★★★
19 유압펌프의 종류로 틀린 것은?

① 나사펌프
② 기어펌프
③ 플런저펌프
④ 진공펌프

✎해설 유압펌프의 종류 : 나사펌프, 기어펌프, 로터리펌프, 베인펌프, 플런저펌프

★★★
20 다음 중 연소의 3요소가 아닌 것은?

① 산소
② 질소
③ 가연물
④ 점화원

✎해설 연소가 발생하기 위해서는 불에 탈 수 있는 연료(가연물), 불을 붙이기 위한 열 (점화원), 산화반응을 일으킬 산소가 필요하다.

21 다음 중 굴착공사 예정 지역을 표시하는 페인트의 색상은?

① 녹색
② 청색
③ 백색
④ 적색

✎해설 굴착공사 예정 위치의 표시는 고압가스배관의 안전조치를 위한 것으로 고압가 스 안전관리법 시행규칙에 따라 굴착공사자는 굴착공사 예정 지역의 위치를 흰 색 페인트로 표시해야 한다.

★★★
22 실드빔식 전조등에 대한 설명으로 옳지 않은 것은?

① 필라멘트를 갈아 끼울 수 있다.
② 내부에 활성화 가스가 들어 있다.
③ 사용에 따른 광도의 변화가 적다.
④ 대기조건에 따라 반사경이 흐려지지 않는다.

✎해설 실드빔식 전조등은 렌즈, 반사경, 전구(필라멘트)가 일체로 구성되어 있기 때문 에 필라멘트를 갈아 끼울 수 없다. 세미실드빔은 렌즈와 반사경은 일체이지만 전구(필라멘트)는 교환할 수 있다.

23 유압유 관 내에 공기 혼입 시 발생하는 현상이 아닌 것은?

① 열화 현상
② 기화 현상
③ 공동 현상
④ 숨돌리기 현상

✎해설 공기가 유압유(작동유) 관 내에 혼입되었을 경우 발생하는 현상으로는 열화 현상 (작동유의 열화 촉진), 공동 현상(캐비테이션), 실린더 숨돌리기 현상 등이 있다.

24 디젤기관의 노킹 발생 원인과 가장 거리가 먼 것은?

① 착화기간 중 분사량이 많다.
② 노즐의 분무상태가 불량하다.
③ 고세탄가 연료를 사용하였다.
④ 기관이 과냉되어 있다.

✎해설 ③ 착화성이 좋은 연료(세탄가가 높은 연료)를 사용하여 착화지연 기간을 짧게 한다(노크 방지법).

25 유압식 동력조향장치의 특징이 아닌 것은?

① 앞바퀴의 시미현상을 막아준다.
② 사용자마다 다른 조향력을 보인다.
③ 구조가 복잡하며 가격이 비싼 편이다.
④ 노면으로부터 충격과 진동을 흡수한다.

✎해설 동력조향장치는 작은 조작력으로 조향조작이 가능해 누구든 비슷한 수준의 조향력을 나타낸다.

26 다른 교통 또는 안전표지의 표시에 주의하면서 진행할 수 있는 신호는?

① 녹색 등화
② 적색 등화
③ 황색 등화의 점멸
④ 적색 및 황색 등화

✎해설 • 녹색 등화 : 직진, 우회전 또는 비보호좌회전표지 있는 곳에서 좌회전할 수 있다.
• 적색 등화 : 정지선, 횡단보도, 교차로의 직전에 정지한다.
• 황색 등화 : 정지선, 횡단보도, 교차로의 직전에서 정지한다. 점멸 시에는 다른 교통이나 안전표지의 표시에 주의하며 진행할 수 있다.

27 무한궤도식 건설기계에서 트랙 장력 조정은?

① 스프로킷의 조정볼트로 한다.
② 장력 조정 실린더로 한다.
③ 상부 롤러의 베어링으로 한다.
④ 하부 롤러의 시임을 조정한다.

✎해설 조정 실린더를 통해 트랙 유격을 변화시킴으로써 트랙 장력을 조정할 수 있다.

28 4행정 사이클 기관에서 1사이클을 완료하였을 때 크랭크축은 몇 회전하는가?

① 1회전
② 2회전
③ 4회전
④ 5회전

✎해설 4행정 사이클 엔진은 크랭크축이 2회전 할 동안 흡입 → 압축 → 폭발 → 배기의 4행정을 진행하여 1사이클을 완료한다.

29 기관의 플라이휠과 같이 회전하는 것은?

① 디스크
② 클러치축
③ 릴리스 베어링
④ 압력판

✎해설 플라이휠은 자체 회전 관성을 이용하여 기관이 정속으로 돌아가게 하고, 압력판은 클러치판을 이 플라이휠에 밀어붙이는 역할을 한다. 플라이휠과 압력판은 항상 함께 회전한다.

30 작업 중 기계장치에서 이상한 소리가 날 경우 가장 적절한 작업자의 행위는?

① 작업 종료 후 조치한다.
② 즉시 작동을 멈추고 점검한다.
③ 속도가 너무 빠르지 않은지를 살핀다.
④ 장비를 멈추고 열을 식힌 후 계속 작업한다.

31 건설기계장비에 사용되는 12V 납산 축전지의 구성은?

① 2V셀 6개가 직렬로 구성되어 있다.
② 3V셀 4개가 직렬로 구성되어 있다.
③ 4V셀 3개가 직렬로 구성되어 있다.
④ 6V셀 2개가 직렬로 구성되어 있다.

32 굴착기에 부착하여 콘크리트를 부수는 장치는?

① 블레이드
② 브레이커
③ 암
④ 클램프

✎해설 브레이커는 굴착기의 작업장치 중 하나로 콘크리트와 같이 단단한 암석이나 아스팔트로 된 도로 등을 부수는 데 사용된다.

33 굴착기의 상부에 위치하고 엔진 등이 설치되어 있으며, 360°로 회전하는 것은?

① 스프로킷
② 트랙
③ 상부회전체
④ 하부구동체

✎해설 굴착기의 구조는 크게 작업장치, 상부회전체, 하부구동체로 나눌 수 있다. 이 중에서 상부회전체에는 엔진, 유압펌프, 선회장치, 제어밸브, 조종석 등이 설치되어 있으며 상부회전체의 최대 회전각은 360°이다.

34 유압유의 점도가 지나치게 낮을 경우 발생할 수 있는 현상은?

① 유압 증가
② 펌프 효율 감소
③ 동력 손실 증가
④ 관내 마찰 손실 증가

✎해설 유압유의 점도가 낮으면 펌프 효율과 회로 압력이 떨어지고 실린더 및 컨트롤 밸브에서 누출이 발생할 수 있다.

★★★★★
35 도로교통법상 가장 우선하는 신호는?

① 안전표지의 지시   ② 신호기의 신호

③ 경찰관의 수신호   ④ 운전자의 수신호

✎해설 도로를 통행하는 보행자, 차마 또는 노면전차의 운전자는 교통안전시설이 표시하는 신호 또는 지시와 교통정리를 하는 경찰공무원 또는 경찰보조자(이하 "경찰공무원 등"이라 한다)의 신호 또는 지시가 서로 다른 경우에는 경찰공무원 등의 신호 또는 지시에 따라야 한다(도로교통법 제5조).

36 유압장치에서 먼지 또는 오염물질 등이 실린더 내로 혼입되는 것을 방지하는 것은?

① 필터   ② 밸브

③ O-링   ④ 실린더커버

✎해설 유압장치에서 유압유의 누설을 방지하고 먼지, 이물질, 수분 등의 혼입을 방지하는 것은 패킹, O-링, 더스트 실, 오일 실 등이다.

★
37 다음 중 근로자의 의무사항이 아닌 것은?

① 안전수칙 준수

② 위험한 장소 진입 금지

③ 안전모 착용

④ 안전·보건교육 실시

✎해설 사업주는 해당 사업자의 근로자에 대하여 정기적으로 안전·보건교육을 실시하고 근로자의 신체적 피로와 정신적 스트레스를 줄일 수 있도록 작업환경 및 근로조건을 개선해야 할 의무가 있다.

★★
38 도시가스배관공사를 위해 굴착 시 굴착공사자는 매설배관의 위치 표지판을 매설배관의 어느 부분에 무슨 색으로 표시해야 하는가?

① 우측부, 적색   ② 직상부, 황색

③ 좌측부, 적색   ④ 직하부, 황색

✎해설 도시가스사업자는 굴착예정지역의 매설배관 위치를 굴착공사자에게 알려주어야 하며 굴착공사자는 매설배관 위치를 매설배관 직상부의 지면에 황색 페인트로 표시할 것(도시가스사업법 시행규칙 별표16)

★★★
39 최고속도의 100분의 50을 줄인 속도로 운행해야 하는 경우가 아닌 것은?

① 눈이 20mm 이상 쌓인 경우

② 폭우나 폭설로 인해 가시거리가 100m 이내인 경우

③ 노면이 얼어붙은 경우

④ 비가 내려 노면이 젖어 있는 경우

✎해설 **최고속도의 100분의 50을 줄인 속도로 운행하는 경우**(도로교통법 시행규칙 제19조)
• 폭우·폭설·안개 등으로 가시거리가 100m 이내인 경우
• 노면이 얼어붙은 경우
• 눈이 20mm 이상 쌓인 경우

40 굴착기가 수행할 수 없는 작업은?

① 굴착 작업   ② 파쇄 작업

③ 흡입 작업   ④ 적재 작업

✎해설 굴착기가 수행할 수 있는 작업으로는 땅을 파는 굴착 작업, 토사를 옮기거나 쌓는 적재 작업, 구조물을 철거하는 파쇄 작업, 토양을 고르는 정지 작업이 있다.

★
41 크롤러형 굴착기를 주행 운전할 때 적합하지 않은 것은?

① 주행 시 버킷의 높이는 30~50cm가 좋다.

② 암반 통과 시 엔진속도는 고속이어야 한다.

③ 주행할 때 전부장치는 전방을 향해야 좋다.

④ 가능하면 평탄지면을 택하고 엔진은 중속이 적합하다.

✎해설 ② 암반을 통과할 때는 저속 주행해야 한다.

★★★
42 굴착기의 선회 동작이 안 되는 원인으로 틀린 것은?

① 스윙 모터의 내부가 손상되었다.

② 컨트롤밸브 스풀이 불량하다.

③ 릴리프밸브의 설정 압력이 부족하다.

④ 버킷과 암의 상태가 불량하다.

✎해설 굴착기의 선회(스윙) 동작에 문제가 생기는 원인으로는 스윙(선회)모터의 손상, 컨트롤밸브 스풀 불량, 릴리프밸브의 설정 압력 부족 등이 있으며 버킷이나 암과 같은 작업장치의 불량과는 직접적인 관계가 없다.

★
43 유압식 굴착기에서 센터 조인트의 기능은?

① 상부회전체의 오일을 하부 주행모터에 공급한다.

② 상부회전체에 동력을 공급한다.

③ 상부회전체가 자유롭게 회전할 수 있도록 한다.

④ 스프로킷이나 트랙을 회전시켜 주행하도록 한다.

✎해설 센터 조인터는 상부회전체의 회전에는 영향을 주지 않고 하부 주행모터에 오일(작동유)을 공급하는 기능을 한다.

★★★
44 다음 중 주·정차할 수 없는 장소는?

① 버스정류소로부터 5m 떨어진 곳

② 도로의 모퉁이로부터 10m 떨어진 곳

③ 소방용 급수탑으로부터 20m 떨어진 곳

④ 상수도 소화용수설비로부터 10m 떨어진 곳

✎해설 ① 버스정류지임을 표시하는 기둥이나 표지판 또는 선이 설치된 곳으로부터 10m 이내에서는 주·정차할 수 없다.

45 굴착기의 작업 사이클 과정으로 맞는 것은?

① 굴착 → 붐 상승 → 스윙 → 적재 → 스윙 → 굴착
② 스윙 → 굴착 → 붐 상승 → 적재 → 스윙 → 굴착
③ 붐 상승 → 굴착 → 스윙 → 적재 → 굴착 → 스윙
④ 굴착 → 스윙 → 붐 상승 → 적재 → 스윙 → 굴착

✍해설 **굴착기의 기본 작업 사이클 과정**
굴착 → 붐 상승 → 스윙(선회) → 적재 → 스윙(선회) → 굴착

46 ★★ 타이어에서 고무 피복이 여러 겹으로 겹쳐서 구성된 측으로 공기압이나 충격에 견디는 골격 역할을 하는 구조는?

① 벨트(Belt)
② 비드(Bead)
③ 트레드(Tread)
④ 카커스(Carcass)

✍해설 ① 노면과 접촉하는 두꺼운 고무층으로 내부 구성요소들을 보호한다.
② 타이어와 림이 접하는 부분으로 타이어를 림에 결합시키며, 림에서 벗어나지 않도록 고정한다.
③ 브레이커라고도 부르며, 트레드의 외상이 카커스에 미치는 것을 방지한다.

47 ★★ 굴착기의 아워미터(시간계)가 표시하는 것은?

① 일일 작동시간
② 누적 주행시간
③ 엔진 가동시간
④ 작업 만료시간

✍해설 아워미터(시간계)는 엔진 가동시간을 나타내며 이를 통해 정비가 필요한 시기를 확인할 수 있다.

48 건설기계조종사의 정기적성검사는 65세 미만인 경우 몇 년마다 받아야 하는가?

① 3년
② 5년
③ 7년
④ 10년

✍해설 건설기계조종사는 10년마다(65세 이상인 경우는 5년마다) 시장·군수 또는 구청장이 실시하는 정기적성검사를 받아야 한다(건설기계관리법 시행규칙 제81조).

49 경사지에서 굴착기를 주·정차시킬 경우 옳지 않은 것은?

① 클러치를 분리하여 둔다.
② 바퀴를 고임목으로 고인다.
③ 버킷을 지면에 내려놓는다.
④ 주차 브레이크를 작동시킨다.

✍해설 ① 경사지에서 굴착기를 주·정차시킬 경우 클러치를 분리하지 않는다.

50 ★★★ 다음의 유압기호가 나타내는 부품은?

① 유량계
② 체크밸브
③ 유압실린더
④ 어큐뮬레이터

✍해설 어큐뮬레이터(축압기)의 기능 : 압력 보상, 에너지 축적, 유압회로의 보호, 체적 변화 보상, 맥동 감쇠, 충격 압력 흡수, 일정 압력 유지 등

51 ★★ 유압장치에서 방향제어밸브에 해당하는 것은?

① 셔틀밸브
② 언로드밸브
③ 릴리프밸브
④ 시퀀스밸브

✍해설 ②. ③. ④는 압력제어밸브에 해당한다.

52 ★★★★ 유압회로에서 오일의 흐름을 한쪽 방향으로 흐르게 하는 밸브는?

① 체크밸브
② 파이롯밸브
③ 릴리프밸브
④ 오리피스밸브

✍해설 체크밸브(check valve)는 오일의 흐름을 한쪽 방향으로만 흐르도록 하고 역류를 방지하는 역할을 한다.

53 ★★★★★ 안정성을 점검하기 위해 수시로 시행하거나 신청 시 실시하는 검사는?

① 정기검사
② 수시검사
③ 구조변경검사
④ 신규등록검사

✍해설 ① 정기검사 : 건설공사용 건설기계로서 3년의 범위에서 검사유효기간이 끝난 후에 계속하여 운행하려는 경우에 실시하는 검사와 운행차의 정기검사
③ 구조변경검사 : 건설기계의 주요 구조를 변경하거나 개조한 경우 실시하는 검사
④ 신규등록검사 : 건설기계를 신규로 등록할 때 실시하는 검사

54 ★★ 타이어식 건설기계의 속도가 몇 km/h 이상일 경우에 좌석안전띠를 설치하여야 하는가?

① 20km/h
② 30km/h
③ 40km/h
④ 50km/h

✍해설 지게차, 전복보호구조 또는 전도보호구조를 장착한 건설기계와 시간당 30킬로미터 이상의 속도를 낼 수 있는 타이어식 건설기계에는 기준에 적합한 좌석안전띠를 설치하여야 한다(건설기계 안전기준에 관한 규칙 제150조제1항).

★★★
55 진흙 등의 토사를 굴착하는 작업을 할 때 적절한 작업장치는?

① 리퍼
② 백호
③ 채버킷
④ 이젝터 버킷

✎해설 이젝터 버킷 내부에는 버킷 내부의 토사를 밀어내는 이젝터가 있어 진흙 등이 버킷 내부에 달라붙어도 쉽게 떼어낼 수 있다.

★★
56 교통사고로 인명사고 발생 시 대처 순서는?

① 증거 수집 – 정차 – 신고 – 사상자 구호
② 정차 – 사상자 구호 – 신고 – 증거 수집
③ 신고 – 증거 수집 – 정차 – 사상자 구호
④ 정차 – 증거 수집 – 사상자 구호 – 신고

✎해설 교통사고로 인명피해가 발생했을 시에는 즉시 정차하여 사상자를 먼저 구호한 후 가까운 경찰공무원이나 경찰관서에 신고한 뒤 증인 등의 증거를 확보한다.

★
57 사고로 인한 재해가 가장 많이 발생하는 것은?

① 캠
② 래크
③ 기관
④ 벨트

✎해설 ④ 벨트 사고로 인한 재해가 가장 많이 발생한다.

58 작업장 내 안전통행을 위해 지켜야 할 사항으로 옳지 않은 것은?

① 좌·우측통행 규칙을 엄수한다.
② 주머니에 손을 넣고 걷지 않는다.
③ 물건을 든 사람과 만났을 때에는 길을 양보한다.
④ 운반차를 이동할 때에는 가능한 속도를 내어 주행한다.

✎해설 ④ 운반차를 이동할 때에는 주변 사항에 주의하면서 서행한다.

★
59 유압펌프에서 소음이 발생하는 원인이 아닌 것은?

① 오일의 양이 많을 때
② 오일 속에 공기가 들어 있을 때
③ 오일의 점도가 너무 높을 때
④ 펌프의 회전속도가 너무 빠를 때

✎해설 ① 오일의 양이 부족할 때 소음 발생의 원인이 된다.

60 폭발 우려가 있는 가스 또는 분진이 발생하는 장소에서 지켜야 할 일이 아닌 것은?

① 화기의 사용금지
② 인화성 물질 사용금지
③ 불연성 재료의 사용금지
④ 점화의 원인이 될 수 있는 기계 사용금지

✎해설 ③ 폭발의 우려가 있는 장소에서는 불연성 재료를 사용해야 한다.

01 기관에 온도를 일정하게 유지하기 위해 설치된 물 통로에 해당하는 것은?

① 밸브
② 오일팬
③ 워터자켓
④ 실린더헤드

✏️**해설** 워터자켓은 실린더헤드 및 블록에 일체형 구조로 이루어진 장치로 냉각수가 순환하는 물 통로를 말하며 연소실에서 발생하는 열을 냉각수로 전달하는 역할을 한다.

02 긴 내리막길을 내려갈 때 베이퍼 록을 방지하기 위한 운전 방법은?

① 엔진 브레이크를 사용한다.
② 시동을 끄고 브레이크 페달을 밟고 내려간다.
③ 변속레버를 중립으로 놓고 브레이크 페달을 밟고 내려간다.
④ 클러치를 끊고 브레이크 페달을 계속 밟고 속도를 조정하며 내려간다.

✏️**해설** 베이퍼 록은 브레이크 회로 내의 오일이 비등하여 오일의 압력 전달 작용을 방해하는 현상을 말한다. 이는 브레이크 드럼과 라이닝의 마찰에 의해 가열이 일어나거나 브레이크 오일 열화, 오일 불량 등의 원인에 의해 일어난다. 베이퍼 록을 방지하려면 내리막길에서 엔진 브레이크를 적절하게 사용하는 것이 좋다.

★★★★★
03 유압 작동유의 점도가 너무 높을 때 발생하는 현상으로 옳은 것은?

① 마찰 마모 감소
② 동력 손실의 증가
③ 내부 누설의 증가
④ 펌프 효율의 증가

✏️**해설** 유압유의 점도가 높을 경우
• 유압이 높아진다.
• 관내의 마찰 손실에 의해 동력 손실이 유발될 수 있다.
• 열이 발생할 수 있다.
• 소음이나 공동현상이 발생할 수 있다.

★★
04 건설기계관리법의 목적으로 가장 적합한 것은?

① 공로 운행상의 원활 기여
② 건설기계의 동산 신용증진
③ 건설기계의 효율적인 관리
④ 건설기계 사업의 질서 확립

✏️**해설** 건설기계관리법은 건설기계의 등록·검사·형식승인 및 건설기계사업과 건설기계조종사 면허 등에 관한 사항을 정하여 건설기계를 효율적으로 관리하고 건설기계의 안전도를 확보하여 건설공사의 기계화를 촉진함을 목적으로 한다(건설기계관리법 제1조).

★★
05 다음 중 작업복의 조건으로 가장 알맞은 것은?

① 작업자의 편안함을 위하여 자율적인 것이 좋다.
② 도면, 공구 등을 넣어야 하므로 주머니가 많아야 한다.
③ 주머니가 적고 팔이나 발이 노출되지 않는 것이 좋다.
④ 작업에 지장이 없는 한 손발이 노출되는 것이 간편하고 좋다.

06 공회전 상태의 기관에서 크랭크축의 회전과 관계없이 작동되는 기구는?

① 발전기
② 캠 샤프트
③ 플라이 휠
④ 스타트 모터

07 축전지의 전해액으로 알맞은 것은?

① 과산화납
② 해면상납
③ 순수한 물
④ 묽은 황산

✏️**해설** 납산 축전지 : 전해액으로 묽은 황산(H_2SO_4)을, (+)극판에는 과산화납(PbO_2)을, (−)극판에는 순납(Pb)을 사용하는 축전지이다.

★★
08 다음 중 유압회로에서 속도제어회로가 아닌 것은?

① 미터 인 회로
② 미터 아웃 회로
③ 블리드 온 회로
④ 블리드 오프 회로

✏️**해설** 유압회로의 속도제어 회로 : 미터 인 회로, 미터 아웃 회로, 블리드 오프 회로

09 다음 중 건설기계관리법에 의한 건설장비가 아닌 것은?

① 불도저
② 덤프트럭
③ 트레일러
④ 아스팔트피니셔

✏️**해설** **건설기계의 범위**(건설기계관리법 시행령 별표1)
불도저, 굴착기, 로더, 지게차, 스크레이퍼, 덤프트럭, 기중기, 모터그레이더, 롤러, 노상안정기, 콘크리트뱃칭플랜트, 콘크리트피니셔, 콘크리트살포기, 콘크리트믹서트럭, 콘크리트펌프, 아스팔트믹싱플랜트, 아스팔트피니셔, 아스팔트살포기, 골재살포기, 쇄석기, 공기압축기, 천공기, 항타 및 항발기, 자갈채취기, 준설선, 특수건설기계, 타워크레인

★★★★★
10 작업장의 안전수칙으로 거리가 먼 것은?

① 작업복과 안전장구는 반드시 착용한다.
② 각종 기계를 불필요하게 회전시키지 않는다.
③ 기계의 청소나 손질은 운전을 정지시킨 후 실시한다.
④ 공구는 오래 사용하기 위하여 기름을 묻혀서 사용한다.

✏️**해설** ④ 수공구는 사용 후 미끄러지는 것을 방지하기 위해 기름 성분은 면 걸레로 깨끗이 닦아 두어야 하며 수분을 피해 녹슬지 않도록 해야 한다.

★★★★★
11 디젤기관에서 발생하는 진동의 원인이 아닌 것은?

① 분사량의 불균형
② 분사시기의 불균형
③ 분사압력의 불균형
④ 프로펠러 샤프트의 불균형

✎해설 디젤기관은 가솔린기관에 비해 진동과 소음이 큰 단점이 있다. 디젤기관에서 진동이 발생하는 원인은 다수의 실린더에서 발생하는 폭발력이 다르거나 폭발 시기가 일정한 간격을 두고 있지 않기 때문이다. 폭발력은 분사량과 분사압력의 불균형에 의해 차이가 발생하고, 폭발 시기는 폭발 시기 조절이 불량할 경우 차이가 발생한다.

12 AC 발전기에서 다이오드의 역할로 가장 적절한 것은?

① 전압을 조정한다.
② 전류를 조정한다.
③ 교류를 정류하고 역류를 방지한다.
④ 여자 전류를 조정하고 역류를 방지한다.

✎해설 다이오드는 반도체 접합을 통해 전류가 한쪽으로만 흐르게 하는 전자부품이다. 즉, 교류 전류를 직류로 바꾸어주는 정류 작용을 하며 전류의 역류를 방지해 준다.

★★
13 압력제어밸브의 종류가 아닌 것은?

① 감압밸브
② 릴리프밸브
③ 시퀀스밸브
④ 스로틀밸브

✎해설 압력제어밸브의 종류
• 릴리프밸브 : 회로 압력을 일정하게 하거나 최고 압력을 규제하여 각부 기기를 보호
• 감압밸브 : 유압회로에서 분기 회로의 압력을 주회로의 압력보다 저압으로 사용하고자 할 때 사용
• 시퀀스밸브 : 여러 개의 액추에이터에서 하나의 에이터가 작동을 완료한 후 다음 작동이 이루어지도록 하는 밸브
• 카운트밸런스밸브 : 추의 낙하를 방지하기 위한 밸브
• 언로드밸브 : 일정한 조건하에서 펌프를 무부하로 하기 위해 사용되는 밸브
• 스로틀밸브 : 기화기 또는 스로틀 보디를 통과하는 공기량을 조절하기 위해 여닫는 밸브

★★★
14 최고속도의 100분의 20을 줄인 속도로 운행해야 하는 경우는?

① 노면이 얼어붙은 경우
② 눈이 20mm 이상 쌓인 경우
③ 비가 내려 노면이 젖어 있는 경우
④ 폭우, 폭설, 안개 등으로 가시거리가 100m 이내인 경우

✎해설 자동차 등의 속도(도로교통법 시행규칙 제19조)
1. 최고속도의 100분의 20을 줄인 속도로 운행하여야 하는 경우
  가. 비가 내려 노면이 젖어 있는 경우
  나. 눈이 20mm 미만 쌓인 경우
2. 최고속도의 100분의 50을 줄인 속도로 운행하여야 하는 경우
  가. 폭우·폭설·안개 등으로 가시거리가 100m 이내인 경우
  나. 노면이 얼어붙은 경우
  다. 눈이 20mm 이상 쌓인 경우

15 전기화재라고도 하며 보통 전기 콘센트나 배선에서 불이 붙는 경우가 대부분인 화재는?

① A급 화재
② B급 화재
③ C급 화재
④ D급 화재

✎해설 화재의 종류
• A급 화재(일반가연물 화재) : 연소 후 재를 남기는 종류의 화재로 목재, 종이, 섬유, 플라스틱 등으로 만들어진 가재도구, 각종 생활용품 등이 타는 화재
• B급 화재(유류 및 가스화재) : 연소 후 아무 것도 남기지 않는 종류의 화재로 휘발유, 경유, 알코올, LPG 등 인화성 액체, 기체 등의 화재
• C급 화재(전기화재) : 전기기계, 기구 등에 전기가 공급되는 상태에서 발생된 화재로 전기적 절연성을 가진 소화약제로 소화해야 하는 화재
• D급 화재(금속화재) : 리튬, 나트륨, 마그네슘 등의 금속화재

★★
16 건식 공기청정기의 특징이 아닌 것은?

① 구조가 간단하여 분해나 조립이 쉽다.
② 먼지나 오물을 여과하는 데 편리하다.
③ 여과망을 세척해 사용할 수 있어 경제적이다.
④ 기관 회전 속도의 변동에도 안정된 공기청정 효율을 얻을 수 있다.

✎해설 ③ 건식 공기청정기는 여과망을 세척하여 재사용할 수 없으며 상태에 따라 교체해야 한다.

★
17 타이어식 건설장비에서 조향바퀴의 얼라인먼트 요소와 관련 없는 것은?

① 캠버
② 토인
③ 부스터
④ 캐스터

✎해설 • 부스터 : 공기압, 유압, 전압 등을 가압하여 승압시키거나 증폭 및 확대하는 장치로 엔진의 터보 차저, 제동장치의 배력장치, 점화장치의 점화코일 등이 해당됨
• 캠버 : 차량을 앞에서 보면 그 앞바퀴가 수직선에 대해 어떤 각도를 두고 설치되어 있는 것
• 토인 : 차량의 앞바퀴를 위에서 내려다보면 바퀴 중심선 사이의 거리가 앞쪽이 뒤쪽보다 약간 좁게 되어 있는 것
• 캐스터 : 차량의 앞바퀴를 옆에서 보면 조향너클과 앞차축을 고정하는 킹판이 수직선과 어떤 각도를 두고 설치되는 것

★★
18 유압제어밸브의 분류 중 압력제어밸브에 속하는 것은?

① 셔틀밸브
② 체크밸브
③ 릴리프밸브
④ 디셀러레이션밸브

✎해설 방향제어밸브 : 셔틀밸브, 체크밸브, 디셀러레이션밸브

★★
19 건설기계검사의 종류가 아닌 것은?

① 수시검사
② 예비검사
③ 정기검사
④ 신규 등록검사

✎해설 건설기계검사 : 신규등록검사, 정기검사, 구조변경검사, 수시검사 등

20 안내를 나타내는 표지의 바탕색은?

① 녹색
② 적색
③ 청색
④ 황색

✎해설 안내표지 : 녹색 바탕에 백색으로 안내 대상을 지시하는 표지판

21 디젤기관의 연료여과기에 장착되어 있는 오버플로 밸브의 역할이 아닌 것은?

① 연료계통의 공기를 배출한다.
② 연료필터 엘리먼트를 보호한다.
③ 분사펌프의 압송압력을 높인다.
④ 연료공급펌프의 소음 발생을 방지한다.

✎해설 오버플로 밸브의 기능
- 연료여과기의 성능 향상 및 여과기 각부 보호
- 연료공급펌프의 소음 발생 억제, 운전 중 공기빼기 작업
- 연료공급펌프와 분사펌프 내의 연료 균형 유지

22 타이어식 굴착기의 히트 세퍼레이션 현상에 대한 설명으로 옳은 것은?

① 타이어 내부의 발열로 트레드가 분리되어 떨어져 나가는 현상
② 마찰열이 축적되어 마찰계수의 저하로 제동력이 감소되는 현상
③ 압축행정 또는 폭발행정일 때 가스가 밸브와 밸브 시트 사이에서 누출되는 현상
④ 타이어가 얇은 수막에 의해 노면으로부터 떨어져 제동력 및 조향력을 상실하는 현상

✎해설 ② 페이드 현상
③ 블로우백
④ 수막현상

★★★
23 유압펌프의 종류가 아닌 것은?

① 기어펌프
② 베인펌프
③ 진공펌프
④ 피스톤펌프

✎해설 유압펌프의 종류
- 기어펌프
- 트로코이드(로터리)펌프
- 나사펌프
- 베인펌프
- 플런저(피스톤)펌프

24 건설기계정비업의 범위에서 제외되는 행위가 아닌 것은?

① 오일의 보충
② 휠 얼라인먼트 점검
③ 전구의 교환
④ 타이어의 점검

✎해설 건설기계정비업의 범위에서 제외되는 행위(건설기계관리법 시행규칙 제1조의3)
- 오일의 보충
- 에어클리너엘리먼트 및 휠터류의 교환
- 배터리·전구의 교환
- 타이어의 점검·정비 및 트랙의 장력 조정
- 창유리의 교환

25 운전사고 시 안전조치 순서로 옳은 것은?

| ㉠ 운행 중지 | ㉡ 2차 사고 예방 |
| ㉢ 응급구호조치 | ㉣ 부상자 구조 |

① ㉠ - ㉡ - ㉢ - ㉣
② ㉠ - ㉡ - ㉣ - ㉢
③ ㉠ - ㉢ - ㉡ - ㉣
④ ㉠ - ㉣ - ㉢ - ㉡

✎해설 운전사고 시 안전조치 순서 : 운행 중지 → 부상자 구조 → 응급구호조치 → 2차 사고 예방

26 4행정 사이클 기관에 주로 사용되고 있는 오일펌프는?

① 원심식과 플런저식
② 기어식과 플런저식
③ 로터리식과 기어식
④ 로터리식과 나사식

✎해설 오일펌프의 종류에는 기어펌프, 로터리 펌프, 플런저 펌프, 베인펌프 등이 있다. 4행정 사이클 기관에 주로 사용되고 있는 오일펌프는 로터리 펌프와 기어펌프이다.

★★★★
27 주행 중 트랙 전면에서 오는 충격을 완화하여 차체 파손을 방지하고, 운전을 원활하게 해주는 것은?

① 상부 롤러
② 트랙 롤러
③ 댐퍼 스프링
④ 리코일 스프링

★★
28 유압실린더 등이 중력에 의한 자유낙하를 방지하기 위해 배압을 유지하는 압력제어밸브는?

① 카운트밸런스밸브
② 언로드밸브
③ 시퀀스밸브
④ 감압밸브

✎해설 카운트밸런스밸브는 유압회로 내의 오일 압력을 제어하는 압력제어밸브의 하나로 윈치나 유압실린더 등의 자유낙하를 방지하기 위하여 배압을 유지하는 제어밸브이다.

29 신호등이 없는 교차로에 좌회전하려는 버스와 그 교차로에 진입하여 직진하고 있는 건설기계가 있을 때 어느 차가 우선권이 있는가?

① 좌회전하려는 버스가 우선
② 사람이 많이 탄 차가 우선
③ 직진하고 있는 건설기계가 우선
④ 상황에 따라서 우선순위가 정해짐

✎해설 교통정리를 하고 있지 아니하는 교차로에서 좌회전하려고 하는 차의 운전자는 그 교차로에서 직진하거나 우회전하려는 다른 차가 있을 때에는 그 차에 진로를 양보하여야 한다(도로교통법 제26조제4항).

30 선반, 목공기계, 연삭, 해머 작업 시 착용해서는 안 되는 보호구는?

① 보안경
② 면장갑
③ 안전모
④ 안전화

✎해설 면장갑 착용 금지작업 : 선반 작업, 드릴 작업, 목공기계 작업, 그라인더 작업, 해머 작업, 기타 정밀기계 작업 등

31 실린더 헤드 개스킷의 역할이 아닌 것은?

① 혼합기의 밀봉
② 냉각수 누출 방지
③ 오일의 누출 방지
④ 오일의 역순환 방지

해설 실린더 헤드 개스킷은 실린더 블록과 실린더 헤드 사이에 설치되어 혼합기의 밀봉과 냉각수 및 오일의 누출을 방지한다. 개스킷이 손상되면 압축·폭발압력이 저하되어 기관의 출력이 저하되고 오일·냉각수 등이 누출된다.

32 굴착기 작업 시 안전사항으로 틀린 것은?

① 기중작업은 가능한 피하는 것이 좋다.
② 경사지 작업 시 측면절삭을 하는 것이 좋다.
③ 타이어식 굴착기로 작업 시 안전을 위하여 아웃트리거를 받치고 작업한다.
④ 한쪽 트랙을 들 때는 암과 붐 사이의 각도를 90~110° 범위로 해서 들어주는 것이 좋다.

해설 ② 경사지에서는 굴착기의 균형을 맞추기 위해 측면작업을 해서는 안 되고, 경사지를 내려올 때는 후진의 형태로 내려와야 한다.

33 유압기기 장치에 사용하는 유압 호스로 가장 큰 압력에 견딜 수 있는 것은?

① 고무호스
② 직물 브레이드
③ 나선 와이어 브레이드
④ 와이어리스 고무 브레이드

해설 고무나 직물로 보강된 호스로는 강력한 유압을 견디기 힘들다. 하지만 와이어가 나선으로 감겨있는 호스라면 강력한 유압을 견뎌낼 수 있다.

34 안전기준을 초과하는 화물의 적재허가를 받은 자는 그 길이 또는 그 폭의 양 끝에 몇 cm 이상의 빨간 헝겊으로 된 표지를 달아야 하는가?

① 너비 15cm, 길이 30cm
② 너비 20cm, 길이 40cm
③ 너비 30cm, 길이 50cm
④ 너비 60cm, 길이 90cm

해설 **안전기준을 넘는 승차 및 적재의 허가신청**(도로교통법 시행규칙 제26조제3항)
안전기준을 넘는 화물의 적재허가를 받은 사람은 그 길이 또는 폭의 양 끝에 너비 30cm, 길이 50cm 이상의 빨간 헝겊으로 된 표지를 달아야 한다. 다만 밤에 운행하는 경우에는 반사체로 된 표지를 달아야 한다.

35 건설기계로 작업 중 가스배관을 손상시켜 가스가 누출되고 있을 경우 긴급 조치사항으로 가장 거리가 먼 것은?

① 즉시 해당 도시가스 회사나 한국가스안전공사에 신고한다.
② 가스배관을 손상시킨 것으로 판단되면 즉시 기계작동을 멈춘다.
③ 가스가 다량 누출되고 있으면 주위 사람들을 먼저 대피시킨다.
④ 가스가 누출되면 가스배관을 손상시킨 장비를 빼내고 안전한 장소로 이동한다.

해설 작업자의 안전도 물론 중요하지만 큰 사고에 의해 인명피해가 나지 않도록 조치하는 것이 우선이다. 따라서 안전한 장소로 이동하기 전에 주위 사람들을 먼저 대피시키는 것이 옳다.

36 건설기계기관에서 사용하는 윤활유의 주요 기능이 아닌 것은?

① 기밀작용
② 냉각작용
③ 방청작용
④ 산화작용

해설 **윤활유의 기능**
• 마찰감소 및 마모방지 작용(감마작용)
• 실린더 내의 가스누출방지(밀봉, 기밀유지) 작용
• 열전도(냉각) 작용
• 세척(청정) 작용
• 응력분산(충격완화) 작용
• 부식방지(방청) 작용

37 굴착기의 밸런스 웨이트에 대한 설명으로 가장 적합한 것은?

① 접지압을 높여주는 장치이다.
② 접지면적을 높여주는 장치이다.
③ 굴착작업 시 앞으로 넘어지는 것을 막아 준다.
④ 굴착작업 시 더욱 무거운 중량을 들 수 있도록 임의로 조절하는 장치이다.

해설 밸런스 웨이트는 카운터 웨이트, 평형추라고도 한다. 작업 시 뒷부분에 하중을 주어 굴착기의 롤링을 방지하고 임계하중을 크게 하기 위해 부착한다.

38 유압장치에서 오일의 역류를 방지하기 위한 밸브는?

① 변환밸브
② 체크밸브
③ 흡기밸브
④ 압력조절밸브

해설 체크밸브 : 유압의 흐름을 한 방향으로 통과시켜 역방향의 흐름을 막는 밸브

39 건설기계를 운전하여 교차로 전방 20m 지점에 이르렀을 때 황색 등화로 바뀌었을 경우 운전자의 조치 방법은?

① 그대로 계속 진행한다.
② 일시정지하여 안전을 확인하고 진행한다.
③ 정지할 조치를 취하여 정지선에 정지한다.
④ 좌우를 살피고 주위의 교통에 주의하면서 진행한다.

해설 ③ 교차로 등에 진입하기 전 황색 또는 적색 등화 신호를 받았을 때는 정지해야 한다.

40 정 작업 시 주의사항이 아닌 것은?

① 작업복 및 보호안경을 착용한다.
② 담금질된 철은 정 작업을 하지 않는다.
③ 정의 머리는 항상 잘 다듬어져 있어야 한다.
④ 금속 표면에 기름이 있어도 정 작업을 하는 데는 지장이 없다.

해설 ④ 금속 표면에 기름이 있으면 미끄러져 사고를 유발할 수 있으므로 반드시 깨끗이 닦고 정 작업을 해야 한다.

41 냉각장치에 사용되는 라디에이터의 구성품이 아닌 것은?

① 코어
② 냉각핀
③ 물재킷
④ 냉각수 주입구

🖊해설 물재킷(Water Jacket)은 실린더 헤드와 블록에 일체 구조로 되어 있으며 냉각수가 순환하는 통로이다.

★ 42 무한궤도식 굴착기와 타이어식 굴착기의 운전 특성에 대한 설명으로 거리가 먼 것은?

① 무한궤도식은 습지, 사지에서 작업이 유리하다.
② 타이어식(Wheel)은 변속 및 주행속도가 빠르다.
③ 타이어식은 장거리 이동이 쉽고 기동성이 양호하다.
④ 무한궤도식(Crawler)은 기복이 심한 곳이나 좁은 장소에서는 작업이 불리하다.

🖊해설 무한궤도식은 접지면적이 넓고 접지압력이 낮아 습지, 사지 등의 작업이 용이하고, 견인력·등판능력이 커 험지작업이 가능하다.

43 유압유가 과열되는 원인으로 거리가 먼 것은?

① 유압유가 부족할 때
② 유압유량이 규정보다 많을 때
③ 릴리프밸브가 닫힌 상태로 고장일 때
④ 오일냉각기의 냉각핀이 오손되었을 때

🖊해설 **유압유의 과열 원인**
• 유압유 노후화
• 유압유 부족
• 유압유 점도 불량
• 오일냉각기 성능 불량
• 유압장치 내에서의 작동유 누출
• 안전밸브의 작동 압력이 너무 낮은 경우

★★★ 44 건설기계조종사 면허의 취소정지 처분기준 중 면허취소에 해당하지 않는 것은?

① 고의로 인명피해를 입힌 때
② 1천만 원 이상의 재산피해를 입힌 때
③ 과실로 7명 이상에게 중상을 입힌 때
④ 과실로 19명 이상에게 경상을 입힌 때

🖊해설 건설기계의 조종 중 재산피해를 일으켰을 경우 피해금액 50만 원마다 면허효력 정지 1일(90일을 넘지 못함)이 부과된다.

45 화재 발생 시 대피 요령으로 옳지 않은 것은?

① 몸을 낮추어 이동한다.
② 온몸에 물을 적시고 이동한다.
③ 화기가 얼굴과 피부에 닿지 않도록 신속하게 대피한다.
④ 손수건에 물을 적셔 코를 막아 유해가스 흡입을 줄이고 신속하게 산소가 있는 곳으로 대피한다.

🖊해설 ② 온몸에 물을 적시면 신속하게 이동하는 데 제한을 받는다.

★ 46 다음 중 커먼레일 연료분사장치의 고압 연료 펌프에 부착된 것은?

① 유량제한기
② 압력제어밸브
③ 입력제한밸브
④ 커먼레일 입력센서

🖊해설 고압 연료 펌프에 부착된 입력제어밸브는 커먼레일 압력을 필요한 수준으로 제어한다. 이때, 분사에 쓰이지 않게 된 연료는 압력제어밸브를 통해 저압회로로 복귀한다.

★★ 47 굴착기에서 프론트 아이들러의 작용에 대한 설명으로 가장 적절한 것은?

① 구동력을 트랙으로 전달한다.
② 회전력을 발생하여 트랙에 전달한다.
③ 파손을 방지하고 원활한 운전을 할 수 있도록 해 준다.
④ 트랙의 진로를 조정하면서 주행방향으로 트랙을 유도한다.

🖊해설 프론트 아이들러 : 트랙 프레임 앞쪽에 부착되어 트랙의 진로를 조정하면서 주행방향을 유도하는 작용을 한다.

★★★★★ 48 유압회로에서 유압유의 점도가 높을 때 발생할 수 있는 현상이 아닌 것은?

① 유압이 낮아진다.
② 동력 손실이 커진다.
③ 관내의 마찰 손실이 커진다.
④ 열 발생의 원인이 될 수 있다.

🖊해설 유압유의 점도가 높을 경우 관내의 마찰 손실에 의해 동력 손실이 유발될 수 있으며 열이 발생할 수 있다.

★★ 49 제1종 대형면허로 조종할 수 있는 건설기계는?

① 굴착기
② 불도저
③ 노상안정기
④ 4톤 지게차

🖊해설 **제1종 대형면허로 운전할 수 있는 건설기계**(도로교통법 시행규칙 별표18)
덤프트럭, 아스팔트살포기, 노상안정기, 콘크리트믹서트럭, 콘크리트펌프, 천공기(트럭적재식), 콘크리트믹서트레일러, 아스팔트콘크리트재생기, 도로보수트럭, 3톤 미만의 지게차

★ 50 보호구 구비조건으로 옳지 않은 것은?

① 착용이 간편해야 한다.
② 구조와 마무리가 양호해야 한다.
③ 경미한 경우에는 작업에 방해가 되도 무시한다.
④ 유해·위험요소에 대한 방호성능이 충분해야 한다.

🖊해설 ③ 경미한 경우라도 작업에 방해가 되면 사고의 원인이 될 수 있다.

51 엔진오일에 대한 설명으로 옳은 것은?

① 엔진을 시동한 상태에서 점검한다.
② 엔진오일에는 거품이 많이 들어있는 것이 좋다.
③ 겨울보다 여름에는 점도가 높은 오일을 사용한다.
④ 엔진오일 순환상태는 오일레벨 게이지로 확인한다.

해설 • 겨울철용 엔진오일 : 기온이 낮으므로 낮은 점도의 오일이 필요하다. 점도가 높은 오일을 사용할 경우 크랭크축의 회전저항이 커져 시동이 어렵다.
• 여름철용 엔진오일 : 기온이 높으므로 기관오일의 점도가 높아야 한다.
① 엔진오일을 점검할 때는 반드시 엔진의 시동을 꺼야 한다.
② 엔진오일에 거품이 많이 있으면 상당히 불량한 상태이다.
④ 오일레벨 게이지는 엔진오일 상태나 양을 측정한다.

52 변속기의 필요성과 관련 없는 것은?

① 환향을 빠르게 한다.
② 장비의 후진 시 필요로 한다.
③ 기관의 회전력을 증대시킨다.
④ 시동 시 장비를 무부하 상태로 한다.

해설 **변속기의 필요성**
• 엔진과 액슬 축 사이에서 회전력을 증대시키기 위해
• 엔진 시동 시 무부하 상태(중립)로 두기 위해
• 건설기계의 후진을 위해

★★
53 유압 작동유의 점도가 지나치게 낮을 때 나타날 수 있는 현상은?

① 유압실린더의 속도가 늦어진다.
② 유동 저항이 증가한다.
③ 출력이 증가한다.
④ 압력이 상승한다.

해설 유압 작동유의 점도가 지나치게 낮으면 물리적인 주위의 영향을 쉽게 받을 수 있어 소실되는 양이 많아진다. 유동 저항은 감소될 수 있지만 출력이 떨어지고 유압실린더의 속도가 늦어지는 현상이 발생할 수 있다.

54 정기검사 신청을 받은 검사대행자는 며칠 이내에 검사일시 및 장소를 통지하여야 하는가?

① 3일   ② 5일
③ 15일   ④ 20일

해설 검사 신청을 받은 시·도지사 또는 검사대행자는 신청을 받은 날부터 5일 이내에 검사일시와 검사장소를 지정하여 신청인에게 통지해야 한다. 이 경우 검사장소는 건설기계소유자의 신청에 따라 변경할 수 있다(건설기계관리법 시행규칙 제23조제4항).

★★★★★
55 수공구 보관 방법으로 옳지 않은 것은?

① 사용 후에는 정해진 장소에 보관한다.
② 공구는 온도와 습도가 높은 곳에 둔다.
③ 날이 있거나 뾰족한 물건은 위험하므로 뚜껑을 씌운다.
④ 사용한 공구는 면 걸레로 깨끗이 닦아서 공구상자 또는 공구 보관으로 지정된 곳에 보관한다.

해설 ② 수공구는 정비 후 방청·방습 등의 처리를 하여 건조하고 서늘한 곳에 보관한다.

56 동절기 냉각수가 빙결되어 기관이 동파되는 원인은?

① 열을 빼앗아가기 때문
② 엔진의 쇠붙이가 얼기 때문
③ 냉각수의 체적이 늘어나기 때문
④ 냉각수가 빙결되면 발전이 어렵기 때문

해설 냉각수가 얼게 되면 체적이 커져 냉각 계통의 약한 곳이 파열되므로 동절기에도 얼지 않도록 하기 위해 가장 신경을 써야 한다.

57 납산 축전지 충전 시 주의사항으로 옳지 않은 것은?

① 충전시간은 짧게 한다.
② 통풍이 잘 되는 곳에서 충전한다.
③ 건설기계에 설치된 상태로 충전한다.
④ 전해액 온도가 45℃를 넘지 않도록 한다.

해설 축전지를 건설기계에서 탈착하지 않고 급속 충전을 할 경우에는 발전기 다이오드 보호 차원에서 반드시 축전지와 시동전동기를 연결하는 케이블을 분리한다.

★★★
58 유압모터에서 소음과 진동이 발생할 때의 원인이 아닌 것은?

① 내부 부품의 파손
② 체결 볼트의 이완
③ 작동유 속에 공기의 혼입
④ 펌프의 최고 회전속도 저하

해설 유압모터의 내부 부품이 파손되거나 체결을 위한 볼트가 이완되었을 경우, 작동유에 공기가 흡입되었을 경우에 소음과 진동이 발생할 수 있다. 그러나 정상적인 상태에서의 펌프의 회전속도는 소음 및 진동과 관계가 없다.

59 건설기계관리법령상 시·도지사는 건설기계등록원부를 건설기계의 등록을 말소한 날부터 몇 년간 보존하여야 하는가?

① 3년   ② 5년
③ 7년   ④ 10년

해설 시·도지사는 건설기계등록원부를 건설기계의 등록을 말소한 날부터 10년간 보존하여야 한다(건설기계관리법 시행규칙 제12조).

★★★★★
60 다음 교통안전표지가 나타내는 것은?

① 좌회전표지   ② 회전교차로 표지
③ 유턴표지   ④ 좌측면통행 표지

해설 ① 좌회전표지   ③ 유턴표지   ④ 좌측면통행 표지

  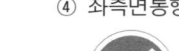

01 건설기계조종사의 적성검사기준으로 틀린 것은?
① 언어분별력이 50퍼센트 이상일 것
② 시각은 150도 이상일 것
③ 55데시벨(보청기를 사용하는 사람은 40데시벨)의 소리를 들을 수 있을 것
④ 두 눈을 동시에 뜨고 잰 시력(교정시력 포함)이 0.7 이상이고 두 눈의 시력이 각각 0.3 이상일 것

🖊해설 ① 언어분별력이 80퍼센트 이상일 것(건설기계관리법 시행규칙 제76조)

02 다음 교통안전표지가 나타내는 것은?

① 유턴표지
② 좌측면통행 표지
③ 좌회전표지
④ 회전표지

🖊해설 ② 좌측면통행 ③ 좌회전표지 ④ 회전교차로

03 세척작업 중 알칼리 또는 산성 세척유가 눈에 들어갔을 경우에 응급처치로 가장 먼저 조치하여야 하는 것은?
① 산성 세척유가 눈에 들어가면 병원으로 후송하여 알칼리성으로 중화시킨다.
② 알칼리성 세척유가 눈에 들어가면 붕산수를 구입하여 중화시킨다.
③ 눈을 크게 뜨고 바람 부는 쪽을 향해 눈물을 흘린다.
④ 먼저 수돗물로 씻어낸다.

🖊해설 중화작업은 가해지는 물질에 의해 오히려 해를 입을 수 있으므로 함부로 하지 말아야 한다. 가장 먼저 조치해야 하는 것은 흐르는 물에 눈을 씻어내는 것이다.

04 감압밸브에 대한 설명으로 틀린 것은?
① 상시 폐쇄상태로 되어 있다.
② 입구(1차쪽)의 주회로에서 출구(2차쪽)의 감압회로로 유압유가 흐른다.
③ 유압장치에서 회로 일부의 압력을 릴리프 밸브의 설정압력 이하로 하고 싶을 때 사용한다.
④ 출구(2차)의 압력이 감압밸브의 설정압력보다 높아지면 작동하여 유로를 닫는다.

🖊해설 감압밸브(리듀싱 밸브)는 1차쪽의 압력이 변화하거나 2차쪽의 유량변동에 대해 설정압력의 변동을 억제하는 밸브로, 분기회로에서 사용한다.

05 유압장치에 부착되어 있는 오일탱크의 부속장치가 아닌 것은?
① 주입구 캡
② 유면계
③ 배플
④ 피스톤 로드

🖊해설 오일탱크는 작동유의 적정 유량을 저장하고, 적정 유온을 유지하며 작동유의 기포 발생 및 제거 역할을 한다. 주입구, 흡입구와 리턴구, 유면계, 배플 등의 부속장치가 있다. 피스톤 로드는 유압실린더, 피스톤과 함께 작동하는 부품이다. 블레이드 횡행 장치 등에 쓰인다.

06 굴착기로 작업할 때 주의사항으로 틀린 것은?
① 땅을 깊이 팔 때는 붐의 호스나 버킷실린더의 호스가 지면에 닿지 않도록 한다.
② 암석, 토사 등을 평탄하게 고를 때는 선회관성을 이용하면 능률적이다.
③ 암 레버의 조작 시 잠깐 멈췄다 움직이는 것은 펌프의 토출량이 부족하기 때문이다.
④ 작업 시는 실린더의 행정 끝에서 약간 여유를 남기도록 운전한다.

🖊해설 선회관성을 이용한다는 것은 선회하는 속도를 크게 하여 큰 힘을 얻겠다는 말이 된다. 선회하는 속도를 크게 하는 것은 오히려 안전사고의 위험성을 증가시키는 일이 되므로 삼가야 한다.

07 진흙 등의 굴착작업을 할 때 용이한 버킷은?
① V버킷
② 포크 버킷
③ 리퍼 버킷
④ 이젝터 버킷

🖊해설 이젝터 버킷은 버킷 안에 토사를 밀어내는 이젝터가 있어서 점토질의 땅을 굴착할 때 버킷 안에 흙이 부착되지 않는다.

08 굴착기에 주로 사용되는 타이어는?
① 고압타이어
② 저압타이어
③ 초저압타이어
④ 강성타이어

🖊해설 ① 고압타이어 : 4.2~6.3kg/cm² 의 압력을 받는 타이어
② 저압타이어 : 2.1~2.5kg/cm² 의 압력을 받는 타이어
③ 초저압타이어 : 1.7~2.1kg/cm² 의 압력을 받는 타이어

09 방화대책의 구비사항으로 가장 거리가 먼 것은?
① 소화기구
② 스위치 표시
③ 방화벽, 스프링클러
④ 방화사

🖊해설 방화대책은 화재를 미연에 방지하거나 화재 발생 시 소화를 신속히 할 수 있는 대책이 그 내용이다. 스위치 표시는 방화와는 직접적인 관련이 없다.

★★★

10 도시가스가 공급되는 지역에서 굴착공사 중에 다음과 같은 표지가 일렬로 설치되어 있는 것을 발견하였다. 이 표지가 의미하는 것은?

직선방향	양방향	삼방향	일방향

① 보호판
② 가스배관매몰 표지판
③ 가스누출 검지공
④ 라인 마크

✎해설 라인 마크는 지하에 매설된 배관의 위치를 파악하기 위해 가스의 흐름 방향을 표기한 것이다.

11 라디에이터 캡에 설치되어 있는 밸브는?

① 진공밸브와 체크밸브
② 압력밸브와 진공밸브
③ 체크밸브와 압력밸브
④ 부압밸브와 체크밸브

✎해설 압력밸브와 진공(부압)밸브는 밸브 스프링의 장력으로 각각 시트에 밀착되어 냉각장치의 기밀을 유지한다.

12 클러치 라이닝의 구비조건 중 틀린 것은?

① 내마멸성, 내열성이 적을 것
② 알맞은 마찰계수를 갖출 것
③ 온도에 의한 변화가 적을 것
④ 내식성이 클 것

✎해설 클러치 라이닝은 마찰을 잘 견뎌내야 하는 부품이기 때문에 마모에 강해야 하고 부식이 잘 되지 않아야 하며 마찰로 인해 발생하는 고열을 잘 견뎌낼 수 있어야 한다. 또한 알맞은 마찰력을 발생시킬 수 있는 재질로 만들어져야 한다.

13 건설기계에 사용되는 12볼트(V), 80암페어(A) 축전지 2개를 병렬로 연결하면 전압과 전류는 어떻게 변하는가?

① 24볼트(V), 160암페어(A)가 된다.
② 12볼트(V), 80암페어(A)가 된다.
③ 24볼트(V), 80암페어(A)가 된다.
④ 12볼트(V), 160암페어(A)가 된다.

✎해설 병렬로 연결하면 용량은 개수만큼 증가하지만 전압은 1개일 때와 같다.

★★★★★

14 성능이 불량하거나 사고가 빈발하는 건설기계의 성능을 점검하기 위하여 국토교통부장관 또는 시·도지사의 명령에 따라 수시로 실시하는 검사는?

① 신규등록검사
② 정기검사
③ 수시검사
④ 구조변경검사

✎해설 ① 신규등록검사 : 건설기계를 신규로 등록할 때 실시하는 검사
② 정기검사 : 건설공사용 건설기계로서 3년의 범위에서 국토교통부령으로 정하는 검사유효기간이 끝난 후에 계속하여 운행하려는 경우에 실시하는 검사와 정기검사
④ 구조변경검사 : 건설기계의 주요 구조를 변경하거나 개조한 경우 실시하는 검사

15 건설기계등록번호표를 가리거나 훼손하여 알아보기 곤란하게 한 자 또는 그러한 건설기계를 운행한 자에게 부과하는 과태료로 옳은 것은?

① 50만 원 이하
② 100만 원 이하
③ 300만 원 이하
④ 1000만 원 이하

✎해설 건설기계등록번호표를 가리거나 훼손하여 알아보기 곤란하게 한 자 또는 그러한 건설기계를 운행한 자에게는 100만 원 이하의 과태료를 부과한다(건설기계관리법 제44조제2항).

> 1차 위반 시 50만 원, 2차 위반 시 70만 원, 3차 이상 위반 시 100만 원의 과태료를 부과한다(건설기계관리법 시행령 별표3 2023.04.25. 개정).

16 플런저식 유압펌프의 특징이 아닌 것은?

① 기어펌프에 비해 최고압력이 높다.
② 피스톤이 회전운동한다.
③ 축은 회전 또는 왕복운동을 한다.
④ 가변용량이 가능하다.

✎해설 **플런저 펌프(피스톤 펌프)의 특징**
• 가변용량이 가능하다(배출량의 변화 범위 넓음).
• 기어펌프에 비해 최고압력이 높다.
• 고압에서 누설이 작아 체적 효율이 가장 높다.
• 다른 펌프에 비해 수명이 길다.
• 흡입 성능이 나쁘고 구조가 복잡하다.
• 소음이 크고 최고 회전속도가 약간 낮다.
• 펌프실 내의 플런저(피스톤)가 왕복운동을 하면서 펌프작용을 한다.

★

17 굴착기의 일상점검사항이 아닌 것은?

① 엔진 오일양
② 냉각수 누출 여부
③ 오일 쿨러 세척
④ 유압오일양

✎해설 오일 쿨러(오일냉각기)는 엔진 오일을 항상 70~80℃ 정도로 일정하게 유지하는 장치이다. 오일 쿨러의 세척은 일상점검사항이 아니고 엔진 오일의 교환주기 등에 따른다.

★★★

18 굴착기 작업 시 안정성을 주고 장비의 밸런스를 잡아 주기 위하여 설치한 것은?

① 붐
② 스틱
③ 버킷
④ 카운터 웨이트

✎해설 카운터 웨이트(밸런스 웨이트, 평형추)는 굴착기 작업 시 안정성을 주고 장비의 밸런스를 잡아 주기 위하여 설치한 것이다.

★

19 무한궤도식 굴착기와 타이어식 굴착기의 운전 특성에 대한 설명으로 가장 거리가 먼 것은?

① 타이어식은 장거리 이동이 쉽고 기동성이 양호하다.
② 무한궤도식(crawler)은 기복이 심한 곳에서나 좁은 장소에서는 작업이 불리하다.
③ 타이어식(wheel)은 변속 및 주행속도가 빠르다.
④ 무한궤도식은 습지, 사지에서 작업이 유리하다.

✎해설 무한궤도식은 접지면적이 넓고 접지압력이 낮아 습지, 사지 등의 작업이 용이하고, 견인력·등판능력이 커 험지작업이 가능하다.

20 안전보건표지의 종류와 형태에서 그림의 안전표지판이 나타내는 것은?

① 응급구호 표지
② 비상구 표지
③ 위험 장소 경고 표지
④ 환경지역 표지

✏️해설 그림은 응급구호 표지이다.

둥근 형태의 녹십자 표지와 혼동할 우려가 있다. 녹십자 표지는 안전의식을 고취하기 위하여 많은 사람들이 모이는 장소에 설치하는 표지이다.

녹십자표지

21 균형 스프링 종류가 아닌 것은?

① 스프링형
② 빔형
③ 판 스프링형
④ 평형 스프링형

22 납산 축전지 터미널에 녹이 발생했을 때의 조치방법으로 가장 적합한 것은?

① 물걸레로 닦아내고 더 조인다.
② 녹을 닦은 후 고정하고 소량의 그리스를 상부에 도포한다.
③ (+)와 (−)터미널을 서로 교환한다.
④ 녹슬지 않게 엔진오일을 도포하고 확실히 더 조인다.

✏️해설 납축전지 터미널에 녹이 발생했을 때에는 녹을 닦아내고, 부식을 방지하기 위해 소량의 그리스를 도포하는 것이 도움이 될 수 있다.

23 건설기계조종사 면허증 발급 신청 시의 첨부서류가 아닌 것은?

① 증명사진
② 신체검사서
③ 주민등록등본
④ 소형건설기계 조종교육이수증(소형건설기계조종사 면허증을 발급 신청하는 경우)

✏️해설 건설기계조종사 면허증 발급신청서에 첨부하는 서류(건설기계관리법 시행규칙 제71조)
• 신체검사서
• 소형건설기계 조종교육이수증(소형건설기계조종사 면허증을 발급신청하는 경우에 한정)
• 건설기계조종사 면허증(건설기계조종사 면허를 받은 자가 면허의 종류를 추가하고자 하는 때에 한함)
• 신청일 전 6개월 이내에 모자 등을 쓰지 않고 촬영한 천연색 상반신 정면사진 1장

24 굴착기 상부 회전체에서 선회장치의 구성요소가 아닌 것은?

① 선회모터
② 차동기어
③ 링기어
④ 스윙 볼 레이스

✏️해설 굴착기 선회장치는 선회모터, 피니언, 링기어, 스윙 볼 레이스 등으로 구성된다.

25 굴착기를 트레일러에 상차하는 방법에 대한 것으로 가장 적합하지 않은 것은?

① 가급적 경사대를 사용한다.
② 트레일러로 운반 시 작업장치를 반드시 앞쪽으로 한다.
③ 경사대는 10~15° 정도 경사시키는 것이 좋다.
④ 붐을 이용하여 버킷으로 차체를 들어 올려 탑재하는 방법도 이용되지만 전복의 위험이 있어 특히 주의를 요하는 방법이다.

✏️해설 굴착기를 상차할 때에는 붐이나 작업장치를 뒷방향으로 향하도록 하여야 한다.

26 정기검사를 받지 아니하고, 정기검사 신청기간 만료일로부터 30일 이내인 때의 과태료는?

① 20만 원
② 10만 원
③ 5만 원
④ 2만 원

✏️해설 정기검사를 받지 않은 경우 정기검사 신청기간 만료일부터 30일 이내인 경우 2만 원, 30일을 초과한 경우에는 3일 초과 시마다 1만 원을 가산한다(건설기계관리법 시행령 별표3).

정기검사를 받지 아니하고 신청기간 만료일부터 30일 이내인 경우의 과태료가 '2만 원'에서 '10만 원'으로 변경되었습니다(2022.08.22.개정). 개정 전후 내용을 반드시 알아두세요!!!!

27 보통화재라고 하며 목재, 종이 등 일반 가연물의 화재로 분류되는 것은?

① A급 화재
② B급 화재
③ C급 화재
④ D급 화재

✏️해설 A급 화재(일반화재)는 연소 후 재를 남기는 종류의 화재를 말한다. 나무, 종이, 섬유 등의 가연물 화재가 이에 속한다. 소화할 때는 보통 물을 함유한 용액을 통해 냉각, 질식 소화할 수 있도록 한다.

28 해머 사용 중 사용법이 틀린 것은?

① 타격면이 마모되어 경사진 것은 사용하지 않는다.
② 담금질한 것은 단단하므로 한번에 정확하게 강타한다.
③ 기름 묻는 손으로 자루를 잡지 않는다.
④ 물건에 해머를 대고 몸의 위치를 정한다.

✏️해설 담금질한 물체(열처리된 것)는 단단하므로 함부로 두드려서는 안 된다.

29 디젤기관의 감압장치 설명으로 맞는 것은?

① 크랭킹을 원활히 해준다.
② 냉각팬을 원활히 회전시킨다.
③ 흡·배기 효율을 높인다.
④ 엔진 압축압력을 높인다.

✏️해설 디젤 엔진은 압축압력이 높아 한랭 시 시동할 때 원활한 크랭킹이 어렵다. 감압장치는 이러한 점을 고려하여 크랭킹할 때 흡입밸브나 배기밸브를 캠축의 운동과는 관계없이 강제로 열어 실린더 내의 압축압력을 낮춤으로써 엔진의 시동을 도와주며 디젤 엔진의 작동을 정지시킬 수도 있는 장치이다.

30 구동벨트를 점검할 때 기관의 상태는?

① 공회전 상태
② 급가속 상태
③ 정지상태
④ 급감속 상태

31 전기자 철심을 두께 0.35~1.0mm의 얇은 철판을 각각 절연하여 겹쳐 만든 주된 이유는?

① 열 발산을 방지하기 위해
② 코일의 발열 방지를 위해
③ 맴돌이 전류를 감소시키기 위해
④ 자력선의 통과를 차단시키기 위해

✎해설 전기자 철심은 자력선을 원활하게 통과시키고 맴돌이 전류를 감소시키기 위해 0.35~1.0mm의 얇은 철판을 각각 절연하여 겹쳐 만들었다.

★★
32 굴착공사 시 도시가스배관의 안전조치와 관련된 사항 중 다음 ( )에 적합한 것은?

> 도시가스사업자는 굴착예정지역의 매설배관 위치를 굴착공사자에게 알려주어야 하며, 굴착공사자는 매설배관 위치를 매설배관 (㉠)의 지면에 (㉡) 페인트로 표시할 것

	㉠	㉡		㉠	㉡
①	직상부	황색	②	우측부	황색
③	좌측부	적색	④	직하부	황색

✎해설 도시가스사업자는 굴착예정지역의 매설배관 위치를 굴착공사자에게 알려주어야 하며 굴착공사자는 매설배관 위치를 매설배관 직상부의 지면에 황색 페인트로 표시할 것

★★★★★
33 타이어식 굴착기에서 조향기어 백래시가 클 경우 발생할 수 있는 현상으로 적절한 것은?

① 핸들이 한쪽으로 쏠린다.
② 조향핸들의 축방향 유격이 커진다.
③ 핸들의 유격이 커진다.
④ 조향각도가 커진다.

✎해설 백래시(back lash)란 기어 접촉면의 간극, 즉 기어가 맞물렸을 때 이와 이 사이의 유격이다. 조향기어의 백래시가 크면 핸들의 유격이 커지고, 작으면 조향핸들이 무거워진다.

34 유압실린더 중 피스톤 한쪽에만 유압이 작용하고 복귀 작용은 자중으로 이루어지는 것은?

① 단동실린더
② 더블실린더
③ 복동실린더
④ 다단실린더

✎해설 단동식 : 피스톤의 한쪽에만 유압유를 공급하여 작동시키는 형식

35 도로교통법상 주차금지의 장소로 틀린 것은?

① 터널 안 및 다리 위
② 화재경보기로부터 5m 이내인 곳
③ 소방용 방화물통이 있는 5m 이내인 곳
④ 소방용 기계·기구가 설치된 5m 이내인 곳

✎해설 주차금지의 장소(도로교통법 제33조)
• 터널 안 및 다리 위
• 도로공사를 하고 있는 경우에는 그 공사 구역의 양쪽 가장자리로부터 5미터 이내인 곳
• 다중이용업소의 영업장이 속한 건축물로 소방본부장의 요청에 의하여 시·도경찰청장이 지정한 곳으로부터 5미터 이내인 곳
• 시·도경찰청장이 필요하다고 인정하여 지정한 곳
※ 소방용수시설 또는 비상소화장치가 설치된 곳. 옥내소화전설비(호스릴옥내소화전설비 포함)·스프링클러설비 등·물분무 등 소화설비의 송수구, 소화용수설비, 연결송수관설비·연결살수설비·연소방지설비의 송수구 및 무선통신보조설비의 무선기기접속단자가 설치된 곳으로부터 5미터 이내인 곳에서는 정차하거나 주차하여서는 아니 된다.

> 합격 Tip!
> 이 문제는 개정 전 내용으로 출제된 문제입니다. 도로교통법 제33조 주차금지의 장소가 2018.02.09.에 개정되었습니다(해설 참조). 개정 전후 내용을 반드시 알아두세요!!!!

★   기출변형
36 밤에 도로에서 차를 운행하는 경우 등의 등화로 틀린 것은?

① 견인되는 차 – 미등·차폭등 및 번호등
② 원동기장치자전거 – 전조등 및 미등
③ 자동차 – 자동차안전기준에서 정하는 전조등, 차폭등, 미등
④ 자동차 등 외의 모든 차 – 시·도경찰청장이 정하여 고시하는 등화

✎해설 밤에 도로에서 차를 운행하는 경우 자동차의 등화 : 자동차안전기준에서 정하는 전조등, 차폭등, 미등, 번호등과 실내조명등(실내조명등은 승합자동차와 여객자동차운송사업용 승용자동차만 해당)

> 도로교통법에서 "지방경찰청장"이 "시·도경찰청장"으로 변경되었습니다. 개정 전후 내용을 반드시 알아두세요!!!!

37 무한궤도식 굴착기 트랙을 조정할 때 유의할 사항으로 가장 적절하지 않은 것은?

① 장비를 평지에 정차시킨다.
② 트랙을 들고 늘어지는 것을 점검한다.
③ 브레이크가 있는 장비는 브레이크를 사용한다.
④ 2~3회 반복 조정한다.

✎해설 트랙 유격 조정 시 제동장치가 있는 경우 브레이크를 사용하지 않아야 한다.

38 유압유에 점도가 서로 다른 2종류의 오일을 혼합하였을 경우에 대한 설명으로 맞는 것은?

① 오일 첨가제의 좋은 부분만 작동하므로 오히려 더욱 좋다.
② 점도가 달라지나 사용에는 전혀 지장이 없다.
③ 혼합은 권장 사항이며, 사용에는 전혀 지장이 없다.
④ 열화 현상을 촉진시킨다.

✎해설 점도가 다른 두 오일을 혼합하게 되면 전체적인 작동유의 점도가 불량하게 되어 과열의 원인이 된다.

39 ★★★ 순차 작동 밸브라고도 하며, 각 유압 실린더를 일정한 순서로 순차 작동시키고자 할 때 사용하는 것은?

① 릴리프밸브   ② 리듀싱밸브
③ 시퀀스밸브   ④ 언로더밸브

📝**해설** 시퀀스밸브는 2개 이상의 분기회로가 있는 회로에서 작동 순서를 회로의 압력 등으로 제어하는 밸브이다.

40 ★ 무한궤도식 굴착기에서 상부 롤러의 설치목적은?

① 전부 유동륜을 고정한다.   ② 기동륜을 지지한다.
③ 트랙을 지지한다.   ④ 리코일 스프링을 지지한다.

📝**해설** 상부 롤러는 무한궤도식 건설기계의 전부 유동륜과 기동륜(스프로킷) 사이의 트랙을 지지하여 늘어나거나 처지는 것을 방지하고 회전을 바르게 유지한다.

41 ★ 굴착기의 한쪽 주행레버만 조작하여 회전하는 것을 무엇이라 하는가?

① 피벗회전   ② 급회전
③ 스핀회전   ④ 원웨이회전

📝**해설** 피벗 회전은 두 축을 가지고 있을 때, 한 축은 바닥에 붙이고 나머지 한 축이 회전하는 것을 의미한다.

42 타이어식 건설기계장비에서 동력전달장치에 속하지 않는 것은?

① 클러치   ② 종감속 장치
③ 과급기   ④ 타이어

📝**해설** 건설기계장비의 동력전달장치는 클러치, 변속기, 추진축, 드라이브 라인, 종감속 기어, 차동장치, 액슬축 및 구동바퀴 등으로 구성된다.

43 ★★★★★ 벨트를 풀리(pully)에 걸 때는 어떤 상태에서 걸어야 하는가?

① 저속으로 회전시키면서 건다.
② 중속으로 회전시키면서 건다.
③ 고속으로 회전시키면서 건다.
④ 회전을 중지시킨 후 건다.

📝**해설** 벨트를 풀리에 걸 때는 완전히 회전이 정지된 상태에서 하는 것이 철칙이다. 회전운동이 있는 동안은 속도 크기에 상관없이 안전사고가 발생할 수 있다.

44 건설기계장비 작업 시 계기판에서 냉각수 경고등이 점등되었을 때 운전자로서 가장 적합한 조치는?

① 오일양을 점검한다.
② 작업이 모두 끝나면 곧바로 냉각수를 보충한다.
③ 작업을 중지하고 점검 및 정비를 받는다.
④ 라디에이터를 교환한다.

📝**해설** 엔진의 냉각계통을 점검해야 하므로 일단 엔진을 정지시키고 냉각수가 식은 다음 점검·정비를 받아야 한다.

45 소형건설기계 교육내용에 해당하지 않는 것은?

① 정비 실습   ② 유압일반
③ 도로통행방법   ④ 건설기계 기관, 전기 및 작업장치

📝**해설** 소형건설기계 조종교육의 내용(건설기계관리법 시행규칙 별표20)

소형건설기계	교육내용	시간
3톤 미만의 굴착기, 3톤 미만의 로더 및 3톤 미만의 지게차	1. 건설기계기관, 전기 및 작업장치 2. 유압일반 3. 건설기계관리법규 및 도로통행방법 4. 조종 실습	2(이론) 2(이론) 2(이론) 6(실습)
3톤 이상 5톤 미만의 로더, 5톤 미만의 불도저 및 콘크리트펌프(이동식)	1. 건설기계기관, 전기 및 작업장치 2. 유압일반 3. 건설기계관리법규 및 도로통행방법 4. 조종 실습	2(이론) 2(이론) 2(이론) 12(실습)
공기압축기, 쇄석기 및 준설선	1. 건설기계기관, 전기, 유압 및 작업장치 2. 건설기계관리법규 및 작업안전 3. 장비 취급 및 관리 요령 4. 조종 실습	2(이론) 4(이론) 2(이론) 12(실습)

46 ★★ 건설기계조종사 결격사유에 해당하지 않는 것은?

① 18세 미만인 사람
② 정신질환자 또는 간질환자
③ 마약 또는 알코올중독자
④ 파산자로서 복권되지 않은 자

📝**해설** 건설기계조종사 면허의 결격사유(건설기계관리법 제27조)
- 18세 미만인 사람
- 건설기계 조종상의 위험과 장해를 일으킬 수 있는 정신질환자 또는 뇌전증환자로서 국토교통부령으로 정하는 사람
- 앞을 보지 못하는 사람, 듣지 못하는 사람, 그 밖에 국토교통부령으로 정하는 장애인
- 건설기계 조종상의 위험과 장해를 일으킬 수 있는 마약·대마·향정신성의약품 또는 알코올중독자로서 국토교통부령으로 정하는 사람
- 건설기계조종사 면허가 취소된 날부터 1년(제28조제1호 및 제2호의 사유로 취소된 경우에는 2년)이 지나지 아니하였거나 건설기계조종사 면허의 효력정지 처분 기간 중에 있는 사람

47 ★★ 자체중량에 의한 자유낙하 등을 방지하기 위하여 회로에 배압을 유지하는 밸브는?

① 감압밸브   ② 체크밸브
③ 릴리프밸브   ④ 카운터밸런스밸브

📝**해설** 카운터밸런스밸브는 유압실린더 등의 자유낙하를 방지하기 위해 배압을 유지하는 제어밸브이다.

48 ★★★★★ 유압회로에서 유압유의 점도가 높을 때 발생될 수 있는 현상이 아닌 것은?

① 관내의 마찰 손실이 커진다.
② 동력 손실이 커진다.
③ 열 발생의 원인이 될 수 있다.
④ 유압이 낮아진다.

📝**해설** 유압유의 점도가 높을 경우 관내의 마찰 손실에 의해 동력 손실이 유발될 수 있으며 열이 발생할 수 있다.

49 굴착기의 붐 스윙장치를 설명한 것으로 틀린 것은?

① 붐 스윙 각도는 왼쪽, 오른쪽 60~90° 정도이다.
② 좁은 장소나 도로변 작업에 많이 사용한다.
③ 붐을 일정 각도로 회전시킬 수 있다.
④ 상부를 회전하지 않고도 파낸 흙을 옆으로 이동시킬 수 있다.

50 크롤러형 굴착기가 진흙에 빠져서 자력으로는 탈출이 거의 불가능하게 된 상태의 경우 견인방법으로 가장 적당한 것은?

① 두 대의 굴착기 버킷을 서로 걸고 견인한다.
② 하부기구 본체에 와이어 로프를 걸고 크레인으로 당길 때 굴착기는 주행 레버를 견인방향으로 밀면서 나온다.
③ 버킷으로 지면을 걸고 나온다.
④ 전부장치로 잭업 시킨 후 후진으로 밀면서 나온다.

✎해설 굴착기는 무게중심이 상부 회전체와 하부 주행체에 있으므로 하부기구 본체에 와이어를 걸어야 한다.

51 경고표지로 사용되지 않는 것은?

① 낙하물 경고
② 급성독성물질 경고
③ 방진마스크 경고
④ 인화성물질 경고

52 다음 중 습식 공기청정기에 대한 설명으로 틀린 것은?

① 청정효율은 공기량이 증가할수록 높아지며 회전속도가 빠르면 효율이 좋고 낮으면 저하된다.
② 흡입공기는 오일로 적셔진 여과망을 통과시켜 여과시킨다.
③ 공기청정기 케이스 밑에는 일정한 양의 오일이 들어 있다.
④ 공기청정기는 일정기간 사용 후 무조건 신품으로 교환한다.

✎해설 습식 공기청정기는 세척유로 세척하여 사용한다.

53 무한궤도식 굴착기가 주행 중 트랙이 벗겨지는 원인이 아닌 것은?

① 고속주행 중 급커브를 돌았을 때
② 전부 유동륜과 스프로킷의 마모
③ 전부 유동륜과 스프로킷의 중심이 맞지 않았을 때
④ 트랙의 장력이 너무 팽팽할 때

✎해설 무한궤도식 굴착기의 트랙장력이 느슨해지면 트랙이 벗겨진다.

54 유압오일 내에 기포(거품)가 형성되는 이유로 가장 적합한 것은?

① 오일에 이물질 혼입
② 오일의 점도가 높을 때
③ 오일에 공기 혼입
④ 오일의 누설

✎해설 혼입된 공기가 오일 내에서 기포를 형성하게 되는데, 이 기포를 그대로 방치하게 되면 공동현상(캐비테이션)에 의해 유압기기의 표면을 훼손시키거나 국부적인 고압 또는 소음을 발생시키게 된다.

55 유압펌프가 작동 중 소음이 발생할 때의 원인으로 틀린 것은?

① 펌프 축의 편심 오차가 크다.
② 펌프 흡입관 접합부로부터 공기가 유입된다.
③ 릴리프밸브 출구에서 오일이 배출되고 있다.
④ 스트레이너가 막혀 흡입용량이 너무 작아졌다.

✎해설 릴리프밸브에서 오일이 새면 압력이 떨어진다.

56 유압실린더의 숨돌리기 현상이 생겼을 때 일어나는 현상이 아닌 것은?

① 피스톤 작동이 불안정하게 된다.
② 시간의 지연이 생긴다.
③ 기름의 공급이 과대해진다.
④ 서지압이 발생한다.

✎해설 숨돌리기 현상이 발생하면 피스톤 작동이 불안정해지고 작동시간의 지연이 발생하며 작동유 공급이 부족해지므로 서지압이 발생한다.

57 셔블 굴착기의 조종과정은 5가지 동작이 반복하면서 작업이 수행된다. 순서가 맞는 것은?

① 선회 → 적재 → 굴착 → 적재 → 선회
② 굴착 → 적재 → 선회 → 굴착 → 선회
③ 선회 → 굴착 → 적재 → 선회 → 굴착
④ 굴착 → 선회 → 적재 → 선회 → 굴착

✎해설 셔블 굴착기의 조종과정 : 굴착 → 선회 → 적재 → 선회 → 굴착

58 굴착기에 파일 드라이버를 연결하여 할 수 있는 작업은?

① 토사 적재
② 경사면 굴토
③ 지면 천공작업
④ 땅 고르기 작업

✎해설 파일 드라이브 및 어스 오거는 파일 드라이브 장치를 붐, 암에 설치하여 주로 항타 및 항발 작용에 사용하는 장치로 유압식과 공기식이 있다.

59 도로상 굴착작업 중에 매설된 전기설비의 접지선이 노출되어 일부가 손상되었을 때 조치방법으로 맞는 것은?

① 손상된 접지선은 임의로 철거한다.
② 접지선 단선 시에는 철선 등으로 연결 후 되메운다.
③ 접지선 단선은 사고와 무관하므로 그대로 되메운다.
④ 접지선 단선 시에는 시설관리자에게 연락 후 그 지시를 따른다.

60 굴착기 작업 시 안전한 작업방법에 관한 사항들이다. 가장 적절하지 않은 것은?

① 작업 후에는 암과 버킷 실린더 로드를 최대로 줄이고 버킷을 지면에 내려놓을 것
② 토사를 굴착하면서 스윙하지 말 것
③ 암석을 옮길 때는 버킷으로 밀어내지 말 것
④ 버킷을 들어 올린 채로 브레이크를 걸어두지 말 것

01 다음 〈보기〉의 빈칸에 들어갈 등화장치로 알맞은 것은?

> 보기
>
> (a)는 일반적인 주행 상황에 사용하는 등화장치로 가까운 곳을 비춘다. (b)는 가시거리가 늘어나 먼 곳까지 볼 수 있지만 다른 운전자에게 방해가 될 수 있어 일반적인 주행 상황에서는 사용하지 않는다. 비나 눈이 와서 주행에 어려움이 있을 때는 (c)를 사용한다.

	a	b	c
①	상향등	하향등	안개등
②	상향등	안개등	하향등
③	하향등	안개등	상향등
④	하향등	상향등	안개등

✎해설 하향등은 일반적으로 주행할 때 사용하는 것으로 가까운 곳을 비추기 위한 것이다. 상향등은 주로 멀리 비출 때 사용하는 것으로 반대편 운전자의 시야에 방해가 될 수 있으므로 평소에 사용해서는 안 되고 가로등이 없는 시골길이나 시야를 확보하기 어려운 곳에서 사용한다. 안개등은 안개, 비, 눈 등으로 인해 날씨가 좋지 않을 때 사용하며 가능한 낮은 위치에 설치하도록 한다.

★★
02 산업공장에서 재해의 발생을 줄이기 위한 방법 중 옳지 않은 것은?

① 공구 사용 장소는 잘 정돈하도록 한다.
② 기름이 묻은 수건은 한쪽에 모아 보관한다.
③ 폐기물은 정해진 위치에 모아둔다.
④ 통로나 창문 등에 물건을 세워 놓지 않는다.

✎해설 기름 걸레나 장갑 등은 뚜껑이 있는 금속성·불연성 용기에 담아 보관하도록 한다.

★★
03 기관에서 피스톤링의 작용으로 틀린 것은?

① 기밀작용
② 완전연소 억제작용
③ 오일제어작용
④ 열전도작용

✎해설 피스톤링은 실린더와 피스톤 사이의 기밀을 유지하고 오일을 제어하며 열을 실린더 쪽으로 분산시키는 역할을 한다.

★★★
04 건설기계를 운전하여 교차로 전방 20m 지점에 이르렀을 때 황색 등화로 바뀌었을 경우 운전자의 조치방법은?

① 그대로 계속 진행한다.
② 정지선에 정지한다.
③ 일시정지하여 안전을 확인하고 진행한다.
④ 보행자에 주의하면서 진행한다.

✎해설 황색의 등화가 점등되었을 때 차마는 정지선이 있거나 횡단보도가 있을 때에는 그 직전이나 교차로의 직전에 정지하여야 하며, 이미 교차로에 차마의 일부라도 진입한 경우에는 신속히 교차로 밖으로 진행하여야 한다(도로교통법 시행규칙 별표2).

★
05 현재 한전에서 운용하고 있는 송전선로가 아닌 것은?

① 15kV
② 765kV
③ 154kV
④ 345kV

✎해설 송전선로의 전압은 66kV, 154kV, 345kV, 765kV가 있다.

★★★
06 도시가스배관을 지하에 매설할 경우 상수도관 등 다른 시설물과의 이격 거리는 얼마 이상 유지해야 하는가?

① 10cm
② 30cm
③ 60cm
④ 100cm

✎해설 도시가스배관 주위에서 다른 매설물을 설치할 때에는 30cm 이상 이격하여야 한다(도시가스사업법 시행규칙 별표16).

07 건설기계 작업 시 주의사항으로 틀린 것은?

① 운전석을 떠날 경우에는 기관을 정지시킨다.
② 주행할 때는 작업장치를 진행 방향으로 한다.
③ 가능한 평탄한 지면으로 주행한다.
④ 후진할 경우 후진 후 사람 및 장애물 등을 확인한다.

✎해설 항상 후진하기 전에 사람이나 장애물 등을 확인해야 한다.

08 기관이 작동되는 상태에서 점검해야 할 사항이 아닌 것은?

① 엔진오일의 양
② 냉각수의 온도
③ 배터리 충전 상태
④ 주차브레이크 점검

✎해설 엔진오일의 양은 기관이 정지되어 크랭크실 내에 안착되어 있을 때 정확히 측정할 수 있다. 엔진이 움직이고 있거나 엔진을 정지한 직후에는 측정하지 않는 것이 좋으며 시간이 지난 후 시동을 걸기 전에 측정하는 것이 좋다.

★★
09 건식 공기청정기의 특징이 아닌 것은?

① 여과망을 세척해 사용할 수 있어 경제적이다.
② 먼지나 오물을 여과하는 데 탁월하다.
③ 구조가 간단해 분해나 조립이 쉽다.
④ 기관 회전 속도의 변동에도 안정된 공기청정 효율을 얻을 수 있다.

✎해설 건식 공기청정기는 여과망을 세척하여 재사용할 수 없으며 상태에 따라 교체해야 한다.

정답 01. ④ 02. ② 03. ② 04. ② 05. ① 06. ② 07. ④ 08. ① 09. ①

10 굴착기 일일점검사항이 아닌 것은?

① 엔진오일 점검
② 배터리 전해액 점검
③ 연료량 점검
④ 냉각수 점검

✎해설 배터리 전해액 점검은 주간정비(매 50시간마다) 사항이다.

11 타이어식 건설기계를 경사진 곳에서 주행할 때 반 브레이크를 사용하면 어떤 현상이 생기는가?

① 라이닝 – 페이드, 파이프 – 스팀록
② 라이닝 – 스팀록, 파이프 – 증기폐쇄
③ 라이닝 – 페이드, 파이프 – 베이퍼 록
④ 라이닝 – 스팀록, 파이프 – 베이퍼 록

✎해설 • 페이드 : 증기폐쇄 현상이라고 하며, 브레이크 드럼과 라이닝 사이의 마찰열로 인하여 브레이크가 잘 듣지 않는 현상
• 베이퍼 록 : 마찰열에 의해서 파이프 속의 브레이크 오일이 가열되어 브레이크 회로 내에 기포가 형성되면서 브레이크가 잘 듣지 않는 현상

12 도로에서 굴착작업 중 매설된 전기설비의 접지선이 노출되어 일부가 손상되었을 때 조치사항으로 맞는 것은?

① 손상된 접지선은 임의로 철거한다.
② 접지선 단선 시에는 철선 등으로 연결 후 되메운다.
③ 접지선 단선은 사고와 무관하므로 그대로 되메운다.
④ 접지선 단선 시에는 시설관리자에게 연락 후 그 지시를 따른다.

13 축전지의 전해액에 관한 내용으로 옳지 않은 것은?

① 전해액의 온도가 1℃ 변화함에 따라 비중은 0.0007씩 변한다.
② 온도가 올라가면 비중이 올라가고 온도가 내려가면 비중이 내려간다.
③ 전해액은 증류수에 황산을 혼합하여 희석시킨 묽은 황산이다.
④ 축전지 전해액 점검은 비중계로 한다.

✎해설 축전지 전해액의 비중과 온도는 서로 반비례 관계이다. 즉, 전해액의 온도가 상승하면 비중은 작아지고(내려가고), 온도가 낮아지면 비중은 커진다(올라간다).

14 겨울철에 시동전동기 크랭킹 회전수가 낮아지는 원인이 아닌 것은?

① 엔진오일의 점도 상승
② 온도에 의한 축전지의 용량 감소
③ 점화스위치의 저항 증가
④ 기온 저하로 기동부하 증가

✎해설 겨울철에 시동전동기 크랭킹 회전수가 낮아지는 원인
• 엔진오일의 점도 상승
• 기온 저하로 인한 축전지 용량 감소
• 기동부하 증가

15 제1종 대형면허로 조종할 수 있는 건설기계는?

① 불도저
② 4톤 지게차
③ 노상안정기
④ 굴착기

✎해설 제1종 대형면허로 운전할 수 있는 건설기계(도로교통법 시행규칙 별표18)
덤프트럭, 아스팔트살포기, 노상안정기, 콘크리트믹서트럭, 콘크리트펌프, 천공기(트럭적재식), 콘크리트믹서트레일러, 아스팔트콘크리트재생기, 도로보수트럭, 3톤 미만의 지게차

16 유압장치에서 방향제어밸브에 해당하는 것은?

① 셔틀밸브
② 릴리프밸브
③ 시퀀스밸브
④ 언로드밸브

✎해설 방향제어밸브에는 체크밸브, 스풀밸브, 감속밸브, 셔틀밸브 등이 있다.

17 굴착기의 주행레버를 한쪽으로 당겨 회전하는 방식을 무엇이라고 하는가?

① 피벗턴
② 스핀턴
③ 급회전
④ 원웨이 회전

✎해설 피벗턴은 한쪽 레버만 사용해 한쪽 트랙을 전진, 후진시켜 회전하는 것이다.

18 유압장치 중에서 회전운동을 하는 것은?

① 유압모터
② 유압 실린더
③ 축압기
④ 급속배기밸브

✎해설 유압모터는 유압펌프에서 가해진 기름의 압력에너지를 회전운동으로 변환해 주는 장치이다.

19 건설기계 등록신청은 누구에게 할 수 있는가?

① 지방경찰청장
② 해양부장관
③ 서울특별시장
④ 읍·면·동장

✎해설 건설기계를 등록하려는 건설기계의 소유자는 건설기계등록신청서(전자문서로 된 신청서를 포함)에 서류(전자문서를 포함)를 첨부하여 건설기계소유자의 주소지 또는 건설기계의 사용본거지를 관할하는 특별시장·광역시장·도지사 또는 특별자치도지사에게 제출하여야 한다(건설기계관리법 시행령 제3조).

20 보호구 구비조건으로 틀린 것은?

① 구조와 마무리가 양호해야 한다.
② 작업에 방해가 되면 안 된다.
③ 착용이 간편해야 한다.
④ 유해·위험요소에 대한 방호성능이 경미해야 한다.

✎해설 보호구는 유해요소나 위험요소로부터 보호기능이 충분해야 한다.

21 굴착기 작업 시 주의사항으로 틀린 것은?

① 작업 시에는 실린더의 행정 끝에서 약간 여유를 남기도록 운전한다.
② 암석이나 토사를 평탄하게 고를 때는 선회관성을 이용하면 능률적이다.
③ 땅을 깊게 팔 때는 붐이나 버킷 실린더의 호스가 지면에 닿지 않도록 한다.
④ 암 레버 조작 시 잠깐 멈췄다 움직이는 것은 펌프의 토출량이 부족하기 때문이다.

✎해설 선회관성을 이용한다는 것은 선회하는 속도를 크게 하여 큰 힘을 얻겠다는 말이 된다. 그러나 선회하는 속도를 크게 하는 것은 오히려 안전사고의 위험성을 증가시키는 일이 되므로 삼가야 한다.

22 겨울철에 사용하는 엔진오일은 여름철에 사용하는 오일보다 점도의 상태가 어떤 것이 좋은가?

① 점도는 동일해야 한다.
② 점도가 높아야 한다.
③ 점도가 낮아야 한다.
④ 점도와는 아무런 관계가 없다.

✎해설 여름에는 기온이 높기 때문에 오일의 점도가 높아야 하고, 겨울에는 기온이 낮아 오일의 유동성이 떨어지므로 점도가 낮아야 한다.

★★ 23 토크컨버터의 설명 중 맞는 것은?

① 구성품 중 펌프(임펠러)는 변속기 입력축과 기계적으로 연결되어 있다.
② 펌프, 터빈 스테이터 등이 상호 운동을 하여 회전력을 변환시킨다.
③ 엔진속도가 일정한 상태에서 장비의 속도가 줄어들면 토크는 감소한다.
④ 구성품 중 터빈은 기관의 크랭크축과 기계적으로 연결되어 구동된다.

✎해설 토크컨버터는 유체클러치를 개량하여 유체클러치보다 회전력의 변화를 크게 한 것이다. 펌프, 터빈, 스테이터는 토크컨버터의 3대 구성요소로, 크랭크축에 펌프를, 변속기 입력 축에 터빈을 두고 있으며, 오일의 흐름 방향을 바꿔 주는 스테이터는 변속기 케이스의 고정된 축에 일방향 클러치를 통해 부착되어 있다.

★★ 24 엔진 과열 시 먼저 점검해야 할 사항으로 옳은 것은?

① 부동액 점도
② 냉각수의 양
③ 윤활유 점도지수
④ 크랭크축 베어링 상태

✎해설 기관이 과열하는 원인은 주로 냉각장치에 이상이 생겼을 때이다. 냉각수가 부족하거나 제대로 순환되지 못하는 경우 엔진을 냉각하는 역할을 제대로 할 수 없게 된다. 그러므로 가장 먼저 점검해 보아야 한다.

★★★★ 25 유압계통 내의 최대 압력을 제어하는 밸브는?

① 체크밸브
② 니들밸브
③ 오리피스밸브
④ 릴리프밸브

✎해설 릴리프밸브(relief valve) : 회로의 압력을 일정하게 하거나 최고 압력을 규제해서 유압기기의 과부하를 방지한다. 릴리프밸브가 닫힌 상태로 고장이 나거나 막히면 유압오일이 과열되고 압력이 높아진다.

★★ 26 굴착기의 하부주행체인 프론트 아이들러의 작용으로 옳은 것은?

① 동력을 트랙으로 전달한다.
② 파손을 방지하고 원활한 운전을 할 수 있도록 한다.
③ 회전력을 발생하여 트랙에 전달한다.
④ 트랙의 진로를 조정하면서 주행방향으로 트랙을 유도한다.

✎해설 프론트 아이들러는 트랙 앞부분에서 트랙의 진로를 조정하면서 주행방향으로 유도하는 작용을 한다.

★★ 27 굴착기 작업 시 안전사항으로 틀린 것은?

① 기중작업은 가급적 피하도록 한다.
② 25° 정도 경사진 곳에서 작업하는 것에 무리가 없다.
③ 타이어식 굴착기로 작업 시 안전을 위하여 아웃트리거를 받치고 작업한다.
④ 굴착하면서 주행하지 않도록 한다.

✎해설 10° 이상 기울어진 곳에서는 가능한 작업하지 않도록 한다.

★★★ 28 굴착기 작업 시 안정 및 균형을 유지하기 위해 설치하는 것은?

① 버킷(bucket)
② 암(arm)
③ 카운터 웨이트(counter weight)
④ 붐(boom)

✎해설 카운터 웨이트 : 작업할 때 후미에 하중을 주어 롤링을 방지하고 임계하중을 크게 하기 위해 부착하는 것

★ 29 유압 작동유의 구비조건으로 맞는 것은?

① 부피가 커야 한다.
② 발화점이 낮아야 한다.
③ 산화 안정성이 낮아야 한다.
④ 점도변화가 적어야 한다.

✎해설 **유압 작동유의 구비조건**
• 화학적 변화 및 온도에 의한 점도변화가 적을 것
• 발화점이 높을 것
• 비압축성일 것(확실한 동력 전달)
• 불순물과 분리가 잘 될 것
• 적당한 유동성과 점성을 가질 것
• 강한 유막을 형성할 것
• 방청·방식성이 있을 것
• 체적 탄성계수가 크고 밀도가 작을 것
• 내열성이 크고 거품이 적을 것(소포성)

★
30 전선로 주변에서 굴착기 작업을 할 때 주의해야 할 점으로 적절한 것은?

① 붐이 전선에 근접하는 것은 괜찮다.
② 전선의 흔들림을 고려하여 바람이 불면 이격거리를 증가시킨다.
③ 전선로 주변에서는 굴착기 작업을 할 수 없다.
④ 붐의 길이는 고려하지 않아도 된다.

✎해설 건설기계 작업 시 전선로를 건드리지 않는 것은 매우 중요한 안전수칙이다. 그러므로 이격거리를 두고 작업하는 것이 중요하며 바람이 불 때는 이를 고려하여 이격거리를 증가시켜야 한다.

★★★
31 건설기계조종사의 면허취소 사유가 아닌 것은?

① 조종 중 고의로 인명피해를 입힌 경우
② 면허효력정지 기간 중에 건설기계를 조종한 경우
③ 건설기계조종사 면허증을 타인에게 빌려준 경우
④ 조종 중 약 천만 원의 재산피해를 입힌 경우

✎해설 건설기계 조종 중 재산피해를 입힌 경우 피해금액 50만 원마다 면허효력정지 1일을 부과한다. 다만 90일을 넘지 못한다(건설기계관리법 시행규칙 별표22).

★
32 무한궤도식 굴착기에서 스프로킷의 이상 마모를 방지하기 위해서 조정하여야 하는 것은?

① 슈의 간격   ② 트랙의 장력
③ 롤러의 간격   ④ 아이들러의 위치

✎해설 트랙의 장력이 지나치게 크면 트랙 핀, 부싱 내·외부, 스프로킷 등이 마모된다.

33 굴착기 주행 시 주의해야 할 사항으로 거리가 먼 것은?

① 연약한 땅은 가능한 피하도록 한다.
② 버킷의 높이는 약 30~50cm를 유지하도록 한다.
③ 지면이 고르지 못한 곳은 고속으로 주행해 빠르게 통과한다.
④ 암반이나 기타 물체가 주행모터에 부딪치지 않도록 주의한다.

✎해설 지면이 고르지 못한 곳은 저속으로 주행해야 한다.

★★★★★
34 유압회로에서 유압유의 점도가 높을 때 발생할 수 있는 현상이 아닌 것은?

① 관내의 마찰손실이 커진다.
② 동력손실이 커진다.
③ 열 발생의 원인이 될 수 있다.
④ 유압이 낮아진다.

✎해설 유압유의 점도가 높을 경우 관내의 마찰손실에 의해 동력손실이 유발될 수 있으며 열이 발생할 수 있다.

★★
35 무한궤도식 굴착기가 주행 중 트랙이 벗겨지는 원인이 아닌 것은?

① 고속주행 중 급커브를 돌았을 때
② 유동륜과 스프로킷이 마모되었을 때
③ 트랙의 정렬이 중심으로 맞춰졌을 때
④ 트랙의 장력이 느슨할 때

✎해설 트랙의 정렬이 중심으로 맞춰지지 않았을 때 트랙이 벗겨지기 쉽다.

36 겨울철에 연료탱크를 가득 채우는 가장 주된 이유는?

① 연료가 적으면 증발하여 손실되기 때문에
② 연료가 적으면 출렁거리기 때문에
③ 공기 중의 수분이 응축되어 물이 생기기 때문에
④ 연료 게이지에 고장이 발생하기 때문에

✎해설 겨울철에는 공기 중의 수증기가 응축되어 물이 생기게 되는데, 수분은 작동유의 윤활성과 방청성을 저하시키고 작동유의 산화와 열화를 촉진시키므로 좋지 않다. 연료가 가득 차 있지 않으면 연료탱크에 공간이 생겨 그 속의 수증기가 응결될 수 있으므로 이를 방지하기 위하여 연료를 가득 채워 둔다.

37 무한궤도식 장비에서 트랙장력이 느슨해졌을 때 팽팽하게 조정하는 방법으로 맞는 것은?

① 기어오일을 주입하여 조정한다.
② 그리스를 주입하여 조정한다.
③ 엔진오일을 주입하여 조정한다.
④ 브레이크오일을 주입하여 조정한다.

✎해설 무한궤도식 트랙의 장력이 떨어지게 되면 다시 팽팽하게 조정하기 위해 그리스를 주입하여 조정한다.

38 다음 기초번호판에 대한 설명으로 옳지 않은 것은?

종로
Jong-ro
2345

① 도로명과 건물번호를 나타낸다.
② 도로의 시작 지점에서 끝 지점 방향으로 기초번호가 부여된다.
③ 표지판이 위치한 도로는 종로이다.
④ 건물이 없는 도로에 설치된다.

✎해설 기초번호판은 도로명과 기초번호로 구성되어 있다.

★★★★
39 다음 중 AC와 DC 발전기의 조정기에서 공통으로 가지고 있는 것은?

① 전력 조정기   ② 전압 조정기
③ 컷아웃 릴레이   ④ 다이오드

✎해설 전압 조정기는 발전기의 계자 코일에 흐르는 전류를 조정하여 발생되는 전압을 일정하게 유지하는 장치로 직류·교류 발전기의 조정기 모두 공통으로 가지고 있다. 다만 직류 발전기는 전압 조정기 외에도 전류 조정기, 컷아웃 릴레이가 필요하고, 교류 발전기는 전압 조정만 필요하다.

40 무한궤도식 굴착기의 조향작용은 무엇으로 하는가?

① 변속기
② 오일쿨러
③ 유압펌프
④ 유압모터

✎해설 굴착기의 주행과 조향은 주행모터가 센터조인트로부터 유압을 받아 회전하면서 이루어진다.

41 건설기계조종사 면허증 손상으로 재발급을 신청할 때 첨부하는 서류로 맞는 것은?

① 해당 면허증
② 주민등록등본
③ 신분증
④ 신체검사서

✎해설 건설기계조종사 면허증을 잃어버리거나 헐어 못쓰게 되어 재발급 받으려는 자는 건설기계조종사 면허증 재발급 신청서에 6개월 이내에 촬영한 모자를 쓰지 않은 상반신 사진과 건설기계조종사 면허증(헐어 못쓰게 된 경우에 한정)을 첨부하여 시장·군수 또는 구청장에게 제출하여야 한다(건설기계관리법 시행규칙 제77조).

★★
42 무한궤도식 굴착기의 하부 추진체 동력전달 순서로 맞는 것은?

① 기관 → 컨트롤밸브 → 센터조인트 → 유압펌프 → 주행모터 → 트랙
② 기관 → 컨트롤밸브 → 센터조인트 → 주행모터 → 유압펌프 → 트랙
③ 기관 → 유압펌프 → 센터조인트 → 컨트롤밸브 → 주행모터 → 트랙
④ 기관 → 유압펌프 → 컨트롤밸브 → 센터조인트 → 주행모터 → 트랙

✎해설 무한궤도식 굴착기의 하부 추진체는 상부 회전체와 전부장치 등의 하중을 지지하고 장비를 이동시키는 장치이며 기관 → 유압펌프 → 컨트롤밸브 → 센터조인트 → 주행모터 → 트랙의 순서로 동력이 전달된다.

★
43 밀폐된 용기 내의 액체 일부에 가해진 압력은 어떻게 전달되는가?

① 유체 각 부분에 다르게 전달된다.
② 유체 각 부분에 동시에 같은 크기로 전달된다.
③ 유체의 압력이 돌출 부분에서 더 세게 작용된다.
④ 유체의 압력이 홈 부분에서 더 세게 작용된다.

✎해설 파스칼의 원리 : 밀폐된 용기에 액체를 가득 채우고 힘을 가하면 그 내부의 압력은 용기의 모든 면에 수직으로 작용하며, 동일한 압력으로 작용한다는 원리

44 다음 표지가 의미하는 것은?

① 보행금지
② 작업금지
③ 출입금지
④ 사용금지

✎해설 안전·보건표지 중 사용금지를 나타낸다.

45 유압장치 작동 중 과열이 발생하는 원인으로 가장 적절한 것은?

① 오일의 양이 부족하다.
② 오일펌프의 속도가 느리다.
③ 오일의 압력이 낮다.
④ 오일의 증기압이 낮다.

✎해설 **유압오일이 과열되는 원인**
• 유압오일의 부족
• 유압오일의 점도가 너무 높음
• 유압장치 내에서 유압오일이 누출됨
• 릴리프밸브가 닫힌 상태로 고장

★★ 기출변형
46 정기검사대상 건설기계의 정기검사 신청기간으로 옳은 것은?

① 건설기계의 정기검사 유효기간 만료일 전 15일 이내에 신청한다.
② 건설기계의 정기검사 유효기간 만료일 전후 31일 이내에 신청한다.
③ 건설기계의 정기검사 유효기간 만료일 전 40일 이내에 신청한다.
④ 건설기계의 정기검사 유효기간 만료일 전후 60일 이내에 신청한다.

✎해설 정기검사를 받으려는 자는 검사유효기간의 만료일 전후 각각 31일 이내의 기간에 정기검사신청서를 시·도지사에게 제출해야 한다(건설기계관리법 시행규칙 제23조).

합격Tip!
건설기계관리법 시행규칙 제23조 정기검사의 신청기간이 "30일"에서 "31일"로 2020.03.03. 변경되었습니다. 개정 전후 내용을 반드시 알아두세요!!!!

★★
47 건설기계조종사의 면허가 취소된 경우 사유 발생일로부터 며칠 이내에 면허증을 반납해야 하는가?

① 5일
② 10일
③ 15일
④ 30일

✎해설 건설기계조종사 면허를 받은 사람이 다음에 해당하는 때에는 그 사유가 발생한 날부터 10일 이내에 시장·군수 또는 구청장에게 그 면허증을 반납하여야 한다(건설기계관리법 시행규칙 제80조).
1. 면허가 취소된 때
2. 면허의 효력이 정지된 때
3. 면허증의 재교부를 받은 후 잃어버린 면허증을 발견한 때

48 다음 도로명판에 대한 설명으로 옳지 않은 것은?

1 ← 65   대명로23번길

① 대정로 시작점 부근에 설치된다.
② 대정로 종료지점에 설치된다.
③ 대정로는 총 650m이다.
④ 대정로 시작점에서 230m에 분기된 도로이다.

✎해설 제시된 도로명판은 대정로 종료지점에 설치된다.

49 안전사고의 원인 중 가장 많은 부분을 차지하는 것은?

① 작업자 본인의 행동
② 보호용품과 장치의 미비
③ 관리자의 지시로 인한 행동
④ 불편한 작업환경

✎해설 미국안전협회(National Safety Council)의 사고원인 발생분석에 따르면 안전사고 발생의 원인은 개인의 불안전한 행위 88%, 불안전한 환경 10%, 불가항력 2%이다.

50 파스칼(Pascal) 원리에 대한 설명으로 틀린 것은?

① 각 점의 압력은 모든 방향으로 동일하다.

② 유체의 압력은 모든 면에 대하여 직각으로 작용한다.

③ 정지해 있는 유체에 힘을 가하면 단면적이 좁은 곳은 속도가 느리게 전달된다.

④ 밀폐 용기 속의 유체 일부에 가해진 압력은 각부에 똑같은 세기로 전달된다.

★★★
51 다음 유압기호 중 어큐뮬레이터는?

🖊해설 ② 필터, ③ 압력계, ④ 유압 동력원

★★
52 밤에 도로에서 주차할 때 켜야 하는 등화는?

① 미등 ② 전조등

③ 번호등 ④ 실내조명등

🖊해설 자동차가 밤에 도로에서 정차하거나 주차할 때 켜야 하는 등화는 미등 및 차폭등이다(도로교통법 시행령 제19조).

53 디젤기관에서 연료가 공급되지 않아 시동이 꺼지는 현상이 발생되었다. 그 원인으로 적합하지 않은 것은?

① 연료 파이프 손상 ② 프라이밍 펌프 고장

③ 연료필터 막힘 ④ 연료탱크 내 오물 과다

🖊해설 디젤기관이 주행 중 시동이 꺼지는 현상은 연료가 제대로 공급되지 않았을 경우가 대부분이다. 그러므로 연료필터가 막혔는지, 연료탱크에 물이 차 기관으로 유입되지 않는지, 연료 연결 파이프 및 기타 연료 운송계통에 누설되는 곳이 없는지 점검해야 한다. 프라이밍 펌프는 연료 계통에 공기가 침입하였을 때 공기 빼기 작업을 하는 것으로, 이것이 불량해 공기가 유입되었다고 해서 연료가 연소되지 않는 등의 큰 지장을 초래하는 것은 아니다.

54 슬립이음이나 유니버설 조인트에 윤활주입으로 가장 좋은 것은?

① 유압유 ② 기어오일

③ 그리스 ④ 엔진오일

55 굴착기로 콘크리트관을 매설한 뒤에 매설된 관 위를 주행할 때 주의해야 할 점으로 옳은 것은?

① 굴착기 버킷을 최대한 높인 후에 주행한다.

② 붐과 암의 각도를 수직으로 유지하고 주행한다.

③ 콘크리트관이 손상될 수 있으므로 매설 후 약 한 달 가량은 주행하지 않는다.

④ 콘크리트관 위로 흙을 쌓아 관이 파손되지 않게 하고 서행으로 주행한다.

🖊해설 매설된 관 위를 주행할 때에는 관이 파손되지 않게 보호하고 서행하도록 한다.

56 공기 브레이크에서 브레이크 슈를 직접 작동시키는 것은?

① 릴레이 밸브 ② 브레이크 페달

③ 캠 ④ 유압

🖊해설 브레이크 챔버에 압축공기가 작동되면 '푸시로드 → 캠 → 브레이크 슈' 순서로 작동시켜 드럼에 밀착, 제동력을 얻게 된다.

57 작업장에서 먼지 등으로 인해 착용해야 할 마스크는?

① 가스마스크 ② 방독마스크

③ 산소마스크 ④ 방진마스크

🖊해설 방진마스크 : 분진, 미스트, 미세먼지 등이 호흡기를 통하여 체내에 유입되는 것을 방지하기 위한 보호구

★
58 엔진의 냉각장치에서 수온조절기의 열림 온도가 낮을 때 발생하는 현상은?

① 방열기 내의 압력이 높아진다.

② 엔진이 과열되기 쉽다.

③ 엔진의 워밍업 시간이 길어진다.

④ 물펌프에 과부하가 발생한다.

🖊해설 수온조절기의 열림 온도가 낮다는 것은 냉각수가 적당한 온도보다도 낮아져야만 열린다는 의미가 된다. 기관 냉각수가 과냉하게 되면 엔진 워밍업 시간이 늘어난다.

★
59 회전교차로 도로명표지로 옳은 것은?

① 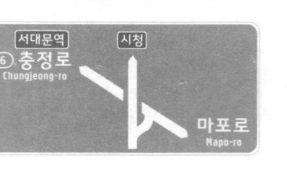 ②

③  ④

🖊해설 ① 다지형교차로 도로명표지
③ 3방향 도로명표지(고가차도 교차로)
④ 3방향 도로명표지(K자형 교차로)

★
60 승차 인원, 적재중량에 관하여 안전기준을 넘어서 운전하고자 하는 경우 누구의 허가가 필요한가?

① 지방경찰청장

② 주거지 기준 관할 시장

③ 절대 운행할 수 없음

④ 출발지를 관할하는 경찰서장

🖊해설 모든 차의 운전자는 승차인원, 적재중량 및 적재용량에 관하여 대통령령으로 정하는 운행상의 안전기준을 넘어 승차시키거나 적재한 상태로 운전하여서는 아니 된다. 다만 출발지를 관할하는 경찰서장의 허가를 받은 경우에는 그러하지 아니하다(도로교통법 제39조).

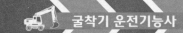
01 기계의 회전부분(기어, 벨트, 체인)에 덮개를 설치하는 이유는?

① 좋은 품질의 제품을 얻기 위하여
② 회전부분의 속도를 높이기 위하여
③ 제품의 제작과정을 숨기기 위하여
④ 회전부분과 신체의 접촉을 방지하기 위하여

해설 방호덮개
• 가공물, 공구 등의 낙하 비래에 의한 위험을 방지하기 위한 것
• 위험 부위에 인체의 접촉 또는 접근을 방지하기 위한 것

02 단동 실린더의 기호표시로 맞는 것은?

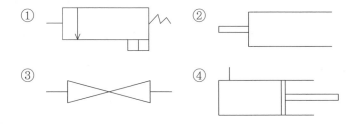

03 ★ 도시가스가 공급되는 지역에서 굴착공사를 하기 전에 도로 부분의 지하에 가스배관의 매설 여부는 누구에게 조회하여야 하는가?

① 시장
② 도지사
③ 경찰서장
④ 해당 도시가스사업자

해설 가스배관을 지하에 매설하는 경우에는 배관의 직상부에 보호포 설치 및 지면에 매설 위치를 표시하도록 되어 있다. 그러나 도로에 라인 마크를 하는 것은 아니므로 배관이 지나가더라도 표시가 없을 수 있기 때문에 무조건 직접 굴착할 수 없다. 이럴 경우를 대비하여 해당 도시가스사업자에게 매설 여부를 조회해야 한다.

04 건설기계 조종 중 고의로 중상 5명, 경상 2명이 발생한 사고를 일으켰을 때 처분으로 옳은 것은?

① 면허효력정지 15일
② 면허효력정지 30일
③ 면허효력정지 45일
④ 면허취소

해설 건설기계의 조종 중 고의로 인명피해를 입힌 때 : 면허취소(건설기계관리법 시행규칙 별표22)

05 건설기계조종사 면허가 취소되거나 효력정지 처분을 받은 후에도 건설기계를 계속하여 조종한 자에 대한 벌칙은?

① 50만 원 이하의 벌금
② 100만 원 이하의 벌금
③ 1년 이하의 징역 또는 1천만 원 이하의 벌금
④ 2년 이하의 징역 또는 2천만 원 이하의 벌금

해설 건설기계조종사 면허가 취소되거나 건설기계조종사 면허의 효력정지 처분을 받은 후에도 건설기계를 계속하여 조종한 자는 1년 이하의 징역 또는 1천만 원 이하의 벌금에 처한다(건설기계관리법 제41조).

06 154kV 가공 송전선로 주변에서 건설장비로 작업 시 안전에 관한 설명으로 맞는 것은?

① 건설장비가 선로에 직접 접촉하지 않고 근접만 해도 사고가 발생될 수 있다.
② 전력선은 피복으로 절연되어 있어 크레인 등이 접촉해도 단선되지 않는 이상 사고는 일어나지 않는다.
③ 1회선은 3가닥으로 이루어져 있으며, 1가닥 절단 시에도 전력 공급을 계속한다.
④ 사고 발생 시 복구공사비는 전력설비가 공공 재산이므로 배상하지 않는다.

해설 154kV 이상의 전압에서는 고압 전류에 의한 자기력이 생기므로 최소한 3m 이상 떨어져 작업해야 한다.

07 ★★★★★ 수공구 보관 방법으로 옳지 않은 것은?

① 사용 후에는 정해진 장소에 보관한다.
② 공구는 온도와 습도가 높은 곳에 둔다.
③ 사용한 공구는 면 걸레로 깨끗이 닦아서 공구상자 또는 공구 보관으로 지정된 곳에 보관한다.
④ 날이 있거나 뾰족한 물건은 위험하므로 뚜껑을 씌워둔다.

해설 수공구는 정비 후 방청·방습 등의 처리를 하여 건조하고 서늘한 곳에 보관한다.

08 굴착기의 스프로킷에 가까운 쪽의 롤러는 어떤 형식을 사용하는가?

① 싱글 플랜지형
② 더블 플랜지형
③ 플랫형
④ 옵셋형

09 ★★★ 유압펌프의 종류가 아닌 것은?

① 기어펌프
② 진공펌프
③ 베인펌프
④ 피스톤펌프

해설 유압펌프의 종류 : 기어펌프, 트로코이드(로터리)펌프, 나사펌프, 베인펌프, 플런저(피스톤)펌프

정답 01. ④ 02. ④ 03. ④ 04. ④ 05. ③ 06. ① 07. ② 08. ① 09. ②

★★
10 건설기계관리법상 건설기계조종사의 면허를 받을 수 있는 자는?

① 파산자로서 복권되지 아니한 자
② 사지의 활동이 정상적이 아닌 자
③ 마약 또는 알콜 중독자
④ 심신장애자

✎해설 **건설기계조종사 면허의 결격사유**(건설기계관리법 제27조)
1. 18세 미만인 사람
2. 건설기계 조종상의 위험과 장해를 일으킬 수 있는 정신질환자 또는 뇌전증환자로서 국토교통부령으로 정하는 사람
3. 앞을 보지 못하는 사람, 듣지 못하는 사람, 그 밖에 국토교통부령으로 정하는 장애인
4. 건설기계 조종상의 위험과 장해를 일으킬 수 있는 마약·대마·향정신성의약품 또는 알코올중독자로서 국토교통부령으로 정하는 사람
5. 건설기계조종사 면허가 취소된 날부터 1년(제28조제1호 및 제2호의 사유로 취소된 경우에는 2년)이 지나지 아니하였거나 건설기계조종사 면허의 효력정지 처분기간 중에 있는 사람

★★★★★
11 타이어식 굴착기에서 조향기어 백래시가 클 경우 발생될 수 있는 현상은?

① 핸들의 유격이 커진다.
② 조향 핸들의 축방향 유격이 커진다.
③ 조향각도가 커진다.
④ 핸들이 한쪽으로 쏠린다.

✎해설 백래시(back lash)란 기어 접촉면의 간극, 즉 기어가 맞물렸을 때 이와 이 사이의 유격이다. 조향기어의 백래시가 크면 핸들의 유격이 커지고, 작으면 조향핸들이 무거워진다.

12 건설기계에 사용되는 저압 타이어의 호칭 치수 표시는?

① 타이어의 외경 – 타이어의 폭 – 플라이 수
② 타이어의 폭 – 타이어의 내경 – 플라이 수
③ 타이어의 폭 – 림의 지름
④ 타이어의 내경 – 타이어의 폭 – 플라이 수

✎해설 저압 타이어의 호칭 및 치수는 타이어 폭 – 타이어 내경 – 플라이 수(PR)로 표시되며 단위는 인치이다.

13 한국전력 맨홀 인근에서 굴착 작업 시 맨홀과 연결된 동선을 절단하였을 때의 조치방법은?

① 절단된 굵기보다 굵은 동선으로 연결한다.
② 절단된 상태로 두고 인근 한국전력사업소에 연락한다.
③ 절단된 양쪽 부분을 포개어 테이프로 안전하게 연결한다.
④ 절단된 채로 매몰한다.

14 기관에서 크랭크축을 회전시켜 엔진을 가동시키는 장치는?

① 시동장치
② 예열장치
③ 점화장치
④ 충전장치

★
15 디젤기관 장치 중에서 터보차저의 기능으로 맞는 것은?

① 실린더 내에 공기를 압축 공급하는 장치이다.
② 냉각수 유량을 조절하는 장치이다.
③ 기관 회전수를 조절하는 장치이다.
④ 윤활유 온도를 조절하는 장치이다.

✎해설 터보차저(과급기)는 엔진의 출력을 향상시키기 위하여 흡기다기관에 설치한 공기펌프이다. 배기가스의 에너지로 배기 터빈을 돌리면 이것에 직결된 컴프레서(압축기)로 엔진에 공기를 밀어넣어 엔진 출력을 향상시킨다.

★★★★★
16 건설기계 교류 발전기의 특징으로 적절하지 않은 것은?

① 브러시 수명이 길다.
② 실리콘 다이오드로 정류하므로 전기적 용량이 크다.
③ 저속에서도 충전 가능한 출력전압이 발생한다.
④ 전류조정기만 있으면 된다.

✎해설 교류 발전기는 전류조정기는 불필요하고, 전압조정기만 필요하다.

17 산업안전관리에서 가장 중요한 것은?

① 인명
② 재산
③ 생산성
④ 신뢰성

✎해설 인명 보호가 가장 우선시된다.

18 왕복형 엔진에서 상사점과 하사점까지의 거리는?

① 사이클
② 과급
③ 행정
④ 소기

✎해설 행정(stroke) : 상사점에서 하사점까지의 피스톤의 움직임이나 그 길이

★★
19 굴착기 트랙의 장력을 조정하면서 트랙의 주행방향을 유도하는 장치는?

① 프론트 아이들러
② 하부 롤러
③ 스프로킷
④ 상부 롤러

✎해설 프론트 아이들러는 트랙 앞부분에서 트랙의 진로를 조정하면서 주행방향을 유도하는 작용을 한다.

20 굴착기의 상부 회전체의 중심부에 설치되어 상부 회전체의 유압유를 하부 주행체(주행모터)로 공급해 주는 부품으로 상부 회전체가 회전하더라도 호스, 파이프 등이 꼬이지 않고 원활히 송유하게 해주는 장치는?

① 센터조인트
② 컨트롤밸브
③ 사축형 유압모터
④ 언로더밸브

✎해설 센터 조인트(center joint) : 굴착기 상부 회전체의 중심부에 설치되어 있으며, 상부 회전체의 오일을 하부 주행체(주행모터)로 공급해 주는 작용을 한다. 이때 상부 회전체가 회전하더라도 호스, 파이프 등이 꼬이지 않도록 원활하게 송유한다.

★
21 굴착기에서 그리스를 주입하지 않아도 되는 곳은?

① 버킷핀
② 트랙 슈
③ 링키지
④ 선회베어링

✎해설 트랙 슈에는 그리스를 주입하지 않아도 된다.

22 축전지 전해액의 온도가 상승하면 비중은?

① 일정하다.
② 올라간다.
③ 내려간다.
④ 무관하다.

✎해설 전해액의 온도가 상승하면 비중이 작아지고, 온도가 낮아지면 비중이 커진다. 전해액의 비중은 충전량과 비례한다. 이와 같은 관계를 고려할 때, 충전 중 전해액의 온도를 45℃ 이상 상승시키지 않아야 한다.

★★
23 야간에 도로에서 차를 운행할 때 켜야 하는 등화의 종류로 옳은 것은?

① 건설기계 - 차폭등 및 미등
② 승합자동차 - 전조등, 차폭등 및 미등
③ 견인되는 자동차 - 전조등 및 미등
④ 원동기장치자전거 - 전조등 및 미등

✎해설 밤에 도로에서 차를 운행하는 경우 등의 등화(도로교통법 시행령 제19조)

자동차	전조등, 차폭등, 미등, 번호등과 실내조명등(실내조명등은 승합자동차와 여객자동차운송사업용 승용자동차만 해당)
원동기장치자전거	전조등 및 미등
견인되는 차	미등·차폭등 및 번호등
노면전차	전조등, 차폭등, 미등 및 실내조명등
위의 규정 외의 차	시·도경찰청장이 정하여 고시하는 등화

★★★★
24 굴착기를 트레일러에 상차하는 방법에 대한 것으로 가장 적합하지 않은 것은?

① 가급적 경사대를 사용한다.
② 트레일러로 운반 시 작업장치를 반드시 앞쪽으로 한다.
③ 경사대는 10~15° 정도 경사시키는 것이 좋다.
④ 붐을 이용하여 버킷으로 차체를 들어올려 탑재하는 방법도 이용되지만 전복의 위험이 있어 특히 주의를 요하는 방법이다.

✎해설 굴착기를 상차할 때에는 붐이나 작업장치를 뒷방향으로 향하도록 하여야 한다.

★
25 기관에서 출력저하의 원인이 아닌 것은?

① 분사시기 늦음
② 배기 계통 막힘
③ 흡기 계통 막힘
④ 압력계 작동 이상

✎해설 분사시기가 늦어질 경우 폭발 타이밍이 제대로 맞지 않거나 폭발이 일어나지 않는 경우가 발생하여 출력이 저하되며 흡배기 계통이 막혀도 출력이 떨어진다. 압력계는 압력을 계측하여 값을 보여줄 뿐 출력에는 영향을 미치지 않는다.

26 특별표지판을 부착하지 않아도 되는 건설기계는?

① 최소 회전반경이 13m인 건설기계
② 길이가 17m인 건설기계
③ 너비가 3m인 건설기계
④ 높이가 3m인 건설기계

✎해설 길이가 16.7m를 초과하는 건설기계, 너비가 2.5m를 초과하는 건설기계, 높이가 4m를 초과하는 건설기계, 최소 회전반경이 12m를 초과하는 대형건설기계 등에는 특별표지판을 부착하여야 한다(건설기계 안전기준에 관한 규칙 제2조제33호, 제168조).

27 유압이 상승하는 원인이 아닌 것은?

① 윤활 회로의 일부가 막혔다.
② 유압조절밸브 스프링의 장력이 과다하다.
③ 기관의 온도가 낮아 오일의 점도가 높다.
④ 크랭크축 베어링의 과다 마멸로 오일 간극이 커졌다.

✎해설 유압이 상승하는 원인
• 윤활 회로의 일부가 막혔다(특히 오일 여과기가 막히면 유압이 상승하는 원인이 된다).
• 기관의 온도가 낮아 오일의 점도가 높다.
• 유압조절밸브 스프링의 장력이 과다하다.

★
28 유압 작동유의 중요 역할이 아닌 것은?

① 일을 흡수한다.
② 부식을 방지한다.
③ 습동부를 윤활시킨다.
④ 압력에너지를 이송한다.

✎해설 유압유의 기능
• 동력 전달
• 마찰열 흡수
• 움직이는 기계요소 윤활
• 필요한 기계요소 사이를 밀봉

★
29 지하차도 교차로 표지로 옳은 것은?

① 　②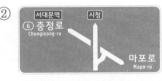
③ 　④

✎해설 ① 3방향 도로명표지(지하차도 교차로)
② 3방향 도로명표지(고가차도 교차로)
③ 3방향 도로명표지(K자형 교차로)
④ 다지형교차로 도로명표지

★★
30 무한궤도식 굴착기가 주행 중 트랙이 벗겨지는 원인이 아닌 것은?

① 고속주행 중 급커브를 돌았을 때
② 전부 유동륜과 스프로킷의 마모
③ 전부 유동륜과 스프로킷의 중심이 맞지 않았을 때
④ 트랙의 장력이 너무 팽팽할 때

★★★
31 유압모터에서 소음과 진동이 발생할 때의 원인이 아닌 것은?

① 내부 부품의 파손
② 작동유 속에 공기의 혼입
③ 체결 볼트의 이완
④ 펌프의 최고 회전속도 저하

✎해설 유압모터의 내부 부품이 파손되거나 체결을 위한 볼트가 이완되었을 경우, 작동유에 공기가 흡입되었을 경우에 소음과 진동이 발생할 수 있다. 그러나 정상적인 상태에서의 펌프의 회전속도는 소음 및 진동과 관계가 없다.

32 건설기계 운전중량 산정 시 조종사 1명의 체중으로 맞는 것은?

① 50kg
② 55kg
③ 60kg
④ 65kg

✎해설 운전중량이란 자체중량에 건설기계의 조종에 필요한 최소의 조종사가 탑승한 상태의 중량을 말하며, 조종사 1명의 체중은 65kg으로 본다(건설기계 안전기준에 관한 규칙 제2조제19호).

33 굴착기의 작업장치(전부장치)가 아닌 것은?

① 붐
② 암
③ 버킷
④ 스윙

✎해설 굴착기의 작업장치(전부장치) : 붐, 암, 버킷(디퍼), 셔블, 백호, 브레이커, 파일드라이브 및 어스오거, 클램셸, 리퍼, 우드 그래플 등

★★★
34 진흙 등의 굴착작업을 할 때 용이한 버킷은?

① 폴립 버킷
② 이젝터 버킷
③ 포크 버킷
④ 리퍼 버킷

✎해설 이젝터 버킷 : 버킷 안에 토사를 밀어내는 이젝터가 있어서 점토질의 땅을 굴착할 때 버킷 안에 흙이 부착되지 않는다.

35 베인펌프의 특징 중 맞지 않는 것은?

① 수명이 짧다.
② 진동과 소음이 적다.
③ 정비와 관리가 용이하다.
④ 고속회전이 가능하다.

✎해설 베인펌프의 수명은 보통이다.

36 디젤엔진에서 연료를 고압으로 연소실에 분사하는 것은?

① 프라이밍 펌프
② 인젝션 펌프
③ 분사노즐(인젝터)
④ 조속기

✎해설 분사노즐은 분사펌프에서 공급한 고압의 연료를 미세한 안개모양으로 연소실 내에 분사하는 장치를 말한다.

37 장비의 위치보다 높은 곳을 굴착하는 데 알맞은 것으로 토사 및 암석을 트럭에 적재하기 쉽게 디퍼 덮개를 개폐하도록 제작된 장비는?

① 파워 셔블
② 기중기
③ 굴착기
④ 스크레이퍼

✎해설 파워 셔블(power shovel)은 굴착기의 일종으로 동력삽이라고도 한다. 기계가 위치한 지면보다 높은 곳의 토사를 퍼 올리는 데 적합하며 비교적 단단한 토질의 굴착에 용이하다. 또 운반기계에 적재하는 데 편리하여 특히 돌산 등에서 효과적으로 사용된다.

★★★★★
38 유압유의 점도가 지나치게 높았을 때 나타나는 현상이 아닌 것은?

① 오일 누설이 증가한다.
② 유동저항이 커져 압력손실이 증가한다.
③ 동력손실이 증가하여 기계효율이 감소한다.
④ 내부마찰이 증가하고, 압력이 상승한다.

✎해설 유압유의 점도가 높을 경우 관내의 마찰 손실에 의해 동력 손실이 유발될 수 있으며 열이 발생할 수 있다.

39 유압펌프에서 오일은 배출되나 압력이 상승하지 않는 원인이 아닌 것은?

① 유압펌프 내부의 이상으로 작동유가 유출되었다.
② 릴리프밸브의 설정 압력이 낮다.
③ 유압회로 중의 밸브나 작동기구에서 작동유가 누출되었다.
④ 오일탱크의 작동유 보유량이 부족하다.

✎해설 유압펌프에서 오일은 배출되나 압력이 상승하지 않는 원인은 유압펌프 내부의 이상으로 작동유가 유출되거나 릴리프밸브의 설정 압력이 낮거나 작동이 불량일 때, 유압회로 중의 밸브나 작동기구에서 작동유가 누출될 때이다.

★★★
40 화재 시 연소의 3요소로 틀린 것은?

① 고압
② 가연물
③ 점화원
④ 산소

✎해설 화재 시 연소의 3요소 : 가연물(가연성 물질), 산소, 점화원

★★
41 방향제어밸브에 대한 설명으로 옳지 않은 것은?

① 유체의 흐름 방향을 변환한다.
② 유체의 흐름 방향을 한쪽으로 허용한다.
③ 유압실린더나 유압모터의 작동 방향을 바꾸는 데 사용된다.
④ 액추에이터의 속도를 제어한다.

✎해설 유량제어밸브가 액추에이터의 속도를 제어한다.

★ 42 현재 한전에서 운용하고 있는 송전선로가 아닌 것은?

① 154kV 선로   ② 765kV 선로

③ 15kV 선로   ④ 345kV 선로

✎해설 송전선로의 전압은 154kV, 345kV, 765kV가 있다.

★★ 43 그 소유자의 신청이나 시·도지사의 직권으로 건설기계를 등록 말소할 수 있는 사유가 아닌 것은?

① 건설기계가 멸실된 경우

② 거짓이나 그 밖의 부정한 방법으로 등록을 한 경우

③ 방치된 건설기계를 시·도지사가 강제로 폐기한 경우

④ 건설기계를 산 간 사람이 소유권 이전등록을 하지 아니한 경우

✎해설 **등록의 말소**(건설기계관리법 제6조제1항)

시·도지사는 등록된 건설기계가 다음에 해당하는 경우에는 그 소유자의 신청이나 시·도지사의 직권으로 등록을 말소할 수 있다.

1. 거짓이나 그 밖의 부정한 방법으로 등록을 한 경우
2. 건설기계가 천재지변 또는 이에 준하는 사고 등으로 사용할 수 없게 되거나 멸실된 경우
3. 건설기계의 차대가 등록 시의 차대와 다른 경우
4. 건설기계가 건설기계 안전기준에 적합하지 아니하게 된 경우
5. 정기검사 명령, 수시검사 명령 또는 정비 명령에 따르지 아니한 경우
6. 건설기계를 수출하는 경우
7. 건설기계를 도난당한 경우
8. 건설기계를 폐기한 경우
9. 건설기계해체재활용업을 등록한 자에게 폐기를 요청한 경우
10. 구조적 제작결함 등으로 건설기계를 제작자 또는 판매자에게 반품한 경우
11. 건설기계를 교육·연구 목적으로 사용하는 경우
12. 대통령령으로 정하는 내구연한을 초과한 건설기계(정밀진단을 받아 연장된 경우는 그 연장기간을 초과한 건설기계)
13. 건설기계를 횡령 또는 편취당한 경우

44 건설기계관리법상 건설기계형식이 의미하는 것은?

① 건설기계의 구조

② 건설기계의 규격

③ 건설기계의 구조·규격

④ 건설기계의 구조·규격 및 성능

✎해설 건설기계형식이란 건설기계의 구조·규격 및 성능 등에 관하여 일정하게 정한 것을 말한다(건설기계관리법 제2조제9호).

45 건설기계등록사항에 변경이 있을 경우 그 변경이 있은 날부터 며칠 이내에 시·도지사에게 신고해야 하는가?

① 7일

② 20일

③ 30일

④ 100일

✎해설 건설기계의 소유자는 건설기계등록사항에 변경(주소지 또는 사용본거지가 변경된 경우 제외)이 있는 때에는 그 변경이 있은 날부터 30일(상속의 경우에는 상속 개시일부터 6개월) 이내에 건설기계 등록사항 변경신고서에 서류를 첨부하여 등록을 한 시·도지사에게 제출하여야 한다. 다만 전시·사변 기타 이에 준하는 국가비상사태하에 있어서는 5일 이내에 하여야 한다(건설기계관리법 시행령 제5조제1항).

46 먼지가 많이 발생하는 건설기계 작업장에서 사용하는 마스크로 가장 적합한 것은?

① 산소 마스크   ② 가스 마스크

③ 방독 마스크   ④ 방진 마스크

✎해설 방진 마스크는 먼지가 많은 곳에서 사용하는 보호구로 여과 효율이 좋고 흡배기 저항이 낮아야 하며 중량이 가볍고 시야가 넓어야 한다. 또한, 안면 밀착성이 좋고 피부 접촉 부위의 고무 질이 좋아야 한다.

47 굴착기의 작업 중 운전자가 관심을 가져야 할 사항이 아닌 것은?

① 엔진속도게이지

② 온도게이지

③ 작업속도게이지

④ 장비의 잡음상태

★★★ 48 유압장치의 특징으로 거리가 먼 것은?

① 동력의 분배와 집중이 쉽다.

② 진동이 적고 작동이 용이하다.

③ 에너지의 저장이 불가능하다.

④ 고장 원인의 발견이 어렵고 구조가 복잡하다.

✎해설 **유압장치의 장단점**

장 점	단 점
• 소형으로 성능이 좋음	• 배관이 까다롭고 오일 누설이 많음
• 원격조작 및 무단변속 용이	• 오일은 연소 및 비등하여 위험
• 회전 및 직선운동 용이	• 유압유의 온도에 따라 기계의 작동속도가 변함
• 과부하 방지 용이	• 에너지 손실이 많음
• 내구성이 좋음	• 원동기의 마력이 커짐

49 유압장치의 기본 구성요소가 아닌 것은?

① 유압실린더

② 유압펌프

③ 차동장치

④ 제어밸브

✎해설 차동장치는 바퀴의 회전수를 다르게 하여 회전을 원활하게 하는 장치이다.

50 우드 그래플에 대한 설명으로 옳은 것은?

① 자갈, 골재 선별 적재, 오물 처리

② 수직 굴토작업, 배수구 굴착 및 청소작업

③ 암석·콘크리트 파괴, 나무뿌리 뽑기

④ 전신주, 파일, 기중작업

✎해설 **굴착기의 작업장치**
• 클램셸 : 수직 굴토작업, 배수구 굴착 및 청소작업
• 리퍼 : 암석·콘크리트 파괴, 나무뿌리 뽑기
• 우드 그래플 : 전신주, 파일, 기중작업

51 건설기계의 교류발전기에서 마모성 부품은?

① 스테이터　　　　　　② 슬립링
③ 다이오드　　　　　　④ 엔드 프레임

해설 슬립링은 브러시와 접촉되어 회전 중인 로터 코일에 축전지 전류를 공급 또는 유출하는 것으로, 로터 코일과 접속되어 있고 정류 작용을 하지 않으므로 불꽃 발생에 의한 소손이 거의 없다.

52 직류 직권 전동기에 대한 설명 중 틀린 것은?

① 시동 회전력이 분권 전동기에 비해 크다.
② 회전속도의 변화가 크다.
③ 부하가 걸렸을 때에는 회전 속도가 낮아진다.
④ 회전속도가 거의 일정하다.

해설 직류 직권 전동기는 전기자 코일과 계자 코일이 직렬로 접속된 전동기로 시동 회전력이 크고 고속회전할 수 있으며, 한정된 전기용량의 축전지를 전원으로 할 수 있기 때문에 건설기계의 시동전동기로 사용된다. 회전속도의 변화가 크며 부하가 걸릴 때 회전속도가 낮아지는 특징이 있다.

53 도로교통법상 차마의 통행을 구분하기 위한 중앙선에 대한 설명으로 옳은 것은?

① 백색 및 회색의 실선 및 점선으로 되어 있다.
② 백색의 실선 및 점선으로 되어 있다.
③ 황색의 실선 또는 황색 점선으로 되어 있다.
④ 황색 및 백색의 실선 및 점선으로 되어 있다.

해설 중앙선이란 차마의 통행 방향을 명확하게 구분하기 위하여 도로에 황색 실선이나 황색 점선 등의 안전표지로 표시한 선 또는 중앙분리대나 울타리 등으로 설치한 시설물을 말한다. 다만 가변차로가 설치된 경우에는 신호기가 지시하는 진행방향의 가장 왼쪽에 있는 황색 점선을 말한다(도로교통법 제2조제5호).

54 폭발행정 끝부분에서 실린더 내의 압력에 의해 배기가스가 배기밸브를 통해 배출되는 현상은?

① 블로우바이　　　　　② 블로우백
③ 블로우다운　　　　　④ 블로우업

해설 블로우다운 : 2행정 사이클 엔진의 폭발행정 끝에서 실린더 내 압력에 의해 배기가스가 배기 밸브로 배출되는 것

55 굴착기에 아워미터(시간계)의 설치 목적이 아닌 것은?

① 가동시간에 맞추어 예방정비를 한다.
② 가동시간에 맞추어 오일을 교환한다.
③ 각 부위 주유를 정기적으로 하기 위해 설치되었다.
④ 하차 만료 시간을 체크하기 위하여 설치되었다.

해설 아워미터는 실제로 일한 시간을 측정할 수 있는 계측기로, 시기마다 정비해 주어야 할 장비 점검, 오일 점검을 위해 시간을 알려 주는 역할을 한다.

56 고압선로 주변에서 건설기계에 의한 작업 중 고압선로 또는 지지물에 접촉 위험이 가장 높은 것은?

① 붐 또는 권상 로프　　② 상부 회전체
③ 하부 주행체　　　　　④ 장비 운전석

해설 고압선로 주변에서 건설기계로 작업할 때 고압선로 또는 지지물에 가장 접촉이 많은 부분은 권상 로프와 붐이다.

57 굴착기의 작업용도로 옳은 것은?

① 트랙터 앞에 부속장치인 블레이드를 설치하여 송토, 굴토, 삭토 및 확토 작업을 수행
② 토사 굴토, 굴착 작업, 도랑 파기 작업, 토사 상차 작업 등을 수행
③ 주로 가벼운 하물의 단거리 운반 및 적재, 적하를 위한 작업을 수행
④ 무거운 하물의 적재 및 적하, 기중작업, 토사의 굴토 및 굴착 작업, 수직 굴토, 항타 및 항발작업 등 특수기중작업을 수행

해설 ①은 도저, ③은 지게차, ④는 기중기의 기능이다.

58 굴착기의 상부 회전체는 몇 도까지 회전이 가능한가?

① 90°　　　　　　　　② 180°
③ 270°　　　　　　　　④ 360°

해설 상부 회전체는 360° 회전이 가능하다.

59 전류의 3대 작용이 아닌 것은?

① 발열 작용　　　　　② 자기 작용
③ 원심 작용　　　　　④ 화학 작용

해설 전류의 3대 작용 : 발열 작용, 화학 작용, 자기 작용

60 굴착기 버킷의 기본 구성요소가 아닌 것은?

① 사이드 커터　　　　② 로크
③ 어댑터　　　　　　④ 카운터 웨이트

해설 버킷의 구조

버킷　　　사이드 커터
사이드 커터　어댑터　로크　투스　로크핀

01 커먼레일 디젤기관의 공기유량센서(AFS)로 많이 사용되는 방식은?

① 칼만 와류 방식   ② 열막 방식

③ 맵센서 방식   ④ 베인 방식

✎해설 공기유량센서(AFS)는 열막 방식을 사용한다.

02 6기통 기관이 4기통 기관보다 좋은 점이 아닌 것은?

① 가속이 원활하고 신속하다.

② 저속회전이 용이하고 출력이 높다.

③ 기관진동이 적다.

④ 구조가 간단하여 제작비가 싸다.

✎해설 6기통 기관은 가속이 원활하고 신속하며 저속회전이 용이하고 출력이 높다. 또한 기관진동이 적다는 장점이 있다. 반면, Y자 형태의 블록을 사용하게 되므로 구조가 복잡하여 제작비가 비싼 단점이 있다.

03 측압을 받지 않는 스커트부의 일부를 절단하여 중량과 피스톤 슬랩을 경감시켜 스커트부와 실린더 벽과의 마찰 면적을 줄여주는 피스톤은?

① 오프셋 피스톤(Off-set Piston)

② 솔리드 피스톤(Solid Piston)

③ 슬리퍼 피스톤(Slipper Piston)

④ 스플릿 피스톤(Split Piston)

✎해설 ① 피스톤핀의 위치를 중심으로부터 편심하여 상사점에서 경사변화시기를 늦어지게 한 피스톤
② 스커드부에 홈이 없고 스커드부는 상, 중, 하의 지름이 동일한 통으로 된 피스톤
④ 측압이 작은 쪽의 스커트 상부에 세로로 홈을 두어 스커드부로 열이 전달되는 것을 제한한 구조의 피스톤

04 왕복형 엔진에서 상사점과 하사점까지의 거리는?

① 사이클   ② 과급

③ 행정   ④ 소기

✎해설 행정(stroke) : 상사점에서 하사점까지의 피스톤의 움직임이나 그 길이

05 수랭식 기관의 과열 원인이 아닌 것은?

① 냉각수 부족

② 송풍기 고장

③ 구동벨트 장력이 작거나 파손

④ 라디에이터 코어가 막혔을 때

✎해설 수랭식 기관의 과열 원인으로 냉각수량 부족, 냉각팬 파손, 구동벨트 장력이 작거나 파손, 수온조절기가 닫힌 채 고장, 라디에이터 코어 파손 등이 있다. 송풍기는 공랭식과 관련이 있다.

06 무한궤도식 굴착기의 주행방법 중 틀린 것은?

① 연약한 땅을 피해서 간다.

② 돌이 주행모터에 부딪히지 않도록 한다.

③ 요철이 심한 곳에서는 엔진 회전수를 높여 통과한다.

④ 가능하면 평탄한 길을 택하여 주행한다.

✎해설 노면의 요철이 심한 곳은 엔진 회전수를 줄이고 서행으로 안전을 확보하면서 통과한다.

07 굴착기의 동력전달계통에서 최종적으로 구동력 증가를 하는 것은?

① 트랙 모터   ② 스프로킷

③ 종감속기어   ④ 동력인출장치

✎해설 종감속기어는 추진축의 회전력을 직각으로 전달하며 기관의 회전력을 최종적으로 감속시켜 구동력을 증가시킨다.

08 유압장치에서 작동 및 움직임이 있는 곳의 연결관으로 적합한 것은?

① 플렉시블 호스   ② 구리 파이프

③ 강 파이프   ④ PVC 호스

✎해설 플렉시블 호스는 구부러지기 쉬운 호스로 내구성이 강하고 작동 및 움직임이 있는 곳에 사용하기 적합하다.

09 타이어식 굴착기에서 조향기어 백래시가 클 경우 발생될 수 있는 현상은?

① 핸들의 유격이 커진다.

② 조향핸들의 축방향 유격이 커진다.

③ 조향각도가 커진다.

④ 핸들이 한쪽으로 쏠린다.

✎해설 백래시(back lash)란 기어 접촉면의 간극. 즉 기어가 맞물렸을 때 이와 이 사이의 유격이다. 조향기어의 백래시가 크면 핸들의 유격이 커지고, 작으면 조향핸들이 무거워진다.

10 시동을 걸 때 점검해야 할 사항으로 맞지 않는 것은?

① 윤활계통의 공기빼기가 잘 되었는지 확인한다.

② 라디에이터 캡을 열고 냉각수가 채워져 있는지 확인한다.

③ 오일레벨 게이지로 점검하여 윤활유가 정상적인지 확인한다.

④ 배터리 충전이 정상적으로 되어 있는지 확인한다.

✎해설 윤활계통은 기관이 정지되어 윤활유가 크랭크실 내에 안착되어 있을 때 정확히 측정할 수 있기 때문에 운전 전에 점검해야 할 사항으로 적절하다.

11 시동전동기에서 발생한 회전력을 엔진 플라이 휠의 링 기어로 전달하여 크랭크축을 구동해 차량을 시동상태로 만들 때의 스위치는?

① ACC   ② ON

③ START   ④ LOCK

12 굴착작업 시 작업능력이 떨어지는 원인으로 맞는 것은?

① 트랙슈에 주유가 안 됨   ② 릴리프 밸브 조정불량

③ 조향핸들 유격과다   ④ 아워미터 고장

✎해설 압력제어밸브는 일의 크기를 결정하고, 유량제어밸브는 일의 속도를 결정하며, 방향제어밸브는 일의 방향을 결정한다. 압력제어밸브에는 릴리프 밸브, 리듀싱 밸브, 시퀀스 밸브 등이 있다.

13 굴착기의 하부 추진체와 트랙의 점검항목 및 조치사항을 열거한 것 중 틀린 것은?

① 구동스프로킷의 마멸한계를 초과하면 교환한다.
② 각부 롤러의 이상상태 및 라이닝 장치의 기능을 점검한다.
③ 트랙 링크의 장력을 규정 값으로 조정한다.
④ 리코일 스프링의 손상 등 상하부 롤러에 균열 및 마멸 등이 있으면 교환한다.

✎해설 라이닝 장치(텔레스코픽 로드)는 모터 그레이더에서 전륜을 20~30° 경사지게 하는 기구이다.

★
14 축전지를 사용하게 되면 서서히 방전이 되기 시작해 일정 전압 이하로 방전될 경우 방전을 멈추는데 이때의 전압을 무엇이라 하는가?

① 방전전압   ② 방전종지전압

③ 충전전압   ④ 방전완료전압

✎해설 축전지를 사용하는 경우 단자 전압이 0으로 되기까지 방전시키지 않고, 어느 한도의 전압까지 강하하면 방전을 멈추게 한다. 일반적으로는 정상 전압의 90% 정도에 설정한다. 이러한 사용 방법에 의해서 전지의 수명을 길게 한다.

15 납산 축전지를 충전기로 충전할 때 전해액의 온도가 상승하면 위험한 상황이 될 수 있다. 최대 몇 ℃를 넘지 않도록 하여야 하는가?

① 5℃   ② 10℃

③ 25℃   ④ 45℃

✎해설 충전 중 전해액의 온도는 45℃ 이상으로 상승시켜서는 안 된다.

16 크롤러식 굴착기에서 상부 회전체의 회전에는 영향을 주지 않고 주행모터에 작동유를 공급할 수 있는 부품은?

① 컨트롤 밸브   ② 센터 조인트

③ 사축형 유압모터   ④ 언로더 밸브

✎해설 센터 조인트는 굴착기 상부 회전체의 중심부에 설치돼 있으며, 상부 회전체의 오일을 하부 주행체(주행모터)로 공급해 주는 작용을 한다. 이때 상부 회전체가 회전하더라도 호스, 파이프 등이 꼬이지 않도록 원활하게 송유한다.

17 동력전달장치에서 클러치판은 어떤 축의 스플라인에 끼워져 있는가?

① 추진축   ② 차동기어장치

③ 크랭크축   ④ 변속기 입력축

✎해설 클러치판은 변속기 입력축의 스플라인에 끼워져 있어 변속을 위해 동력을 단속해 주는 역할을 한다.

★★
18 토크 컨버터의 3대 구성요소가 아닌 것은?

① 오버런닝 클러치   ② 스테이터

③ 펌프   ④ 터빈

✎해설 토크 컨버터는 유체클러치를 개량하여 유체클러치보다 회전력의 변화를 크게 한 것이다. 펌프, 터빈, 스테이터는 토크컨버터의 3대 구성요소로 크랭크축에 펌프를, 변속기 입력 축에 터빈을 두고 있으며, 오일의 흐름 방향을 바꿔주는 스테이터가 변속기 케이스에 일방향 클러치를 통해 부착되어 있다.

19 타이어식 건설기계에서 조향바퀴의 토인을 조정하는 곳은?

① 핸들   ② 타이로드

③ 웜 기어   ④ 드래그링크

✎해설 토인은 조향바퀴의 사이드 슬립과 타이어의 마멸을 방지하고 앞바퀴를 평행하게 회전시키기 위한 것으로, 지게차의 토인은 타이로드 길이로 조정한다.

20 브레이크 파이프 내에 베이퍼 록이 발생하는 원인과 가장 거리가 먼 것은?

① 드럼의 과열
② 지나친 브레이크 조작
③ 잔압의 저하
④ 라이닝과 드럼의 간극 과대

✎해설 베이퍼 록의 원인
• 긴 내리막길에서 풋 브레이크를 과도하게 사용했을 때
• 브레이크 드럼과 라이닝의 끌림에 의한 가열
• 마스터 실린더, 브레이크 슈 리턴 스프링 파손에 의한 잔압 저하
• 브레이크 오일 열화에 의한 비점의 저하, 오일이 불량할 때

21 타이어식 건설기계에서 앞바퀴 정렬의 역할과 거리가 먼 것은?

① 브레이크의 수명을 길게 한다.
② 타이어 마모를 최소로 한다.
③ 방향 안정성을 준다.
④ 조향핸들의 조작을 적은 힘으로 쉽게 할 수 있다.

✎해설 차량의 앞바퀴를 위에서 내려다보면 바퀴 중심선 사이의 거리가 앞쪽이 뒤쪽보다 약간 좁게 되어 있는데 이를 토인이라 한다. 토인은 앞바퀴 사이드 슬립과 타이어 마멸을 방지하며 캠버, 조향 링키지 마멸 및 주행 저항과 구동력의 반력에 의한 토아웃을 방지하여 주행 안정성을 높인다. 그리고 앞바퀴를 평행하게 회전시켜 조향핸들 조작도 용이하게 해준다.

22 무한궤도식 굴착기에서 스프로킷이 한쪽으로만 마모되는 원인으로 가장 적합한 것은?

① 트랙장력이 늘어났다.
② 트랙링크가 마모되었다.
③ 상부롤러가 과다하게 마모되었다.
④ 스프로킷 및 아이들러가 직선 배열이 아니다.

✎해설 스프로킷이 한쪽으로만 마모되었을 시 아이들러와 스프로킷(트랙)의 정렬 작업을 실시해야 한다.

23 전부 장치가 부착된 굴착기를 트레일러로 수송할 때 붐이 향하는 방향으로 가장 적합한 것은?

① 앞 방향　　　　　　② 뒷 방향
③ 좌측 방향　　　　　④ 우측 방향

✎해설 굴착기를 상차할 때에는 붐이나 작업장치를 뒷 방향으로 향하도록 하여야 한다.

★★
24 휠식 굴착기에서 아워미터의 역할은?

① 엔진 가동시간을 나타낸다.
② 주행거리를 나타낸다.
③ 오일량을 나타낸다.
④ 작동유량을 나타낸다.

✎해설 아워미터(시간계)는 엔진 가동시간을 나타내며 실제로 일한 시간을 측정할 수 있는 계측기로, 시기마다 정비해 주어야 할 장비 점검, 오일 점검을 위해 시간을 알려 주는 역할을 한다.

25 굴착기로 깊게 땅을 파는 작업 시 유의 사항으로 옳지 않은 것은?

① 산소량을 체크한다.
② 능숙한 전문가가 굴착기를 다뤄야 한다.
③ 단 한 번에 땅을 파야 한다.
④ 붐의 호스나 버킷실린더의 호스가 지면에 닿지 않도록 한다.

✎해설 여러 번 나누어 땅을 파야 한다.

★
26 굴착기 운전 시 작업안전 사항으로 적합하지 않은 것은?

① 스윙하면서 버킷으로 암석을 부딪쳐 파쇄하는 작업을 하지 않는다.
② 안전한 작업반경을 초과해서 하중을 이동시킨다.
③ 굴착하면서 주행하지 않는다.
④ 작업을 중지할 때는 파낸 모서리로부터 장비를 이동시킨다.

✎해설 굴착기 작업 시 주의사항
• 땅을 깊이 팔 때는 붐의 호스나 버킷 실린더의 호스가 지면에 닿지 않도록 한다.
• 작업 시는 실린더의 행정 끝에서 약간 여유를 남기도록 운전한다.
• 선회하는 속도를 크게 하는 것은 안전사고의 위험성을 증가시키는 일이 되므로 삼가야 한다.
• 굴착기의 하중을 이동시킬 때는 안전한 작업반경을 초과하지 않아야 한다.
• 경사지에서는 굴착기의 균형을 맞추기 위해 측면작업을 해서는 안 되고 경사지를 내려올 때는 후진의 형태로 내려와야 한다.

★★★★
27 굴착기를 트레일러에 상차하는 방법에 대한 것으로 가장 적합하지 않은 것은?

① 가급적 경사대를 사용한다.
② 트레일러로 운반 시 작업장치를 반드시 앞쪽으로 한다.
③ 경사대는 10~15° 정도 경사시키는 것이 좋다.
④ 붐을 이용하여 버킷으로 차체를 들어올려 탑재하는 방법도 이용되지만 전복의 위험이 있어 특히 주의를 요하는 방법이다.

✎해설 굴착기를 상차할 때에는 붐이나 작업장치를 뒷 방향으로 향하도록 하여야 한다.

28 굴착기 붐의 작동이 느린 이유가 아닌 것은?

① 기름에 이물질 혼입　　② 기름의 압력 저하
③ 기름의 압력 과다　　　④ 기름의 압력 부족

★
29 다음 중 베인펌프의 구성요소에 해당하지 않는 것은?

① 회전자(로터)　　　　② 케이싱
③ 베인(날개)　　　　　④ 피스톤

✎해설 베인펌프는 회전하는 로터가 들어 있는 케이싱 속에 여러 날개가 설치되어 회전에 의해 유체를 흡입·토출하는 펌프이다.

★★★★★
30 유압 작동유의 점도가 너무 높을 때 발생되는 현상으로 맞는 것은?

① 동력 손실의 증가　　② 내부 누설의 증가
③ 펌프 효율의 증가　　④ 마찰 마모 감소

✎해설 유압유의 점도가 높을 경우 유압이 높아지며 관내의 마찰 손실에 의해 동력 손실이 유발될 수 있으며 열이 발생할 수 있고, 이에 의해 소음이나 공동현상이 발생할 수 있다.

★★★★
31 유압회로에 흐르는 압력이 설정된 압력 이상으로 되는 것을 방지하기 위한 밸브는?

① 감압밸브　　　　　　② 릴리프밸브
③ 시퀀스밸브　　　　　④ 카운터 밸런스밸브

✎해설 유압제어밸브에는 릴리프밸브, 감압밸브, 시퀀스밸브, 카운터 밸런스밸브, 언로드밸브 등이 있다. 릴리프밸브는 회로 압력을 일정하게 하거나 최고 압력을 규제하여 각부 기기를 보호한다. 감압밸브는 유압회로에서 분기 회로의 압력을 주회로의 압력보다 저압으로 사용하고자 할 때 쓴다.

★
32 유압 작동유의 중요 역할이 아닌 것은?

① 일을 흡수한다.　　　② 부식을 방지한다.
③ 습동부를 윤활시킨다.　④ 압력에너지를 이송한다.

✎해설 유압유의 기능
• 동력 전달　　　　　　　• 마찰열 흡수
• 움직이는 기계요소 윤활　• 필요한 기계요소 사이를 밀봉

★
33 유압라인에서 압력에 영향을 주는 요소로 가장 관계가 적은 것은?

① 유체의 흐름 양
② 유체의 점도
③ 관로 직경의 크기
④ 관로의 좌·우 방향

✎해설 압력은 유체의 힘에 비례하고 면적에는 반비례한다. 따라서 힘에 영향을 주는 점도나 유량이 클 경우나 관로 직경의 크기가 좁을수록 압력은 높아진다.

★
34 유압 작동유의 구비조건으로 맞는 것은?

① 내마모성이 작을 것
② 압축성이 좋을 것
③ 인화점이 낮을 것
④ 점도지수가 높을 것

✎해설 **유압 작동유의 구비조건**
• 비압축성일 것
• 내열성이 크고 거품이 적을 것
• 점도지수가 높을 것

35 베인펌프의 특징 중 맞지 않는 것은?

① 수명이 짧다.
② 진동과 소음이 적다.
③ 정비와 관리가 용이하다.
④ 고속회전이 가능하다.

✎해설 **베인펌프의 특징**

장 점	• 소음과 진동이 적음 • 로크가 안정 • 정비와 관리가 용이 • 수명은 보통 • 고속회전 가능 • 유압탱크에 가압을 가하지 않아도 펌프질 가능
단 점	• 최고압력 및 흡입 성능이 낮음 • 구조가 약간 복잡함

★★★
36 유압모터에서 소음과 진동이 발생할 때의 원인이 아닌 것은?

① 내부 부품의 파손
② 작동유 속에 공기의 혼입
③ 체결 볼트의 이완
④ 펌프의 최고 회전속도 저하

✎해설 유압모터의 내부 부품이 파손되거나 체결을 위한 볼트가 이완되었을 경우, 작동유에 공기가 흡입되었을 경우에 소음과 진동이 발생할 수 있다.

37 축압기의 용도로 적합하지 않은 것은?

① 유압에너지의 저장
② 충격 흡수
③ 유량 분배 및 제어
④ 압력 보상

✎해설 축압기의 기능 : 압력 보상, 에너지 축적, 유압회로 보호, 체적변화 보상, 맥동 감쇠, 충격압력 흡수 및 일정 압력 유지

38 다음 중 건설기계관리법에 의한 건설기계가 아닌 것은?

① 불도저
② 덤프트럭
③ 아스팔트피니셔
④ 트레일러

✎해설 **건설기계의 범위**(건설기계관리법 시행령 별표1)
불도저, 굴착기, 로더, 지게차, 스크레이퍼, 덤프트럭, 기중기, 모터그레이더, 롤러, 노상안정기, 콘크리트뱃칭플랜트, 콘크리트피니셔, 콘크리트살포기, 콘크리트믹서트럭, 콘크리트펌프, 아스팔트믹싱플랜트, 아스팔트피니셔, 아스팔트살포기, 골재살포기, 쇄석기, 공기압축기, 천공기, 항타 및 항발기, 자갈채취기, 준설선, 특수건설기계, 타워크레인

★★
39 등록건설기계의 기종별 표시방법으로 옳은 것은?

① 01 - 불도저
② 02 - 모터그레이더
③ 03 - 지게차
④ 04 - 덤프트럭

✎해설 ② 08 : 모터그레이더
③ 04 : 지게차
④ 06 : 덤프트럭

★★
40 항타기는 부득이한 경우를 제외하고 가스배관의 수평거리를 최소한 몇 m 이상 이격하여 설치해야 하는가?

① 4m
② 6m
③ 2m
④ 10m

✎해설 항타기는 부득이한 경우를 제외하고 가스배관의 수평거리를 최소한 2m 이상 이격하여 설치해야 한다.

★★★
41 최고속도의 100분의 20을 줄인 속도로 운행하여야 할 경우는?

① 노면이 얼어 붙은 경우
② 폭우, 폭설, 안개 등으로 가시거리가 100m 이내인 경우
③ 눈이 20mm 이상 쌓인 경우
④ 비가 내려 노면이 젖어 있는 경우

✎해설 **자동차 등의 속도**(도로교통법 시행규칙 제19조)
1. 최고속도의 100분의 20을 줄인 속도로 운행하여야 하는 경우
   가. 비가 내려 노면이 젖어 있는 경우
   나. 눈이 20mm 미만 쌓인 경우
2. 최고속도의 100분의 50을 줄인 속도로 운행하여야 하는 경우
   가. 폭우·폭설·안개 등으로 가시거리가 100m 이내인 경우
   나. 노면이 얼어 붙은 경우
   다. 눈이 20mm 이상 쌓인 경우

★★★
42 건설기계를 운전하여 교차로 전방 20m 지점에 이르렀을 때 황색 등화로 바뀌었을 경우 운전자의 조치방법은?

① 일시정지하여 안전을 확인하고 진행한다.
② 정지할 조치를 취하여 정지선에 정지한다.
③ 그대로 계속 진행한다.
④ 주위의 교통에 주의하면서 진행한다.

✎해설 황색의 등화가 점등되었을 때 차마는 정지선이 있거나 횡단보도가 있을 때에는 그 직전이나 교차로의 직전에 정지하여야 하며, 이미 교차로에 차마의 일부라도 진입한 경우에는 신속히 교차로 밖으로 진행하여야 한다(도로교통법 시행규칙 별표2).

★★★★
43 건설기계조종사 면허를 받지 아니하고 건설기계를 운행하면 어떻게 되는가? (단, 소형 건설기계 제외)

① 1개월 이내에 면허를 발급받으면 처벌받지 않는다.
② 도로에서 운행하지만 않는다면 처벌받지 않는다.
③ 사고만 일으키지 않는다면 처벌받지 않는다.
④ 1년 이하의 징역 또는 1천만 원 이하의 벌금에 처한다.

✎해설 건설기계조종사 면허를 받지 아니하고 건설기계를 조종한 자는 1년 이하의 징역 또는 1천만 원 이하의 벌금에 처한다(건설기계관리법 제41조).

★
44 다음 중 1종 대형면허를 취득할 수 있는 경우는?

① 두 눈을 동시에 뜨고 잰 시력이 0.8 미만이고, 두 눈의 시력이 각각 0.5 미만인 경우

② 55데시벨(보청기를 사용하는 사람은 40데시벨)의 소리를 들을 수 있는 경우

③ 붉은색·녹색 및 노란색을 구별할 수 없는 경우

④ 19세 미만이거나 자동차(이륜자동차는 제외)의 운전경험이 1년 미만인 사람

✎해설 제1종 운전면허 중 대형면허 또는 특수면허를 취득하려는 경우에는 55데시벨(보청기를 사용하는 사람은 40데시벨)의 소리를 들을 수 있어야 한다(도로교통법 시행령 제45조제1항제3호).

기출변형
45 차로에 대한 설명으로 옳지 않은 것은?

① 차로의 설치는 시·도경찰청장이 한다.

② 비포장도로에는 차로를 설치할 수 없다.

③ 일방통행도로에서는 도로 우측부터 1차로이다.

④ 차로를 설치할 경우 도로의 중앙선으로부터 1차로로 한다.

✎해설 일방통행도로에서는 도로의 왼쪽부터 1차로로 한다(도로교통법 시행규칙 제16조).

합격 Tip!

도로교통법에서 "지방경찰청장"이 "시·도경찰청장"으로 변경되었습니다. 개정 전후 내용을 반드시 알아두세요!!!!

★★★
46 건설기계관리법령상 건설기계조종사 면허의 취소사유가 아닌 것은?

① 건설기계의 조종 중 고의로 3명에게 경상을 입힌 경우

② 건설기계의 조종 중 고의로 중상의 인명피해를 입힌 경우

③ 등록이 말소된 건설기계를 조종한 경우

④ 부정한 방법으로 건설기계조종사 면허를 받은 경우

✎해설 등록이 말소된 건설기계를 사용하거나 운행한 자는 2년 이하의 징역 또는 2천만 원 이하의 벌금에 처한다(건설기계관리법 제40조).

★★★★★
47 건설기계의 검사유효기간이 끝난 후 받아야 하는 검사는?

① 수시검사   ② 신규등록검사

③ 정기검사   ④ 구조변경검사

✎해설 정기검사(건설기계관리법 제13조)
• 건설공사용 건설기계로서 3년의 범위에서 국토교통부령으로 정하는 검사유효기간이 끝난 후에 계속하여 운행하려는 경우에 실시하는 검사
• 대기환경보전법 제62조 및 소음·진동관리법 제37조에 따른 운행차의 정기검사

48 건설기계조종사 면허를 발급하는 자는?

① 대통령   ② 시장·군수 또는 구청장

③ 경찰서장   ④ 국토교통부장관

✎해설 건설기계를 조종하려는 사람은 시장·군수 또는 구청장에게 건설기계조종사 면허를 받아야 한다(건설기계관리법 제26조).

49 도시가스제조사업소에서 정압기지의 경계까지 이르는 배관은?

① 본관   ② 공급관

③ 사용자 공급관   ④ 내관

✎해설 본관이란 가스도매사업의 경우에는 도시가스제조사업소(액화천연가스의 인수기지를 포함)의 부지 경계에서 정압기지의 경계까지 이르는 배관을 말한다. 다만 밸브기지 안의 배관은 제외한다(도시가스사업법 시행규칙 제2조제1항제2호).

50 다음 중 개인용 수공구가 아닌 것은?

① 해머   ② 정

③ 스패너   ④ 롤러기

✎해설 개인용 수공구 : 펀치 및 정, 스패너 및 렌치, 해머 등

★
51 다음 중 산업재해의 원인이 다른 것은?

① 작업현장의 조명상태   ② 기계의 배치 상태

③ 기계 운전 미숙   ④ 복장의 불량

✎해설 재해의 원인

인적 원인	관리상 원인	작업지식 부족, 작업 미숙, 작업방법 불량 등
	생리적인 원인	체력 부족, 신체적 결함, 피로, 수면 부족, 질병 등
	심리적인 원인	정신력 부족, 무기력, 부주의, 경솔, 불만 등
환경적 원인		시설물의 불량, 공구의 불량, 작업장의 환경 불량, 복장의 불량 등

52 건설기계의 조종 중 고의 또는 과실로 가스공급시설을 손괴할 경우 조종사 면허의 처분기준은?

① 면허효력정지 10일   ② 면허효력정지 15일

③ 면허효력정지 180일   ④ 면허효력정지 25일

✎해설 건설기계의 조종 중 고의 또는 과실로 가스공급시설을 손괴하거나 가스공급시설의 기능에 장애를 입혀 가스의 공급을 방해한 때에는 면허효력정지 180일을 부과한다(건설기계관리법 시행규칙 별표22).

★★★★★
53 스패너 작업 시 유의할 사항으로 틀린 것은?

① 스패너의 입이 너트의 치수에 맞는 것을 사용해야 한다.

② 스패너의 자루에 파이프를 이어서 사용해서는 안 된다.

③ 스패너와 너트 사이에는 쐐기를 넣고 사용하는 것이 편리하다.

④ 너트에 스패너를 깊이 물리도록 하여 조금씩 앞으로 당기는 식으로 풀고 조인다.

✎해설 스패너는 스패너의 입이 너트의 치수와 꼭 맞는 것을 사용해야 한다. 스패너와 너트 사이에 쐐기와 같은 보조물을 삽입하여 사용하면 스패너가 갑자기 겉돌면서 안전사고를 일으킬 위험성이 있다.

54 B급 화재에 대한 설명으로 옳은 것은?

① 전기화재   ② 일반화재

③ 유류화재   ④ 금속화재

✎해설 B급 화재는 유류화재로서 기름, 타르, 페인트, 가스 등에 난 불이며 재가 남지 않는다. 물로 끌 수 없고 모래나 ABC소화기, B급 화재 전용소화기를 이용하여 진압해야 한다.

55 ★ 감전되거나 전기화상을 입을 위험이 있는 곳에서 작업 시 작업자가 착용해야 할 것은?

① 보호구 ② 구명구
③ 구명조끼 ④ 비상벨

✎해설 감전이나 전기화상의 위험이 있는 곳에서는 보호구를 착용해야 한다.

56 ★★★★★ 작업장의 안전수칙 중 틀린 것은?

① 공구는 오래 사용하기 위하여 기름을 묻혀서 사용한다.
② 작업복과 안전장구는 반드시 착용한다.
③ 각종 기계를 불필요하게 공회전시키지 않는다.
④ 기계의 청소나 손질은 운전을 정지시킨 후 실시한다.

✎해설 수공구는 사용 후 미끄러지는 것을 방지하기 위해 기름 성분은 면 걸레로 깨끗이 닦아 두어야 하며 수분을 피해 녹슬지 않도록 해야 한다.

57 ★★ 굴착장비를 이용하여 도로 굴착작업 중 "고압선 위험" 표지시트가 발견되었다. 다음 중 맞는 것은?

① 표지시트 좌측에 전력케이블이 묻혀 있다.
② 표지시트 우측에 전력케이블이 묻혀 있다.
③ 표지시트와 직각방향에 전력케이블이 묻혀 있다.
④ 표지시트 직하에 전력케이블이 묻혀 있다.

✎해설 지중전선로를 설치할 때는 차량 및 기타 중량물의 압력을 받을 경우 1.2m 이상, 차량 및 기타 중량물의 압력을 받지 않을 경우 0.6m 이상의 깊이에 설치하며 직상에 '고압선 위험' 표지시트를 세운다.

58 ★ 특고압 전선로 부근에서 건설기계를 이용한 작업 방법 중 틀린 것은?

① 지상 감시자를 배치하고 감시하도록 한다.
② 작업을 시작하기 전에 관할 시설 관리자에게 연락하여 도움을 요청한다.
③ 붐이 전선에 접촉만 하지 않으면 상관없다.
④ 작업 전 고압전선의 전압을 확인하고, 안전거리를 파악한다.

✎해설 전선로 부근에서 작업할 때는 감전에 대한 대비를 철저히 해야 한다. 고압 전선 부근에서는 직접 접촉하지 않아도 감전사고가 일어날 수 있으므로 주의해야 한다.

59 ★★ 다음 중 작업상 안전에 관한 내용으로 맞지 않는 것은?

① 무거운 물건을 여러 사람이 들어 옮길 때는 각자 걸리는 힘이 균일하도록 노력한다.
② 담당자가 아니어도 필요한 경우라면 관련 부품을 취급해도 된다.
③ 해머를 사용할 때는 미끄러울 수 있으므로 면장갑을 사용하지 않는다.
④ 연삭 작업 시 반드시 보안경을 착용한다.

✎해설 취급 담당자가 아니라면 관련 부품을 취급하지 않는 것이 원칙이다.

60 재해 발생 시의 조치 순서로 알맞은 것은?

① 긴급 처리 → 재해 조사 → 원인 강구 → 대책 수립 및 실시 계획 → 실시 → 평가
② 긴급 처리 → 원인 강구 → 재해 조사 → 대책 수립 및 실시 계획 → 실시 → 평가
③ 재해 조사 → 긴급 처리 → 원인 강구 → 실시 → 대책 수립 및 실시 계획 → 평가
④ 재해 조사 → 긴급 처리 → 원인 강구 → 대책 수립 및 실시 계획 → 실시 → 평가

✎해설 재해 발생 시의 조치 : 긴급 처리 → 재해 조사 → 원인 강구 → 대책 수립 및 실시 계획 → 실시 → 평가

01 커먼레일 디젤기관의 공기유량센서(AFS)에 대한 설명 중 맞지 않는 것은?

① EGR 피드백 제어기능을 주로 한다.
② 열막 방식을 사용한다.
③ 연료량 제어기능을 주로 한다.
④ 스모그 제한 부스터 압력 제어용으로 사용한다.

✎해설 공기유량센서(AFS)는 스로틀 바디에 설치되어 에어 클리너로 흡입되는 공기량을 계측하여 신호로 변환시켜 ECU로 보내는 기능을 한다. 커먼레일 디젤기관에서는 연료량 제어기능보다는 주로 배기가스 재순환 제어기능에 사용된다.

★
02 수랭식 기관의 과열 원인이 아닌 것은?

① 냉각수 부족
② 라디에이터 코어가 막혔을 때
③ 구동벨트 장력이 작거나 파손
④ 송풍기 고장

✎해설 수랭식 기관의 과열 원인으로 냉각수량 부족, 냉각팬 파손, 구동벨트 장력이 작거나 파손, 수온조절기가 닫힌 채 고장, 라디에이터 코어 파손 등이 있다. 송풍기는 공랭식과 관련이 있다.

★★
03 엔진오일이 많이 소비되는 원인이 아닌 것은?

① 피스톤링의 마모가 심할 때
② 실린더의 마모가 심할 때
③ 기관의 압축압력이 높을 때
④ 밸브 가이드의 마모가 심할 때

✎해설 완벽하게 정비된 엔진이라면 윤활유가 잘 줄어들지 않는다. 그러나 여러 원인에 의해 윤활유가 기관 내에서 타서 없어지거나 어딘가에 틈이 생겨 새어 나가게 되면 윤활유는 줄어들게 된다. 즉, 윤활유 소비의 원인은 연소와 누설이다. 피스톤링, 실린더가 마모되면 윤활유가 연소실 내로 들어가 타게 되며, 밸브 가이드가 마모되면 윤활유가 누출된다.

★
04 아래의 경고등이 점등되는 경우는?

① 냉각수의 온도가 너무 높을 때
② 엔진오일이 부족하여 유압이 낮을 때
③ 브레이크액이 부족할 때
④ 연료가 부족할 때

✎해설 그림의 경고등은 엔진오일 압력 경고등으로 오일이 부족하거나 오일필터가 막혔을 때, 오일회로가 막혔을 때 점등된다.

★
05 온도의 변화에 따라 오일의 점도가 변하는 정도를 수치로 표시한 것을 무엇이라 하는가?

① 열팽창계수
② 체적탄성계수
③ 점도지수
④ 발화점

✎해설 점도란 점도계에 의해 얻어지는 오일의 묽고 진한 상태를 나타내는 수치이다. 점도지수란 오일이 온도의 변화에 따라 점도가 변하는 정도를 수치로 표시한 것으로 오일의 온도 의존성을 나타내며, 값이 클수록 온도에 의한 변화가 적은 것을 나타낸다. 온도가 상승하면 점도는 저하되고 하강하면 높아진다.

06 토크컨버터의 최대 회전력을 무엇이라 하는가?

① 회전력
② 토크 변환비
③ 종감속비
④ 변속기어비

✎해설 토크 변환비는 토크컨버터의 최대 회전력을 말한다.

★
07 배기가스 색깔에 대한 설명으로 옳지 않은 것은?

① 흰색이면 엔진오일이 함께 연소되고 있는 상황이다.
② 검은색이면 엔진에서 불완전 연소가 일어나고 있는 상황이다.
③ 머플러에 물이나 습기가 있는 경우 흰색 연기가 나오면 온도차에 의한 현상이 아니라 엔진에 문제가 있는 상황이다.
④ 무색투명하면 정상이라 할 수 있다.

✎해설 머플러에 물이나 습기가 있는 경우 흰색 연기가 나오면 온도차에 의한 현상이므로 엔진과는 무관하다.

08 디젤기관의 흡입행정에서 들어오는 것은?

① 공기
② 연료
③ 혼합기
④ 엔진오일

✎해설

가솔린기관	디젤기관
• 휘발유를 연료로 하는 기관 • 공기와 연료의 혼합기를 흡입, 압축하여 전기적인 불꽃으로 점화	• 경유를 연료로 하는 기관 • 공기만을 흡입, 압축한 후 연료를 분사시켜 압축열에 의해서 착화

★★
09 피스톤링의 역할이 아닌 것은?

① 열전도작용(냉각작용)
② 기밀유지작용(밀봉작용)
③ 오일(윤활유)제어작용
④ 균형작용

✎해설 피스톤링은 압축링과 오일링 두 가지로 이루어져 있으며 실린더벽과 피스톤 사이의 기밀을 유지하여 엔진 효율의 손실을 막는다. 실린더 벽에 윤활하고 남은 과잉의 기관 오일을 긁어내려 실린더 벽의 유막을 조절하는 역할을 하며, 실린더 벽과 피스톤 사이의 열전도 작용을 통해 냉각에도 도움을 준다.

10 측압을 받지 않는 스커트부의 일부를 절단하여 중량과 피스톤 슬랩을 경감시켜 스커트부와 실린더 벽과의 마찰 면적을 줄여주는 피스톤은?

① 오프셋 피스톤(Off-set Piston)

② 솔리드 피스톤(Solid Piston)

③ 슬리퍼 피스톤(Slipper Piston)

④ 스플릿 피스톤(Split Piston)

✎해설 ① 피스톤핀 위치를 중심으로부터 편심하여 상사점에서 경사 변환시기를 늦어지게 한 피스톤
② 스커드부에 홈이 없고 스커드부는 상, 중, 하의 지름이 동일한 통으로 된 피스톤
④ 측압이 작은 쪽의 스커트 상부에 세로로 홈을 두어 스커드부로 열이 전달되는 것을 제한한 구조의 피스톤

11 동일한 전지 2개를 직렬로 연결했을 때 옳은 것은?

① 전압 2배, 용량 2배

② 전압 그대로, 용량 2배

③ 전압 2배, 용량 그대로

④ 전압 그대로, 용량 그대로

✎해설 직렬로 연결하면 전압이 올라가고, 병렬로 연결하면 전류가 상승한다. 직렬연결 시 전압은 개수만큼 증가하지만 용량은 1개일 때와 같다. 병렬로 연결하면 용량은 개수만큼 증가하지만 전압은 1개일 때와 같다.

12 직류 발전기, 교류 발전기 모두 들어 있는 것은?

① 전류조정기

② 전압조정기

③ 저항조정기

④ 다이오드

✎해설 직류 발전기의 조정기에는 컷아웃 릴레이, 전압조정기, 전류조정기가 포함되어 있고, 교류 발전기에는 전압조정기만 포함되어 있다. 그러므로 공통으로 구성된 것은 전압조정기이다.

13 전선에 대한 설명으로 옳은 것은?

⑦ DV : 주로 AC600V 이하의 저압 가공인입선으로 사용된다.
④ OW : 옥외 저압 가공 배전선로로 사용된다.
④ MI케이블 : 고압의 지중전선에 사용된다.

① ⑦, ④

② ④, ④

③ ⑦, ④

④ ⑦, ④, ④

✎해설 ④ MI케이블 : 저압용 케이블로서 화재 예방이 특히 필요한 문화재 등에 사용된다.

14 건설기계에서 축전지의 가장 중요한 역할은?

① 주행 중 점화장치에 전류를 공급한다.

② 주행 중 등화장치에 전류를 공급한다.

③ 주행 중 발생하는 전기부하를 담당한다.

④ 시동장치의 전기적 부하를 담당한다.

✎해설 축전지의 기능
• 시동장치의 전기적 부하를 부담(가장 중요한 기능)
• 발전기가 고장일 경우 주행을 확보하기 위한 전원으로 작용
• 주행 상태에 따른 발전기의 출력과 부하와의 불균형을 조정
• 발전기의 여유 출력을 저장

15 납산 축전지의 일반적인 충전 방법으로 가장 많이 사용되는 것은?

① 정전류 충전

② 정전압 충전

③ 급속 충전

④ 별전류 충전

✎해설 납산 축전지를 충전할 때는 일반적으로 극 양단에 일정한 전류(정전류)를 걸어주어 충전한다.

16 실드빔식 전조등에 대한 설명으로 맞지 않는 것은?

① 대기 조건에 따라 반사경이 흐려지지 않는다.

② 내부에 불활성 가스가 들어 있다.

③ 사용에 따른 광도의 변화가 적다.

④ 필라멘트를 갈아 끼울 수 있다.

✎해설 실드빔 전조등은 렌즈나 필라멘트를 교환하는 것이 불가능하다.

17 무한궤도식 건설기계에서 트랙의 구성품으로 맞는 것은?

① 슈, 조인트, 스프로킷, 핀, 슈볼트

② 스프로킷, 트랙롤러, 상부롤러, 아이들러

③ 슈, 스프로킷, 하부롤러, 상부롤러, 감속기

④ 슈, 슈볼트, 링크, 부싱, 핀

✎해설 무한궤도식의 트랙은 링크, 핀, 부싱, 슈 및 슈핀 등으로 구성되며 아이들러 상하부 롤러 스프로킷에 감겨져 있고 스프로킷에서 동력을 받아 구동된다.

18 굴착기에서 매 1,000시간마다 점검 정비해야 할 항목으로 맞지 않는 것은?

① 작동유 배수 및 여과기 교환

② 어큐뮬레이터 압력 점검

③ 주행감속기 기어의 오일 교환

④ 발전기, 시동전동기 점검

✎해설 오랜 시간 유압장치를 사용하게 되면 응축수가 생겨 오일에 혼합되게 된다. 굴착기에서 작동유 배수와 여과기 교환은 1,000시간마다 해주어야 할 정비 사항이 아니다.

19 다음 중 굴착기의 작업장치에 해당되지 않는 것은?

① 브레이커

② 파일드라이브

③ 힌지 버킷

④ 크러셔

✎해설 힌지 버킷은 굴착기의 버킷과는 다른 것으로, 석탄, 소금, 모래, 비료 등 흘러내리기 쉬운 하물을 운반하기 위한 지게차의 한 종류에 해당한다.

20 굴착기를 트레일러에 상차하는 방법에 대한 것으로 가장 적합하지 않은 것은?

① 가급적 경사대를 사용한다.

② 트레일러로 운반 시 작업장치를 반드시 앞쪽으로 한다.

③ 경사대는 10~15° 정도 경사시키는 것이 좋다.

④ 붐을 이용하여 버킷으로 차체를 들어올려 탑재하는 방법도 이용되지만 전복의 위험이 있어 특히 주의를 요하는 방법이다.

✎해설 굴착기를 상차할 때에는 붐이나 작업장치를 뒷방향으로 향하도록 하여야 한다.

21 ★ 중장비 기계 작업 후 점검사항으로 거리가 먼 것은?

① 파이프나 실린더의 누유를 점검한다.
② 작동 시 필요한 소모품의 상태를 점검한다.
③ 겨울철엔 가급적 연료 탱크를 가득 채운다.
④ 다음날 계속 작업하므로 차의 내외부는 그대로 둔다.

22 ★★ 건설기계 운전 작업 후 탱크에 연료를 가득 채워주는 이유와 가장 관계가 적은 것은?

① 다음 작업을 위해서
② 연료의 기포방지를 위해서
③ 연료탱크에 수분이 생기는 것을 방지하기 위해서
④ 연료의 압력을 높이기 위해서

✎해설 연료탱크에 연료를 가득 채워 두어야 차가운 공기 중의 수증기가 응축, 물로 변화하여 연료에 혼입되는 것을 방지할 수 있다.

23 굴착기의 3대 주요부 구분으로 옳은 것은?

① 트랙 주행체, 하부 추진체, 중간 선회체
② 동력 주행체, 하부 추진체, 중간 선회체
③ 작업(전부)장치, 상부 선회체, 하부 추진체
④ 상부 조정장치, 하부 추진체, 중간 동력장치

✎해설 굴착기의 3대 주요부는 작업(전부)장치, 상부 선회체, 하부 추진체이다.

24 ★★★ 굴착기 작업 중 운전자 하차 시 주의사항으로 틀린 것은?

① 버킷을 땅에 완전히 내린다.
② 엔진을 정지시킨다.
③ 타이어식인 경우 경사지에서 정차 시 고임목을 설치한다.
④ 엔진정지 후 가속레버를 최대로 당겨 놓는다.

✎해설 가속레버는 건설기계에서 연료의 가감을 조절하는 수동식 레버로서 연료레버라고도 한다. 기관이 완전히 정지한 다음에는 가속레버를 뒤로 밀어준다.

25 ★★★ 타이어식 건설기계장비에서 조향핸들의 조작을 가볍고 원활하게 하는 방법과 가장 거리가 먼 것은?

① 동력조향을 사용한다.
② 바퀴의 정렬을 정확히 한다.
③ 타이어의 공기압을 적정압으로 한다.
④ 종감속 장치를 사용한다.

✎해설 타이어식 조향핸들의 조작을 무겁게 하는 원인은 타이어의 공기압이 적정압보다 낮아졌거나 바퀴 정렬, 즉 얼라인먼트가 제대로 이뤄지지 않아서이다. 또한, 동력조향을 이용하면 핸들 조작은 쉽게 가벼워질 수 있다. 종감속 장치는 동력전달 계통에서 사용한다.

26 무한궤도식 굴착기의 하부 주행체를 구성하는 요소가 아닌 것은?

① 선회고정 장치   ② 주행모터
③ 스프로킷   ④ 트랙

✎해설 크롤러(무한궤도)형 유압식 굴착기의 주행은 기관의 힘이 메인 유압펌프에 가해져 주행모터, 즉 유압모터를 돌려 스프로킷을 움직이고, 트랙에 힘을 전달하는 과정으로 이동한다.

27 ★★ 유압실린더에서 실린더의 과도한 자연낙하 현상이 발생될 수 있는 원인이 아닌 것은?

① 작동압력이 높을 때
② 실린더 내의 피스톤 실링의 마모
③ 컨트롤밸브 스풀의 마모
④ 릴리프밸브의 조정 불량

✎해설 실린더 자연낙하 현상은 유로가 파손되거나 유압실린더의 실링이 마모되었을 경우, 컨트롤밸브 스풀이 마모되었을 경우, 릴리프밸브 조정이 잘못되었을 경우 발생할 수 있다. 기계적인 결함에 의해 발생하는 현상이므로 작동압력과는 관련이 없다.

28 ★★★ 유압탱크의 구비조건과 가장 거리가 먼 것은?

① 적당한 크기의 주유구 및 스트레이너를 설치한다.
② 드레인(배출밸브) 및 유면계를 설치한다.
③ 오일에 이물질이 혼입되지 않도록 밀폐되어야 한다.
④ 오일냉각을 위한 쿨러를 설치한다.

✎해설 유압탱크는 적정 유량을 저장하고 적정 유온을 유지하며 작동유의 기포 발생 방지 및 제거의 역할을 한다. 주유구와 스트레이너, 유면계가 설치되어 있어 유량을 점검할 수 있다. 이물질 혼합이 일어나지 않도록 밀폐되어 있어야 한다. 오일냉각기는 독립적으로 설치한다.

29 ★ 유압장치의 장점이 아닌 것은?

① 작은 동력원으로 큰 힘을 낼 수 있다.
② 과부하 방지가 용이하다.
③ 운동방향을 쉽게 변경할 수 있다.
④ 고장원인의 발견이 쉽고 구조가 간단하다.

✎해설 유압장치(기계)의 장단점

장 점	단 점
• 소형으로 성능이 좋음	• 배관이 까다롭고 오일 누설이 많음
• 원격조작 및 무단변속 용이	• 오일은 연소 및 비등하여 위험
• 회전 및 직선운동 용이	• 유압유의 온도에 따라 기계의 작동속도가 변함
• 과부하 방지 용이	• 에너지 손실이 많음
• 내구성이 좋음	• 원동기의 마력이 커짐

30 ★★★★ 유압회로에 흐르는 압력이 설정된 압력 이상으로 되는 것을 방지하기 위한 밸브는?

① 감압밸브   ② 릴리프밸브
③ 시퀀스밸브   ④ 카운터 밸런스밸브

✎해설 유압제어밸브에는 릴리프밸브, 감압밸브, 시퀀스밸브, 카운터 밸런스밸브, 언로드밸브 등이 있다. 릴리프밸브는 회로 압력을 일정하게 하거나 최고 압력을 규제하여 각부 기기를 보호한다. 감압밸브는 유압회로에서 분기 회로의 압력을 주회로의 압력보다 저압으로 사용하고자 할 때 쓴다.

31 유압실린더에서 피스톤의 충격을 완화시키기 위해서 설치된 기구는?

① 쿠션기구　　　　　② 밸브기구
③ 유량제어기구　　　④ 셔틀기구

✎해설 실린더 쿠션기구 : 작동을 하고 있는 피스톤이 그대로의 속도로 실린더 끝부분에 충돌하면 큰 충격이 가해진다. 이것을 완화시키기 위하여 설치한 것이 쿠션기구이다.

32 다음 그림이 의미하는 밸브는?

① 시퀀스밸브　　　　② 감압밸브
③ 릴리프밸브　　　　④ 무부하밸브

✎해설 ① 시퀀스밸브　　② 감압밸브　　④ 무부하밸브

33 다음의 기호가 의미하는 것은?

① 유압모터　　　　　② 유압펌프
③ 공기압모터　　　　④ 요동모터

✎해설 그림은 유압모터를 나타낸다.

34 유압유의 점도가 지나치게 높았을 때 나타나는 현상이 아닌 것은?

① 오일 누설이 증가한다.
② 유동저항이 커져 압력손실이 증가한다.
③ 동력손실이 증가하여 기계효율이 감소한다.
④ 내부마찰이 증가하고, 압력이 상승한다.

✎해설 유압유의 점도가 높을 경우 관내의 마찰 손실에 의해 동력 손실이 유발될 수 있으며 열이 발생할 수 있다.

35 건설기계장비 검사가 연기되지 않는 경우?

① 천재지변　　　　　② 건설기계의 도난
③ 10일간의 정비　　　④ 사고발생

✎해설 건설기계 소유자는 천재지변, 건설기계의 도난, 사고발생, 압류, 31일 이상에 걸친 정비 그 밖의 부득이한 사유로 검사신청기간 내에 검사를 신청할 수 없는 경우에는 검사신청기간 만료일까지 기간연장신청서에 연장사유를 증명할 수 있는 서류를 첨부하여 시·도지사에게 제출하여야 한다(건설기계관리법 시행규칙 제32조의2제1항).

36 건설기계조종사 면허가 취소된 경우 며칠 이내에 면허증을 반납해야 하는가?

① 5일　　　　　　　② 10일
③ 15일　　　　　　　④ 30일

✎해설 건설기계조종사 면허를 받은 사람은 다음에 해당하는 때에는 그 사유가 발생한 날부터 10일 이내에 시장·군수 또는 구청장에게 그 면허증을 반납하여야 한다(건설기계관리법 시행규칙 제80조).
1. 면허가 취소된 때
2. 면허의 효력이 정지된 때
3. 면허증의 재교부를 받은 후 잃어버린 면허증을 발견한 때

37 건설기계를 등록할 때 필요한 서류가 아닌 것은?

① 건설기계제작증　　② 수입면장
③ 매수증서　　　　　④ 건설기계검사증 등본원부

✎해설 건설기계 등록 시 필요한 서류(건설기계관리법 시행령 제3조제1항)
1. 해당 건설기계의 출처를 증명하는 서류 : 건설기계제작증(국내에서 제작한 건설기계), 수입면장 등 수입사실을 증명하는 서류(수입한 건설기계), 매수증서(행정기관으로부터 매수한 건설기계)
2. 건설기계의 소유자임을 증명하는 서류
3. 건설기계제원표
4. 보험 또는 공제의 가입을 증명하는 서류

38 정비명령을 이행하지 아니한 자에 대한 벌칙은?

① 1,000만 원 이하의 벌금
② 100만 원 이하의 벌금
③ 50만 원 이하의 벌금
④ 30만 원 이하의 벌금

✎해설 정비명령을 이행하지 아니한 자는 1년 이하의 징역 또는 1천만 원 이하의 벌금에 처한다(건설기계관리법 제41조).

39 건설기계 등록지를 변경한 때는 등록번호표를 시·도지사에게 며칠 이내에 반납하여야 하는가?

① 10일　　　　　　　② 15일
③ 20일　　　　　　　④ 30일

✎해설 등록된 건설기계의 소유자는 등록된 건설기계의 소유자의 주소지 또는 사용본거지의 변경이 있는 경우에는 10일 이내에 등록번호표의 봉인을 떼어낸 후 그 등록번호표를 국토교통부령으로 정하는 바에 따라 시·도지사에게 반납하여야 한다(건설기계관리법 제9조).

40 타이어식 굴착기에 대한 정기검사 유효기간은?

① 6개월　　　　　　　② 1년
③ 2년　　　　　　　　④ 3년

✎해설 타이어식 굴착기의 정기검사 유효기간은 1년이다(건설기계관리법 시행규칙 별표7 참조).

41 다음 교통안전 표지에 대한 설명으로 맞는 것은?

① 최고 중량 제한표지
② 최고시속 30km 속도 제한표지
③ 최저시속 30km 속도 제한표지
④ 차간거리 최저 30m 제한표지

✏️해설 제시된 표지는 최저시속 30km 속도를 제한하는 것이다.

★★
42 산업재해의 통상적인 분류 중 통계적 분류를 설명한 것으로 틀린 것은?

① 사망 – 업무로 인해서 목숨을 잃게 되는 경우
② 중경상 – 부상으로 인하여 30일 이상의 노동 상실을 가져온 상해 정도
③ 경상해 – 부상으로 1일 이상 7일 이하의 노동 상실을 가져온 상해 정도
④ 무상해 사고 – 응급처치 이하의 상처로 작업에 종사하면서 치료를 받는 상해 정도

✏️해설 중경상은 부상으로 8일 이상의 노동 상실을 가져온 상해 정도를 말한다.

43 차마가 도로 좌측 차로로 다른 차를 앞지를 수 있는 경우는 도로 우측부분의 폭이 얼마가 되지 않는 경우인가?

① 5m   ② 6m
③ 8m   ④ 10m

✏️해설 차마의 운전자는 도로 우측 부분의 폭이 6미터가 되지 아니하는 도로에서 다른 차를 앞지르려는 경우에는 도로의 중앙이나 좌측 부분을 통행할 수 있다. 다만 다음 각 목의 어느 하나에 해당하는 경우에는 그러하지 아니하다(도로교통법 제13조제4항).
가. 도로의 좌측 부분을 확인할 수 없는 경우
나. 반대 방향의 교통을 방해할 우려가 있는 경우
다. 안전표지 등으로 앞지르기를 금지하거나 제한하고 있는 경우

★★★★
44 교통안전시설이 표시하고 있는 신호와 경찰공무원의 수신호가 다른 경우 통행방법으로 옳은 것은?

① 경찰공무원의 수신호에 따른다.
② 신호기 신호를 우선적으로 따른다.
③ 자기가 판단하여 위험이 없다고 생각되면 아무 신호에 따라도 좋다.
④ 수신호는 보조신호이므로 따르지 않아도 좋다.

✏️해설 도로를 통행하는 보행자, 차마 또는 노면전차의 운전자는 교통안전시설이 표시하는 신호 또는 지시와 교통정리를 하는 경찰공무원 또는 경찰보조자(이하 "경찰공무원 등"이라 한다)의 신호 또는 지시가 서로 다른 경우에는 경찰공무원 등의 신호 또는 지시에 따라야 한다(도로교통법 제5조).

★★
45 1종 대형면허가 없어도 운전할 수 있는 것은?

① 덤프트럭   ② 아스팔트살포기
③ 아스팔트피니셔   ④ 콘크리트믹서트럭

✏️해설 제1종 대형면허로 운전할 수 있는 차의 종류(도로교통법 시행규칙 별표18)
덤프트럭, 아스팔트살포기, 노상안정기, 콘크리트믹서트럭, 콘크리트펌프, 천공기(트럭적재식), 콘크리트믹서트레일러, 아스팔트콘크리트재생기, 도로보수트럭, 3톤 미만의 지게차

★★
46 건설기계 조종 중 고의로 인명피해를 입힌 때 면허처분기준으로 맞는 것은?

① 면허취소
② 면허효력정지 45일
③ 면허효력정지 30일
④ 면허효력정지 15일

✏️해설 건설기계 조종 중 고의로 인명피해(사망·중상·경상 등)를 입힌 경우 : 면허취소

★
47 도로교통법에 위반이 되는 것은?

① 밤에 교통이 빈번한 도로에서 전조등을 계속 하향했다.
② 낮에 어두운 터널 속을 통과할 때 전조등을 켰다.
③ 소방용 방화물통으로부터 10m 지점에 주차하였다.
④ 노면이 얼어붙은 곳에서 최고 속도의 20/100을 줄인 속도로 운행하였다.

✏️해설 노면이 얼어붙은 곳에서는 최고 속도의 50/100을 줄인 속도로 운행해야 한다(도로교통법 시행규칙 제19조제2항).

48 재해조사 목적을 가장 확실하게 설명한 것은?

① 재해를 발생케 한 자의 책임을 추궁하기 위하여
② 재해 발생상태와 그 동기에 대한 통계를 작성하기 위하여
③ 작업능률 향상과 근로기강 확립을 위하여
④ 적절한 예방대책을 수립하기 위하여

✏️해설 재해조사는 안전 관리자가 실시하며 6하 원칙에 의거하여 조사하고, 이를 토대로 재해의 원인을 규명하여 적절한 예방대책을 수립하도록 한다.

★★★★
49 도로교통법상 술에 취한 상태의 기준으로 옳은 것은?

① 혈중알코올농도 0.02% 이상일 때
② 혈중알코올농도 0.1% 이상일 때
③ 혈중알코올농도 0.03% 이상일 때
④ 혈중알코올농도 0.2% 이상일 때

✏️해설 운전이 금지되는 술에 취한 상태의 기준은 운전자의 혈중알코올농도가 0.03% 이상인 경우로 한다(도로교통법 제44조).

정답 41. ③ 42. ② 43. ② 44. ① 45. ③ 46. ① 47. ④ 48. ④ 49. ③

50 산업재해는 직접 원인과 간접 원인으로 구분되는데 다음 직접 원인 중에서 인적 불안전 행위가 아닌 것은?

① 작업태도 불안전
② 위험한 장소의 출입
③ 기계의 결함
④ 작업자의 실수

✎해설. 기계의 결함은 기계의 불안전 상태에 해당한다.

51 장갑을 끼고 작업을 하면 안 되는 작업은?

① 해머 작업
② 윤활유 교체
③ 건설기계운전
④ 타이어 교체

✎해설. 해머를 사용할 때는 손에 장갑을 끼지 않는다.

52 일반적으로 안전작업의 효과가 아닌 것은?

① 효율성이 높아진다.
② 이직률이 낮아진다.
③ 생산성이 저하된다.
④ 근로조건이 개선된다.

✎해설. 안전관리를 하면 생산성을 높일 수 있다(안전사고 예방, 품질향상).

53 수공구 취급 시 지켜야 될 안전수칙으로 옳지 않은 것은?

① 줄 작업으로 생긴 쇳가루는 입으로 불어낸다.
② 해머 작업 시 손에 장갑을 착용하지 않는다.
③ 정 작업 시 보안경을 착용한다.
④ 기름이 묻은 해머는 즉시 닦은 후 작업한다.

✎해설. 줄 작업으로 생긴 쇳가루는 반드시 솔로 제거하고 줄의 손잡이가 일감에 부딪치지 않도록 한다.

54 가스용접의 안전작업으로 적합하지 않은 것은?

① 작업종료 후에는 토치나 조정기를 제거하여 공구함에 보관하고 고무호스는 감아 놓는다.
② 작업자는 보호안경, 가죽장갑 등의 보호구를 착용한다.
③ 토치에 점화할 때 성냥을 사용해도 무방하다.
④ 아세틸렌용기는 반드시 세워서 사용한다.

✎해설. 토치의 점화는 반드시 점화용라이터를 사용하여야 하며 용접아아크나 성냥 등을 사용해서는 안 된다.

55 다음 중 화재진압 방법으로 옳지 않은 것은?

① D급 화재인 경우 분말소화기를 사용한다.
② B급 화재인 경우 분말소화기를 사용한다.
③ C급 화재인 경우 CO₂소화기를 사용한다.
④ A급 화재인 경우 포말소화기를 사용한다.

✎해설. D급 화재는 금속나트륨 등의 화재로서 일반적으로 건조사를 이용한 질식효과로 소화한다.

56 가스가 새어 나오는 것을 검사할 때 가장 적합한 것은?

① 비눗물을 발라본다.
② 순수한 물을 발라본다.
③ 기름을 발라본다.
④ 촛불을 대어 본다.

✎해설. 비눗물을 가스누설 위험부위에 칠하면 거품이 발생하게 된다. 이 방법은 가스누설을 가장 정확하게 알아낼 수 있는 방법이다.

57 추락 위험이 있는 장소에서 작업할 때 안전관리상 어떻게 하는 것이 가장 좋은가?

① 안전띠 또는 로프를 사용한다.
② 일반 공구를 사용한다.
③ 이동식 사다리를 사용하여야 한다.
④ 고정식 사다리를 사용하여야 한다.

✎해설. 추락 위험이 있는 장소에서는 사다리보다는 안전띠와 로프를 사용하는 것이 좋다.

58 굴착공사자는 매설배관 위치를 매설배관 ( )부의 지면에 ( ) 페인트로 표시해야 한다. ( ) 안에 들어 갈 내용은?

① 직상, 빨간색
② 직상, 황색
③ 직하, 빨간색
④ 직하, 황색

✎해설. 도시가스사업자는 굴착예정 지역의 매설배관 위치를 굴착공사자에게 알려주어야 하며, 굴착공사자는 매설배관 위치를 매설배관 직상부의 지면에 황색 페인트로 표시할 것(도시가스사업법 시행규칙 별표16)

59 가스배관용 폴리에틸렌관의 특징으로 틀린 것은?

① 매설용으로 쓰인다.
② 수명이 길다.
③ 고압가스관으로 사용된다.
④ 열과 빛에 약하다.

✎해설. 고압가스 배관은 강관이나 비철금속관중 동관을 사용한다. 폴리에틸렌관은 저압에 사용하는 배관으로 최고사용압력이 0.4MPa 이하인 배관으로서 지하에 매설하는 경우에 사용할 수 있다.

60 고압선로 주변에서 건설기계에 의한 작업 중 고압선로 또는 지지물에 접촉위험이 가장 높은 것은?

① 상부 회전체
② 붐 또는 권상 로프
③ 하부 주행체
④ 장비 운전석

✎해설. 고압선로 주변에서 건설기계로 작업할 때 고압선로 또는 지지물에 가장 접촉이 많은 부분은 권상 로프와 붐(boom)이다.

01 디젤기관에서 실화할 때 나타나는 현상으로 옳은 것은?

① 냉각수가 유출한다.

② 연료 소비가 감소한다.

③ 기관이 과냉한다.

④ 기관 회전이 불량해진다.

✎해설 디젤기관은 압축 폭발 방식이다. 그러므로 흡입된 혼합기체가 압축되면서 스스로 폭발해야 한다. 이 과정이 실패하게 되면 기존 플라이휠의 관성에 의해 기관이 멈추지는 않으나 필요한 추진력을 얻지 못하게 되므로 기관 회전이 불량해진다.

02 디젤기관의 노킹 발생 원인과 가장 거리가 먼 것은?

① 착화기간 중 분사량이 많다.

② 노즐의 분무상태가 불량하다.

③ 고세탄가 연료를 사용하였다.

④ 기관이 과냉되어 있다.

✎해설 디젤노크 방지법
- 연료의 착화온도를 낮게 한다.
- 착화성이 좋은 연료(세탄가가 높은 연료)를 사용하여 착화지연 기간을 짧게 한다.
- 압축비, 압축온도 및 압축압력을 높인다.
- 연소실 벽의 온도를 높이고, 흡입 공기에 와류를 준다.
- 분사시기를 알맞게 조정한다.

03 시동전동기는 회전되나 엔진은 크랭킹이 되지 않는 원인은?

① 축전지 방전

② 시동전동기의 전기자 코일 단선

③ 플라이휠 링기어의 소손

④ 엔진 피스톤 고착

✎해설 축전지가 방전되었다면 시동전동기 자체가 회전할 수 없을 것이다. 또한 시동전동기의 전기자 코일이 단선되었을 경우에도 마찬가지일 것이다. 엔진 피스톤이 고착되었다면 시동전동기의 힘이 이를 이겨내지 못하여 시동전동기 자체가 회전할 수 없다. 플라이휠 링기어가 훼손되었기 때문에 시동전동기는 돌지만 엔진이 크랭킹되지 않는 것이다.

04 엔진 압축압력이 낮을 경우의 원인으로 맞는 것은?

① 압축링이 절손 또는 과마모되었다.

② 배터리의 출력이 높다.

③ 연료 계통의 프라이밍펌프가 손상되었다.

④ 연료의 세탄가가 높다.

✎해설 엔진의 압축압력이 낮다는 것은 피스톤 압축행정 시 기밀이 유지되지 못하여 혼합기체가 어디론가 빠져나간다는 뜻이 된다. 즉, 피스톤의 압축링이 제대로 그 기능을 유지하지 못하는 상태가 되었다는 뜻이다.

05 4행정 디젤기관에서 동력행정을 뜻하는 것은?

① 흡기행정

② 압축행정

③ 폭발행정

④ 배기행정

✎해설 4행정 디젤기관에서는 폭발행정에서 얻은 피스톤의 동력을 크랭크축이 회전 운동으로 바꿔 기관의 출력을 외부로 전달하게 된다. 그러므로 폭발행정이 동력행정이 된다.

06 디젤기관에서 부조의 발생 원인이 아닌 것은?

① 발전기 고장

② 거버너 작용 불량

③ 분사시기 조정 불량

④ 연료의 압송 불량

✎해설 디젤기관에서 부조가 발생하는 원인은 연료의 분사시기가 맞지 않거나 분사량이 일정하지 않기 때문이다. 이를 조절해 주는 거버너(조속기)가 불량일 경우에도 발생할 수 있다. 발전기와는 상관없는 현상이다.

07 디젤기관에서 실린더가 마모되었을 때 발생할 수 있는 현상이 아닌 것은?

① 윤활유 소비량 증가

② 연료 소비량 증가

③ 압축압력의 증가

④ 블로바이(blow-by) 가스의 배출 증가

✎해설 실린더나 피스톤링이 마모될 경우, 실린더 벽의 과잉 윤활유를 제대로 긁어내릴 수 없게 되어 벽에 남았던 윤활유가 타 없어지게 된다. 그러므로 윤활유 소비량이 증가한다. 또한, 압축압력이 저하되며 블로바이 및 피스톤 슬랩현상이 발생한다.

08 점도지수가 큰 오일의 온도변화에 따른 점도변화는?

① 크다.

② 작다.

③ 불변이다.

④ 온도와는 무관하다.

✎해설 점도지수는 온도변화에 따른 점도의 변화량을 나타내는 물리량으로 점도지수가 높을수록 온도변화에 따른 점도변화가 작게 나타난다. 즉, 좋은 윤활유의 조건은 점도지수가 높아야 한다.

09 디젤 연료장치에서 공기를 빼는 부분이 아닌 것은?

① 노즐 상단의 피팅 부분

② 분사펌프의 에어블리드 스쿠루

③ 연료 여과기의 벤트 플러그

④ 연료탱크의 드레인 플러그

✎해설 연료탱크 밑면에는 드레인 플러그가 설치되어 있어 탱크 내의 이물질 및 수분을 제거할 수 있게 되어 있다.

★★★
10 엔진이 시동되었는데도 시동스위치를 계속 ON 위치로 할 때 미치는 영향으로 맞는 것은?

① 시동전동기의 수명이 단축된다.
② 클러치 디스크가 마멸된다.
③ 크랭크축 저널이 마멸된다.
④ 엔진의 수명이 단축된다.

✎해설 시동전동기의 조작은 5～15초 이내로 작동하며, 기관이 시동한 다음 시동전동기 스위치를 계속 ON 상태로 유지하지 않아야 한다. 시동이 걸리지 않을 때는 30초～2분을 쉬었다가 다시 시작하는 것이 좋다. 그렇지 않을 경우 시동전동기의 수명이 단축될 수 있다.

★
11 같은 용량, 같은 전압의 축전지를 병렬로 연결하였을 때 맞는 것은?

① 용량과 전압은 일정하다.
② 용량과 전압이 2배로 된다.
③ 용량은 1개일 때와 같으나 전압은 2배로 된다.
④ 용량은 2배이고 전압은 1개일 때와 같다.

✎해설 병렬연결의 경우 같은 전압, 같은 용량의 축전지 2개 이상을 (+)단자 기둥은 다른 축전지의 (+)단자 기둥에, (−)단자 기둥은 (−)단자 기둥에 접속하는 방식이며, 용량은 연결한 개수만큼 증가하지만 전압은 1개일 때와 같다.

★★★
12 디젤기관이 시동되지 않을 때의 원인과 가장 거리가 먼 것은?

① 연료가 부족하다.
② 연료 계통에 공기가 차 있다.
③ 기관의 압축압력이 높다.
④ 연료 공급펌프가 불량하다.

✎해설 디젤기관의 시동이 되지 않는 원인으로는 기관의 압축압력이 낮을 경우, 연료가 부족할 경우, 연료 계통에 공기가 차 있을 경우, 연료 공급펌프가 불량하여 연료가 잘 공급되지 않을 경우를 들 수 있다.

★★★★★
13 교류 발전기(alternator)의 특징으로 틀린 것은?

① 소형 경량이다.
② 출력이 크고 고속회전에 잘 견딘다.
③ 불꽃 발생으로 충전량이 일정하다.
④ 컷아웃 릴레이 및 전류제한기를 필요로 하지 않는다.

✎해설 **교류 발전기의 특징**
• 저속에서 충전이 가능하다.
• 전압조정기만 필요하다(컷아웃 릴레이나 전류제한기 불필요).
• 소형 경량이다.
• 브러시 수명이 길다.
• 출력이 크고 고속회전에 잘 견딘다.

★★
14 토크컨버터의 3대 구성요소가 아닌 것은?

① 오버런닝 클러치   ② 스테이터
③ 펌프   ④ 터빈

✎해설 토크컨버터는 유체클러치를 개량하여 유체클러치보다 회전력의 변화를 크게 한 것이다. 펌프, 터빈, 스테이터는 토크컨버터의 3대 구성요소로 크랭크축에 펌프를, 변속기 입력 축에 터빈을 두고 있으며, 오일의 흐름 방향을 바꿔주는 스테이터를 변속기 케이스에 고정된 축에 일방향 클러치를 통해 부착되어 있다.

★★
15 운전 중 운전석 계기판에 그림과 같은 등이 갑자기 점등되었다. 무슨 표시인가?

① 배터리 완전충전 표시등
② 전원차단 경고등
③ 전기 계통 작동 표시등
④ 충전경고등

✎해설 그림의 표시는 축전지의 충전 상태가 불량하다는 경고를 나타낸다. 배터리 완전충전 표시등은 설치될 효용 가치가 없으며 전원차단 경고는 물리적으로 구현하기 어렵다. 또한 전기 계통 작동은 시동과 함께 항시 유지되는 것이므로 표시할 필요성이 없다.

★★
16 수동 변속기가 설치된 건설기계에서 클러치가 미끄러지는 원인과 가장 거리가 먼 것은?

① 클러치 페달 자유간극 과소
② 압력판의 마멸
③ 클러치판의 오일 부착
④ 클러치판의 런아웃 과다

✎해설 동력전달장치의 하나인 클러치는 기관과 변속기 사이에 부착되며 기관의 동력을 차단하거나 연결하는 역할을 한다. 클러치 면이 마멸되거나 오일과 같은 이물질이 붙을 경우, 클러치 페달의 자유 간극이 작거나 클러치 압력판 스프링이 손상된 경우, 릴리스 레버의 조정이 불량하면 클러치가 미끄러지게 된다.

★★★
17 압력식 라디에이터 캡에 대한 설명으로 옳은 것은?

① 냉각장치 내부압력이 규정보다 낮을 때 공기밸브는 열린다.
② 냉각장치 내부압력이 규정보다 높을 때 진공밸브는 열린다.
③ 냉각장치 내부압력이 부압이 되면 진공밸브는 열린다.
④ 냉각장치 내부압력이 부압이 되면 공기밸브는 열린다.

✎해설 라디에이터의 압력식 캡은 냉각수에 양압을 가하게 되어 끓는점을 높이는 작용을 한다. 만일 냉각장치 내부압력이 부압이 되면 진공밸브가 열려 압력이 떨어지는 것을 막아준다.

18 납산 축전지를 방전하면 양극판과 음극판의 재질은 어떻게 변하는가?

① 황산납이 된다.   ② 해면상납이 된다.
③ 일산화납이 된다.   ④ 과산화납이 된다.

✎해설 납산 축전지는 전해액으로 묽은 황산($2H_2SO_4$)을, (+)극판에는 과산화납(PbO_2)을, (−)극판에는 순납(Pb)을 사용하는 축전지이다. 그러므로 방전하면 양쪽 극판은 묽은 황산과 반응하여 황산납이 된다.

★★★
19 타이어식 건설기계장비에서 조향핸들의 조작을 가볍고 원활하게 하는 방법과 가장 거리가 먼 것은?

① 동력조향을 사용한다.
② 바퀴의 정렬을 정확히 한다.
③ 타이어의 공기압을 적정압으로 한다.
④ 종감속 장치를 사용한다.

✎해설 타이어식 조향핸들의 조작을 무겁게 하는 원인은 타이어의 공기압이 적정압보다 낮아졌거나 바퀴 정렬, 즉 얼라인먼트가 제대로 이뤄지지 않아서이다. 또한 동력조향을 이용하면 핸들 조작은 쉽게 가벼워질 수 있다. 종감속 장치는 동력전달 계통에서 사용한다.

20 굴착기 등 건설기계운전자가 전선로 주변에서 작업을 할 때 주의할 사항에서 가장 거리가 먼 것은?

① 작업을 할 때 붐이 전선에 근접되지 않도록 주의한다.
② 디퍼(버킷)를 고압선으로부터 10m 이상 떨어져서 작업한다.
③ 작업감시자를 배치한 후 전력선 인근에서는 작업감시자의 지시에 따른다.
④ 바람의 흔들리는 정도를 고려하여 전선 이격거리를 감소시켜 작업해야 한다.

✎해설 전선은 바람에 따라 흔들리므로 이를 고려하여 이격거리를 충분히 확보하면서 작업해야 한다.

21 ★ 건설기계 운전 중 완전 충전된 축전지에 낮은 충전율로 충전이 되고 있을 경우 맞는 것은?

① 충전장치가 정상이다.
② 전압 설정을 재조정해야 한다.
③ 전류 설정을 재조정해야 한다.
④ 전해액 비중을 재조정한다.

✎해설 건설기계의 충전장치에는 발전 조정기가 포함되어 있어, 발전전압 및 전류를 조정해준다. 방전이 많이 된 충전기에는 높은 충전율로, 완전히 충전된 충전기에는 낮은 충전율로 충전이 되도록 조정해 주어야 한다.

22 ★★★★ 트랙의 주요 구성품이 아닌 것은?

① 슈핀
② 스윙기어
③ 링크
④ 핀

✎해설 무한궤도식의 트랙은 링크, 핀, 부싱 및 슈핀 등으로 구성되고, 아이들러 상하부 롤러 스프로켓에 감겨져 있으며 스프로켓에서 동력을 받아 구동된다. 트랙 어저스터는 트랙의 장력을 조정하는 기능을 가진다.

23 ★★★★ 무한궤도식 건설기계에서 트랙 전면에 오는 충격을 완화시키기 위해 설치한 것은?

① 상부 롤러
② 리코일 스프링
③ 하부 롤러
④ 프론트 롤러

✎해설 리코일 스프링은 주행 중 트랙 전면에서 오는 충격을 완화하여 차체의 파손을 방지하고 원활한 운전이 될 수 있도록 하는 역할을 한다. 롤러는 스프로킷과 함께 트랙을 감아 동력을 전달하는 역할을 한다.

24 ★ 크롤러형의 굴착기를 주행 운전할 때 적합하지 않은 것은?

① 주행 시 버킷의 높이는 30~50cm가 좋다.
② 가능하면 평탄지면을 택하고, 엔진은 중속이 적합하다.
③ 암반 통과 시 엔진속도는 고속이어야 한다.
④ 주행 시 전부장치는 전방을 향해야 좋다.

✎해설 크롤러형 굴착기는 주행장치가 트랙식으로 된 것으로 견인력이 커서 습지나 사지에서 작업이 용이한 반면, 장거리 이동이 곤란하다. 특히 암반을 통과할 때는 저속 주행해야 한다.

25 일반적으로 굴착기가 할 수 없는 작업은?

① 고르기작업
② 차량 토사적재
③ 경사면 굴토
④ 리핑작업

26 ★ 굴착기의 센터조인트(선회 이음)의 기능으로 맞는 것은?

① 상부 회전체가 회전 시에도 오일관로가 꼬이지 않고 오일을 하부 주행체로 원활히 공급한다.
② 주행모터가 상부 회전체에 오일을 전달한다.
③ 하부 주행체에 공급되는 오일을 상부 회전체로 공급한다.
④ 자동변속장치에 의하여 스윙모터를 회전시킨다.

✎해설 센터조인트는 상부 선회체의 중심부에 설치되며 유압유를 주행모터까지 공급해주는 부품으로 상부 선회체가 회전을 해도 호스 및 파이프 등이 꼬이지 않는다. 배럴은 상부 선회체에 고정이 되고 스핀들은 하부 주행체에 고정이 된다.

27 굴착기의 작업 중 운전자가 관심을 가져야 할 사항이 아닌 것은?

① 엔진속도게이지
② 온도게이지
③ 작업속도게이지
④ 장비의 잡음상태

✎해설 계기판에 작업속도게이지는 없다.

28 ★ 다음 중 베인펌프의 구성요소에 해당하지 않는 것은?

① 회전자(로터)
② 케이싱
③ 베인(날개)
④ 피스톤

✎해설 베인펌프는 회전하는 로터가 들어있는 케이싱 속에 여러 날개가 설치되어 회전에 의해 유체를 흡입·토출하는 펌프이다.

29 유압회로 내에 잔압을 설정해두는 이유로 가장 적절한 것은?

① 제동 해제 방지
② 유로 파손 방지
③ 오일 산화 방지
④ 작동 지연 방지

✎해설 유압회로 내에 잔압을 두지 않을 경우, 동작을 위해 일정 압력으로 올라갈 때까지 작동이 지연될 수 있다. 그러므로 잔압을 두어 동작이 즉시 이루어질 수 있도록 해둔다.

30 ★ 유압장치에서 두 개의 펌프를 사용하는데 있어 펌프의 전체 송출량을 필요로 하지 않을 경우, 동력의 절감과 유온 상승을 방지하는 것은?

① 압력스위치(pressure switch)
② 카운트 밸런스밸브(count balance valve)
③ 감압밸브(pressure reducing valve)
④ 무부하밸브(unloading valve)

✎해설 무부하밸브가 장착된 무부하 회로(언로드 회로)에서는 회로의 압력이 설정압력에 도달했을 때 유압펌프로부터 전체 유량을 작동유 탱크로 리턴시키도록 설계되어 있어 동력 절감과 작동유의 온도 상승을 방지한다.

31 유압제어밸브의 분류 중 방향제어밸브에 속하지 않는 것은?

① 셔틀밸브
② 첵밸브
③ 릴리프밸브
④ 디셀러레이션밸브

✎해설 방향제어밸브에는 스풀밸브, 체크밸브, 셔틀밸브, 디셀러레이션밸브, 멀티플 유닛밸브 등이 있다. 릴리프밸브는 압력제어밸브의 일종이다.

32 유압장치에서 방향제어밸브의 설명으로 적합하지 않은 것은?

① 유체의 흐름 방향을 변환한다.
② 유체의 흐름 방향을 한쪽으로만 허용한다.
③ 액추에이터의 속도를 제어한다.
④ 유압실린더나 유압모터의 작동 방향을 바꾸는 데 사용된다.

✎해설 방향제어밸브는 유압펌프에서 보내 온 오일의 흐름 방향을 바꾸거나 정지시켜서 액추에이터가 하는 일의 방향을 변화·정지시키는 제어밸브로 로스풀밸브, 체크밸브, 셔틀밸브, 감속밸브, 멀티플 유닛밸브 등이 이에 속한다.

33 유압회로에서 입구 압력을 감압하여 유압실린더 출구 설정 압력으로 유지하는 밸브는?

① 릴리프밸브
② 리듀싱밸브
③ 언로딩밸브
④ 카운트밸런스밸브

✎해설 리듀싱밸브는 감압밸브를 일컫는 것으로, 2차 회로의 오일 압력을 감압 제어하여 유지하는 기능을 가진다. 즉, 유압회로에서 분기회로의 압력을 주회로의 압력보다 낮게 해서 사용하고 싶을 때 감압밸브를 이용한다.

34 유압실린더에서 피스톤 행정이 끝날 때 발생하는 충격을 흡수하기 위해 설치하는 장치는?

① 쿠션기구
② 압력보상장치
③ 서보밸브
④ 스로틀밸브

✎해설 작동을 하고 있는 피스톤이 그대로의 속도로 실린더 끝부분에 충돌하면 큰 충격이 전해진다. 이것을 완화시키기 위해 설치한 것이 쿠션기구이다.

35 유압이 규정치보다 높아질 때 작동하여 계통을 보호하는 밸브는?

① 릴리프밸브
② 리듀싱밸브
③ 카운터 밸런스밸브
④ 시퀀스밸브

✎해설 릴리프밸브는 회로 압력을 일정하게 하거나 최고 압력을 규제해서 각부 기기를 보호하는 역할을 하는 것으로 유압펌프와 제어밸브 사이에 설치되어 있다. 릴리프밸브의 설정 압력이 불량일 경우 각부 기기를 보호할 수 없게 된다.

36 다음 중 최고속도 15km/h 미만의 타이어식 건설기계가 필히 갖추어야 할 조명장치는?

① 후미등
② 방향지시등
③ 후부반사기
④ 번호등

✎해설 최고주행속도가 시간당 15km 미만인 건설기계에 설치해야 하는 조명장치는 전조등, 제동등, 후부반사기, 후부반사판 또는 후부반사지이다(건설기계 안전기준에 관한 규칙 제155조).

37 자동차전용도로의 정의로 가장 적합한 것은?

① 자동차만 다닐 수 있도록 설치된 도로
② 보도와 차도의 구분이 없는 도로
③ 보도와 차도의 구분이 있는 도로
④ 자동차 고속 주행의 교통에만 이용되는 도로

✎해설 자동차전용도로란 자동차만 다닐 수 있도록 설치된 도로를 말한다(도로교통법 제2조).

38 현장에 경찰공무원이 없는 장소에서 인명사고와 물건의 손괴를 입힌 교통사고가 발생하였을 때 가장 먼저 취할 조치는?

① 손괴한 물건 및 손괴 정도를 파악한다.
② 즉시 피해자 가족에게 알리고 합의한다.
③ 즉시 사상자를 구호하고 경찰공무원에게 신고한다.
④ 승무원에게 사상자를 알리게 하고 회사에 알린다.

✎해설 사고발생 시의 조치(도로교통법 제54조)
① 차의 운전 등 교통으로 인하여 사람을 사상하거나 물건을 손괴한 경우에는 그 차의 운전자나 그 밖의 승무원은 즉시 정차하여 다음의 조치를 하여야 한다.
1. 사상자를 구호하는 등 필요한 조치
2. 피해자에게 인적 사항(성명, 전화번호, 주소 등) 제공
② 제1항의 경우 그 차의 운전자 등은 경찰공무원이 현장에 있을 때에는 그 경찰공무원에게, 경찰공무원이 현장에 없을 때에는 가장 가까운 국가경찰관서(지구대, 파출소 및 출장소를 포함)에 다음 각 호의 사항을 지체 없이 신고하여야 한다. 다만 차만 손괴된 것이 분명하고 도로에서의 위험방지와 원활한 소통을 위하여 필요한 조치를 한 경우에는 그러하지 아니하다.
1. 사고가 일어난 곳
2. 사상자 수 및 부상 정도
3. 손괴한 물건 및 손괴 정도
4. 그 밖의 조치사항 등

39 건설기계조종사 면허를 받지 아니하고 건설기계를 조종한 자에 대한 벌칙은?

① 1년 이하의 징역 또는 1천만 원 이하의 벌금
② 500만 원 이하의 벌금
③ 300만 원 이하의 벌금
④ 100만 원 이하의 과태료

✎해설 건설기계조종사 면허를 받지 않고 건설기계를 조종한 자는 1년 이하의 징역 또는 1천만 원 이하의 벌금에 처한다(건설기계관리법 제41조).

40 건설기계 검사를 연장 받을 수 있는 기간을 잘못 설명한 것은?

① 해외임대를 위하여 일시 반출된 경우 - 반출기간 이내
② 압류된 건설기계의 경우 - 압류기간 이내
③ 건설기계대여업을 휴지하는 경우 - 휴지기간 이내
④ 장기간 수리가 필요한 경우 - 소유자가 원하는 기간

✎해설 건설기계 검사의 연기(건설기계관리법 시행규칙 제31조의2 참조)
• 검사를 연기하는 경우에는 그 연기기간을 6월 이내로 한다.
• 남북경제협력 등으로 북한지역의 건설공사에 사용되는 건설기계 : 반출기간 이내
• 해외임대를 위하여 일시 반출되는 건설기계의 경우 : 반출기간 이내
• 압류된 건설기계의 경우 : 압류기간 이내
• 타워크레인 또는 천공기(터널보링식 및 실드굴진식으로 한정)가 해체된 경우 : 해체되어 있는 기간 이내
• 건설기계소유자가 당해 건설기계를 사용하는 사업의 휴지를 신고한 경우 : 사업의 개시신고를 하는 때까지

★★
41 타이어식 굴착기를 신규 등록한 후 최초 정기검사를 받아야 하는 시기는?

① 1년   ② 1년 6월

③ 2년   ④ 2년 6월

✎해설   타이어식 굴착기의 정기검사 유효기간은 1년이다(건설기계관리법 시행규칙 별표7).

★★ 기출변형
42 정기검사 대상 건설기계의 정기검사 신청기간으로 맞는 것은?

① 건설기계의 정기검사 유효기간 만료일 전후 45일 이내에 신청한다.

② 건설기계의 정기검사 유효기간 만료일 전 90일 이내에 신청한다.

③ 건설기계의 정기검사 유효기간 만료일 전후 31일 이내에 신청한다.

④ 건설기계의 정기검사 유효기간 만료일 후 60일 이내에 신청한다.

✎해설   정기검사를 받으려는 자는 검사 유효기간의 만료일 전후 각각 31일 이내의 기간에 정기검사신청서를 시·도지사에게 제출해야 한다(건설기계관리법 시행규칙 제23조제1항).

> 건설기계관리법 시행규칙 제23조 정기검사의 신청기간이 "30일"에서 "31일"로 2020.03.03. 변경되었습니다. 개정 전후 내용을 반드시 알아두세요!!!!

★★★
43 도로교통법상 서행 또는 일시정지할 장소로 지정된 곳은?

① 안전지대 우측

② 가파른 비탈길의 내리막

③ 좌우를 확인할 수 있는 교차로

④ 교량 위를 통행할 때

✎해설   **서행 또는 일시정지할 장소**(도로교통법 제31조)

서행	• 교통정리를 하고 있지 아니하는 교차로 • 도로가 구부러진 부근 • 비탈길의 고갯마루 부근 • 가파른 비탈길의 내리막 • 시·도경찰청장이 안전표지로 지정한 곳
일시정지	• 교통정리를 하고 있지 아니하고 좌우를 확인할 수 없거나 교통이 빈번한 교차로 • 시·도경찰청장이 안전표지로 지정한 곳

★
44 제1종 보통면허로 운전할 수 없는 것은?

① 승차정원 15인승의 승합자동차

② 적재중량 11톤급의 화물자동차

③ 특수 자동차(트레일러 및 래커를 제외)

④ 원동기장치자전거

✎해설   **제1종 보통면허로 운전할 수 있는 차량**(도로교통법 시행규칙 별표18 참조)
• 승용자동차
• 승차정원 15명 이하의 승합자동차
• 적재중량 12톤 미만의 화물자동차
• 건설기계(도로를 운행하는 3톤 미만의 지게차로 한정)
• 총중량 10톤 미만의 특수자동차(구난차 등은 제외)
• 원동기장치자전거

★
45 도로교통법상 올바른 정차 방법은?

① 정차는 도로의 모퉁이에서도 할 수 있다.

② 안전지대가 설치된 도로에서는 안전지대에 정차할 수 있다.

③ 도로의 우측 가장자리에 타 교통에 방해가 되지 않도록 정차할 수 있다.

④ 정차는 교차로의 가장자리에서 할 수 있다.

✎해설   모든 차의 운전자는 도로에서 정차할 때에는 차도의 오른쪽 가장자리에 정차할 것. 다만, 차도와 보도의 구별이 없는 도로의 경우에는 도로의 오른쪽 가장자리로부터 중앙으로 50cm 이상의 거리를 두어야 한다(도로교통법 시행령 제11조).

★
46 주행 중 진로를 변경하고자 할 때 운전자가 지켜야 할 사항으로 틀린 것은?

① 후사경 등으로 주위의 교통상황을 확인한다.

② 신호를 주어 뒤차에 알린다.

③ 진로를 변경할 때에는 뒤차에 주의할 필요는 없다.

④ 뒤차와 충돌을 피할 수 있는 거리를 확보할 수 없을 때는 진로를 변경할 수 없다.

✎해설   진로를 변경할 때에는 뒤따라오는 차에 의해 추돌사고가 일어날 수 있으므로 후방 상황을 정확히 판단하고 있어야 한다.

47 교통정리가 행하여지고 있지 않은 교차로에서 우선순위가 같은 차량이 동시에 교차로에 진입한 때의 우선순위가 맞는 것은?

① 소형 차량이 우선한다.

② 우측도로의 차가 우선한다.

③ 좌측도로의 차가 우선한다.

④ 중량이 큰 차량이 우선한다.

✎해설   교통정리를 하고 있지 아니하는 교차로에 동시에 들어가려고 하는 차의 운전자는 우측도로의 차에 진로를 양보하여야 한다(도로교통법 제26조제3항).

★
48 건설기계의 구조변경 범위에 속하지 않은 것은?

① 건설기계의 길이, 너비, 높이 변경

② 적재함의 용량 증가를 위한 변경

③ 조종장치의 형식 변경

④ 수상작업용 건설기계 선체의 형식변경

✎해설   건설기계의 기종변경, 육상작업용 건설기계 규격의 증가 또는 적재함의 용량 증가를 위한 구조변경은 할 수 없다(건설기계관리법 시행규칙 제42조).

★
49 〈보기〉에서 가스용접기에 사용되는 용기의 도색이 옳게 연결된 것을 모두 고른 것은?

보기
㉠ 산소 - 녹색   ㉡ 수소 - 흰색 ㉢ 아세틸렌 - 황색

① ㉠, ㉡   ② ㉡, ㉢

③ ㉠, ㉢   ④ ㉠, ㉡, ㉢

✎해설   수소용기의 도색은 주황색으로 해야 한다.

★
50 유류화재 시 소화방법으로 가장 부적절한 것은?

① B급 화재 소화기를 사용한다.
② 다량의 물을 부어 끈다.
③ 모래를 뿌린다.
④ ABC소화기를 사용한다.

✎해설 B급 화재는 유류화재로서, 기름, 타르, 페인트, 가스 등에 난 불이며, 재가 남지 않는다. 가스의 경우 폭발을 동반하기도 한다. 물로 끌 수 없고 모래나 ABC소화기, B급 화재 전용소화기를 이용하여 진압해야 한다.

★
51 안전·보건표지의 종류별 용도·사용장소·형태 및 색채에서 바탕은 흰색, 기본 모형은 빨간색, 관련부호 및 그림은 검정색으로 된 표지는?

① 보조표지
② 지시표지
③ 주의표지
④ 금지표지

✎해설 금지표지는 가장 강제성이 높은 내용을 담고 있기 때문에 강렬한 대비의 색채를 사용한다.

52 작업자의 안전한 행동으로 틀린 것은?

① 운전 전 점검을 시행한다.
② 작업의 속성과 관계없이 빠른 속도로 작업한다.
③ 작업반경 내의 변화에 주의하면서 작업한다.
④ 작업 종료 후 장비의 전원을 끈다.

✎해설 작업자는 작업 전에 안전에 관한 점검을 최우선적으로 실시해야 하며 작업 범위 내에 안전과 관련된 변화가 일어나는지에 대해 항상 주의해야 한다. 작업의 속성에 따라서는 하나씩 점검하면서 천천히 해야 하는 경우가 많이 있다. 빠른 속도만을 강조하게 되면 안전사고가 발생할 확률이 높다.

★
53 산업안전보건표지의 종류에서 지시표시에 해당되는 것은?

① 차량통행금지
② 고온경고
③ 안전모 착용
④ 출입금지

✎해설 안전모 착용 표지는 작업자의 안전을 위하여 안전모의 착용을 지시하는 내용이다.

54 철탑에 설치되어 있는 전력선 밑에서의 굴착작업 전 조치 사항으로 맞는 것은?

① 나무막대와 같은 부도체를 이용하여 전력선의 높이를 측정한다.
② 작업안전원을 배치하여 안전원의 지시에 따라 작업한다.
③ 철탑에 설치되어 있는 전력선 아래 0.5m 위치에 철 그물을 설치한 후 작업한다.
④ 작업장비의 운전석 위에서 부도체를 이용 전력선과의 높이를 측정 후 감전에 유의하여 작업한다.

✎해설 굴착작업 시 조종사가 모든 주변 안전 상황을 점검할 수 없으므로 작업안전요원을 배치하여 안전 상황에 대한 지시를 받으며 작업해야 한다. 전력선의 높이를 어떤 도구를 이용해 직접 측정하는 일은 매우 위험하다. 재질이 도체가 아니더라도 고압선에서는 아무 소용이 없다.

★
55 굴착장비를 이용하여 도로 굴착작업 중 "고압선 위험" 표지시트가 발견되었다. 다음 중 맞는 것은?

① 표지시트 좌측에 전력케이블이 묻혀 있다.
② 표지시트 우측에 전력케이블이 묻혀 있다.
③ 표지시트와 직각방향에 전력케이블이 묻혀 있다.
④ 표지시트 직하에 전력케이블이 묻혀 있다.

✎해설 지중전선로를 설치할 때는 차량 및 기타 중량물의 압력을 받을 경우 1.2m 이상, 차량 및 기타 중량물의 압력을 받지 않을 경우 0.6m 이상의 깊이에 설치하며 직상에 '고압선 위험' 표지시트를 세운다.

★
56 드릴(drill)기기를 사용하여 작업할 때 착용을 금지하는 것은?

① 안전화
② 장갑
③ 작업모
④ 작업복

✎해설 장갑을 착용한 채로 드릴링 머신을 사용하게 되면 장갑이 드릴링 날에 끌려 들어가 손까지 다치는 경우가 발생할 수 있다. 그러므로 드릴링 머신을 사용할 때는 장갑을 끼지 않는 것이 원칙이다.

57 공구 창고의 전등 스위치는 어디에 설치해야 하는가?

① 창고 들어가기 전 문 옆
② 창고 문 안쪽 벽
③ 창고 내 측면 벽
④ 창고 문 반대쪽 벽

✎해설 어두운 공구 창고 안에는 작업자의 안전을 위협할 수 있는 물건들이 많이 있으므로 창고 들어가기 전 문 옆에 전등 스위치를 설치하여 창고에 들어가기 전에 전등을 켤 수 있도록 해야 한다.

58 무한궤도식 굴착기의 좌·우 트랙에 각각 한 개씩 설치되어 있으며 센터조인트로부터 유압을 받아 조향 기능을 하는 구성품은?

① 주행 모터
② 드래그링크
③ 조향기어 박스
④ 동력조향 실린더

✎해설 주행 모터 : 센터 조인트로부터 유압을 받아서 회전하면서 감속 기어·스프로킷 및 트랙을 회전시켜 주행하도록 하는 주행 모터는 양쪽 트랙을 회전시키기 위해 한쪽에 1개씩 설치하며, 주로 레디얼 플런저형을 사용한다.

★
59 폭 4m 이상 8m 미만인 도로에 일반 도시가스배관을 매설 시 지면과 도시가스배관 상부와의 최소 이격 거리는 몇 m 이상인가?

① 0.6m
② 1.0m
③ 1.2m
④ 1.5m

✎해설 도시가스배관을 매설하는 경우에 폭 4m 이상 8m 미만인 도로에서는 매설 깊이나 설치간격을 1m 이상 유지해야 한다(도시가스사업법 시행규칙 별표6).

★
60 지하구조물이 설치된 지역에 도시가스가 공급되는 곳에서 굴착기를 이용하여 굴착공사 중 지면에서 0.3m 깊이에서 물체가 발견되었다. 예측할 수 있는 것으로 맞는 것은?

① 도시가스 입상관
② 도시가스배관을 보호하는 보호판
③ 가스 차단장치
④ 수취기

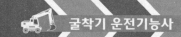
01 디젤기관에 공급하는 연료의 압력을 높이는 것으로 조속기와 분사시기를 조절하는 장치가 설치되어 있는 것은?

① 유압펌프
② 프라이밍펌프
③ 연료 분사펌프
④ 플런저펌프

✎해설 연료 분사펌프(인젝션펌프)는 연료 공급펌프와 여과기로부터 공급받은 연료를 고압으로 압축하여 폭발 순서에 따라 각 실린더의 분사노즐로 압송하는 장치이다. 분사펌프에는 분사량이나 분사시기를 조정하기 위한 조속기와 분사시기 조정기가 부착되어 있다.

02 엔진 과열 시 일어나는 현상이 아닌 것은?

① 각 작동부분이 열팽창으로 고착될 수 있다.
② 윤활유 점도 저하로 유막이 파괴될 수 있다.
③ 유압조절밸브를 조인다.
④ 연료 소비율이 줄고 효율이 향상된다.

✎해설 기관이 과열되면 윤활유의 점도가 저하되어 유막이 파괴되고, 금속이 빨리 부식되거나 산화되어 변형되기 쉬우며, 열팽창으로 기관의 각 부분이 고착되어 연료 소비율이 증가하고 효율이 떨어지게 된다.

★
03 디젤기관에서 연료장치의 구성요소가 아닌 것은?

① 분사노즐
② 연료필터
③ 분사펌프
④ 예열플러그

✎해설 디젤기관에서 예열플러그는 연소실 내의 압축공기를 직접 가열하여 시동을 쉽게 하는 장치이다.

★
04 기관의 예방 정비 시에 운전자가 해야 할 정비와 관계가 먼 것은?

① 딜리버리밸브 교환
② 냉각수 보충
③ 연료 여과기의 엘리먼트 점검
④ 연료 파이프의 풀림 상태 조임

✎해설 일반적으로 운전자가 할 수 있는 예방 정비에는 엔진오일, 브레이크오일 등을 비롯한 각종 오일량을 점검하는 것, 라디에이터 냉각수량 점검 등이 있으며 연료 여과기의 상태, 쉽게 점검할 수 있는 파이프 체결 상태 등도 포함할 수 있다. 딜리버리밸브 교환은 예방 점검에 해당하는 일이 아니며 전문적 정비에 속한다.

★
05 실린더헤드 개스킷이 손상되었을 때 일어나는 현상으로 가장 적절한 것은?

① 엔진오일의 압력이 높아진다.
② 피스톤링의 작동이 느려진다.
③ 압축압력과 폭발압력이 낮아진다.
④ 피스톤이 가벼워진다.

✎해설 실린더헤드 개스킷은 실린더블록과 실린더헤드 사이에 설치되어 혼합기의 밀봉과 냉각수 및 오일의 누출을 방지한다. 개스킷이 손상되면 압축·폭발압력이 저하되어 기관의 출력이 저하되고 오일·냉각수 등이 누출된다.

06 오일양은 정상이나 오일 압력계의 압력이 규정치보다 높을 경우 조치사항으로 맞는 것은?

① 오일을 보충한다.
② 오일을 배출한다.
③ 유압조절밸브를 조인다.
④ 유압조절밸브를 풀어 준다.

✎해설 유압조절밸브 : 윤활 회로 안을 순환하는 유압이 과도하게 상승하는 것을 방지하여 유압을 안정되게 유지시키는 작용을 한다. 스크루를 조이면 유압이 상승하고, 풀면 유압이 내려간다.

★★
07 기관에 온도를 일정하게 유지하기 위해 설치된 물 통로에 해당되는 것은?

① 오일팬
② 밸브
③ 워터자켓
④ 실린더헤드

✎해설 워터자켓은 실린더헤드 및 블록에 일체형 구조로 이루어진 장치로, 냉각수가 순환하는 물 통로를 말하며 연소실에서 발생하는 열을 냉각수로 전달하는 역할을 한다.

★★
08 터보차저에 사용하는 오일로 맞는 것은?

① 유압오일
② 특수오일
③ 기어오일
④ 기관오일

✎해설 터보차저(과급기)의 윤활은 엔진윤활장치에서 보내준 기관(엔진)오일로 급유된다.

★★★
09 압력식 라디에이터 캡에 대한 설명으로 옳은 것은?

① 냉각장치 내부압력이 규정보다 낮을 때 공기밸브는 열린다.
② 냉각장치 내부압력이 규정보다 높을 때 진공밸브는 열린다.
③ 냉각장치 내부압력이 부압이 되면 진공밸브는 열린다.
④ 냉각장치 내부압력이 부압이 되면 공기밸브는 열린다.

✎해설 라디에이터의 압력식 캡은 냉각수에 양압을 가하게 되어 끓는점을 높이는 작용을 한다. 만일 냉각장치 내부압력이 부압이 되면 진공밸브가 열려 압력이 떨어지는 것을 막아준다.

10 디젤기관에서 인젝터 간 연료 분사량이 일정하지 않을 때 나타나는 현상으로 맞는 것은?

① 연료 분사량에 관계없이 기관은 순조로운 회전을 한다.
② 소비에는 관계가 있으나 기관회전에 영향은 미치지 않는다.
③ 연소 폭발음의 차가 있으며 기관은 부조를 하게 된다.
④ 출력은 향상되나 기관은 부조하게 된다.

✎해설 디젤기관에서 실린더별 인젝터의 연료 분사량이 각각 다르게 되면 폭발하는 강도가 실린더별로 차이가 나기 때문에 폭발음에 차이가 나며 부조 현상이 일어난다.

11 피스톤의 구비조건으로 틀린 것은?

① 고온고압에 견딜 것
② 열전도가 잘될 것
③ 열팽창률이 적을 것
④ 피스톤 중량이 클 것

해설 피스톤의 구비조건
- 가벼울 것
- 기계적 강도가 클 것
- 마찰로 인한 기계적 손실이 적을 것
- 가스, 오일 누출을 방지할 것
- 폭발압력을 유효하게 이용할 것

12 기관에서 공기청정기의 설치목적으로 맞는 것은?

① 연료의 여과와 가압작용
② 공기의 가압작용
③ 공기의 여과와 소음방지
④ 연료의 여과와 소음방지

해설 공기청정기(air cleaner)의 기능
- 흡입공기 중 먼지 등의 여과
- 흡기소음 감소
- 역화발생 시 불길 저지

★★★ 13 디젤기관에서 시동이 잘 안 되는 원인으로 가장 적합한 것은?

① 냉각수의 온도가 높은 것을 사용할 때
② 보조탱크의 냉각수량이 부족할 때
③ 낮은 점도의 기관오일을 사용할 때
④ 연료 계통에 공기가 들어 있을 때

해설 디젤엔진은 실린더 안에 공기를 흡입·압축한 후 연료를 분사하여 착화 연소시 킴으로써 시동이 되므로 연료 계통에 공기가 차 있으면 시동이 안 된다.

14 건설기계장비의 시동전동기 취급 시 주의사항으로 틀린 것은?

① 시동전동기의 연속 사용 시간은 3분 정도로 한다.
② 기관이 시동된 상태에서 시동스위치를 켜서는 안 된다.
③ 시동전동기의 회전속도가 규정 이하이면 오랜 시간 연속 회전 시켜도 시동이 되지 않으므로 회전속도에 유의해야 한다.
④ 전선 굵기는 규정 이하의 것을 사용하면 안 된다.

해설 시동전동기의 조작은 5초~15초 이내로 작동하며 이때 시동이 걸리지 않았을 때는 30초~2분을 쉬었다가 다시 시작한다.

15 다음 중 AC와 DC 발전기의 조정기에서 공통으로 가지고 있는 것은?

① 전압조정기
② 전류조정기
③ 컷아웃 릴레이
④ 전력조정기

해설 직류 발전기의 조정기에는 컷아웃 릴레이, 전압조정기, 전류조정기가 포함되어 있으며 교류 발전기에는 전압조정기만 포함되어 있다. 그러므로 공통으로 구성 된 것은 전압조정기이다.

★ 16 기관을 회전시키고 있을 때 축전지의 전해액이 넘쳐흐른다. 그 원인에 해당하는 것은?

① 전해액량이 규정보다 5mm 낮게 들어 있다.
② 기관의 회전이 너무 빠르다.
③ 팬벨트의 장력이 너무 팽팽하다.
④ 축전지가 과충전되고 있다.

해설 건설기계의 발전 및 충전장치에는 발전 조정기가 포함되어 있어 발전 전압 및 전류를 조정해준다. 이 조정이 불량할 경우, 과충전된 축전지에 계속 높은 충전 율로 전류가 공급되면 축전지 전해액이 넘치게 된다.

★ 17 같은 용량, 같은 전압의 축전지를 병렬로 연결하였을 때 맞는 것은?

① 용량과 전압은 일정하다.
② 용량과 전압이 2배로 된다.
③ 용량은 한 개일 때와 같으나 전압은 2배로 된다.
④ 용량은 2배이고 전압은 한 개일 때와 같다.

해설 병렬연결의 경우 같은 전압, 같은 용량의 축전지 2개 이상을 (+)단자 기둥은 다른 축전지의 (+)단자 기둥에, (−)단자 기둥은 (−)단자 기둥에 접속하는 방식이 며, 용량은 연결한 개수만큼 증가하지만 전압은 1개일 때와 같다.

★ 18 기관의 플라이휠과 항상 같이 회전하는 부품은?

① 압력판
② 릴리스 베어링
③ 클러치축
④ 디스크

해설 압력판은 클러치 커버에 설치되어 있으며, 클러치 페달을 놓으면 클러치 스프링 의 장력에 의해 클러치판을 플라이휠에 밀어붙이는 역할을 한다. 압력판은 항상 기관의 플라이휠과 함께 회전하게 된다.

★ 19 동력조향장치 중 조향 전환을 위한 유체에너지를 기계적 에너지로 바꾸어 앞바퀴의 조향력을 발생시키는 부분은?

① 동력부
② 작동부
③ 제어부
④ 핸들

해설 동력부는 동력원이 되는 유압을 발생시키며, 제어부는 작동장치의 오일 회로를 개폐하는 역할을 한다.

★ 20 굴착기 운전 시 작업안전 사항으로 적합하지 않은 것은?

① 스윙하면서 버킷으로 암석을 부딪쳐 파쇄하는 작업을 하지 않는다.
② 안전한 작업반경을 초과해서 하중을 이동시킨다.
③ 굴착하면서 주행하지 않는다.
④ 작업을 중지할 때는 파낸 모서리로부터 장비를 이동시킨다.

해설 굴착기의 하중을 이동시킬 때는 안전한 작업반경을 초과하지 않아야 한다.

★ 21 무한궤도식 주행 장치에서 스프로킷의 이상 마모를 방지하기 위해서 조정하여야 하는 것은?

① 슈의 간격
② 트랙의 장력
③ 롤러의 간격
④ 아이들러의 위치

해설 트랙의 장력이 지나치게 크면 트랙 핀, 부싱 내·외부, 스프로킷 등이 마모된다.

22 무한궤도식 굴착기의 하부 추진체 동력전달 순서로 맞는 것은?

① 기관 → 컨트롤밸브 → 센터조인트 → 유압펌프 → 주행모터 → 트랙
② 기관 → 컨트롤밸브 → 센터조인트 → 주행모터 → 유압펌프 → 트랙
③ 기관 → 센터조인트 → 유압펌프 → 컨트롤밸브 → 주행모터 → 트랙
④ 기관 → 유압펌프 → 컨트롤밸브 → 센터조인트 → 주행모터 → 트랙

23 타이어형 굴착기의 액슬 허브에 오일을 교환하고자 한다. 옳은 것은?

① 오일을 배출시킬 때는 플러그를 6시 방향에, 주입할 때는 플러그 방향을 9시에 위치시킨다.
② 오일을 배출시킬 때는 플러그를 3시 방향에, 주입할 때는 플러그 방향을 9시에 위치시킨다.
③ 오일을 배출시킬 때는 플러그를 2시 방향에, 주입할 때는 플러그 방향을 12시에 위치시킨다.
④ 오일을 배출시킬 때는 플러그를 1시 방향에, 주입할 때는 플러그 방향을 9시에 위치시킨다.

24 도시가스가 공급되는 지역에서 굴착기를 이용하여 굴착공사 중 지면에서 0.3m 깊이에서 물체가 발견되었다. 이것은 무엇인가?

① 도시가스배관
② 수취기
③ 가스차단장치
④ 도시가스배관을 보호하는 보호판

25 건설기계에서 사용하는 작동유의 정상 작동 온도 범위로 가장 적합한 것은?

① 10℃~30℃
② 40℃~60℃
③ 90℃~110℃
④ 120℃~150℃

🖎해설 정상적인 유압유의 온도 범위는 45~80℃이다. 유압유의 온도가 정상 범위의 상위 값을 벗어나 열화가 될 경우에는 유압장치에 어떤 이상이 있다는 것을 의미하며 그 원인을 찾아 조치해야 한다.

26 유압유의 점도에 대한 설명으로 틀린 것은?

① 온도가 상승하면 점도는 저하된다.
② 점성의 점도를 나타내는 척도이다.
③ 온도가 내려가면 점도는 높아진다.
④ 점성계수를 밀도로 나눈 값이다.

🖎해설 점도란 점도계에 의해 얻어지는 오일의 묽고 진한 상태를 나타내는 수치이다. 오일이 온도의 변화에 따라 점도가 변하는 정도를 수치로 표시한 것이 점도지수로, 오일의 온도 의존성을 나타내며 값이 클수록 온도에 의한 변화가 적은 것을 나타낸다. 온도가 상승하면 점도는 저하되고 하강하면 높아진다.

27 구동되는 기어펌프의 회전수가 변하였을 때 가장 적합한 것은?

① 오일의 유량이 변한다.
② 오일의 압력이 변한다.
③ 오일 흐름 방향이 바뀐다.
④ 회전 경사판의 각도가 바뀐다.

🖎해설 펌프의 회전속도에 따라 배출되는 유량이 변화된다.

28 유량제어밸브가 아닌 것은?

① 속도제어밸브
② 체크밸브
③ 교축밸브
④ 급속배기밸브

🖎해설 체크밸브 : 방향제어밸브로서 한쪽 방향으로의 흐름은 자유로우나 역 방향의 흐름을 허용하지 않는 밸브이다.

29 유압장치에서 고압 소용량 · 저압 대용량 펌프를 조합 운전할 때 작동압이 규정 압력 이상으로 상승 시 동력 절감을 하기 위하여 사용하는 밸브는?

① 감압밸브
② 릴리프밸브
③ 시퀀스밸브
④ 무부하밸브

🖎해설 언로드밸브(무부하밸브) : 유압회로의 압력이 설정 압력에 도달했을 때 유압펌프로부터 전체 유량을 작동유 탱크로 복귀시키는 밸브이다. 또한 유압장치에서 높은 압력 작은 용량, 낮은 압력 큰 용량의 유압펌프를 조합하여 운전할 때 작동 유압이 규정 값 이상으로 상승할 경우 동력을 절감하기 위한 밸브이다.

30 유압모터의 특징으로 맞는 것은?

① 가변체인구동으로 유량 조정을 한다.
② 오일의 누출이 많다.
③ 밸브오버랩으로 회전력을 얻는다.
④ 무단 변속이 용이하다.

🖎해설 유압모터의 장점
• 무단 변속이 용이하다.
• 작동이 신속하고 정확하다.
• 변속이나 역전 제어가 용이하다.
• 신호 시에 응답이 빠르다.
• 속도나 방향의 제어가 용이하다.
• 관성이 작고 소음이 작다.
• 소형, 경량으로서 큰 출력을 낸다.

31 공유압 기호 중 그림이 나타내는 것은?

① 유압 동력원
② 공기압 동력원
③ 전동기
④ 원동기

🖎해설 삼각형 기호 내부가 채워져 있으므로 유압 동력원을 표현하는 공유압 기호이다. 삼각형 내부가 비어 있는 경우 공기압 동력원을 표현하는 것이다.

★★★
32 유압탱크의 구비조건과 가장 거리가 먼 것은?

① 적당한 크기의 주유구 및 스트레이너를 설치한다.
② 드레인(배출밸브) 및 유면계를 설치한다.
③ 오일에 이물질이 혼입되지 않도록 밀폐되어야 한다.
④ 오일냉각을 위한 쿨러를 설치한다.

✎해설 유압탱크는 적정 유량을 저장하고 적정 유온을 유지하며 작동유의 기포 발생 방지 및 제거의 역할을 한다. 주유구와 스트레이너가 설치되어 있으며 유면계가 설치되어 있어 유량을 점검할 수 있다. 이물질 혼입이 일어나지 않도록 밀폐되어 있어야 한다. 오일냉각기는 독립적으로 설치한다.

★★
33 유압장치의 단점이 아닌 것은?

① 관로를 연결하는 곳에서 유체가 누출될 수 있다.
② 고압 사용으로 인한 위험성 및 이물질에 민감하다.
③ 작동유에 대한 화재의 위험이 있다.
④ 전기, 전자의 조합으로 자동제어가 곤란하다.

✎해설 유압회로에는 각종 유압제어밸브, 유량제어, 방향제어 등을 통해 자동제어가 어렵지 않게 이루어질 수 있다.

★★
34 유압기기 장치에 사용하는 유압 호스로 가장 큰 압력에 견딜 수 있는 것은?

① 고무호스
② 나선 와이어 브레이드
③ 와이어레스 고무 브레이드
④ 직물 브레이드

✎해설 고무나 직물로 보강된 호스로는 강력한 유압을 견디기 힘들다. 와이어가 나선으로 감겨 있는 호스라면 강력한 유압을 견뎌낼 수 있다.

★★
35 등록건설기계의 기종별 표시방법 중 맞는 것은?

① 01 : 불도저
② 02 : 모터그레이더
③ 03 : 지게차
④ 04 : 덤프트럭

✎해설 등록건설기계의 기종별 기호표시(건설기계관리법 시행규칙 별표2)

01 : 불도저	02 : 굴착기	03 : 로더
04 : 지게차	05 : 스크레이퍼	06 : 덤프트럭
07 : 기중기	08 : 모터그레이더	09 : 롤러
10 : 노상안정기	11 : 콘크리트뱃칭플랜트	12 : 콘크리트피니셔
13 : 콘크리트살포기	14 : 콘크리트믹서트럭	15 : 콘크리트펌프
16 : 아스팔트믹싱플랜트	17 : 아스팔트피니셔	18 : 아스팔트살포기
19 : 골재살포기	20 : 쇄석기	21 : 공기압축기
22 : 천공기	23 : 항타 및 항발기	24 : 자갈채취기
25 : 준설선	26 : 특수건설기계	27 : 타워크레인

★
36 건설기계등록신청은 관련법상 전쟁 등 비상사태하에서 건설기계를 취득한 날로부터 얼마의 기간 이내에 하여야 하는가?

① 5일
② 15일
③ 1월
④ 2월

✎해설 건설기계등록신청은 건설기계를 취득한 날(판매를 목적으로 수입된 건설기계의 경우에는 판매한 날)부터 2월 이내에 하여야 한다. 다만 전시·사변 기타 이에 준하는 국가비상사태에 있어서는 5일 이내에 신청하여야 한다(건설기계관리법 시행령 제3조).

★★
37 시·도지사가 직권으로 등록 말소할 수 있는 사유가 아닌 것은?

① 건설기계가 멸실된 경우
② 사위(詐僞) 기타 부정한 방법으로 등록을 한 경우
③ 방치된 건설기계를 시·도지사가 강제로 폐기한 경우
④ 건설기계를 산 사람이 소유권 이전등록을 하지 아니한 경우

✎해설 **등록의 말소**(건설기계관리법 제6조)
시·도지사는 등록된 건설기계가 다음에 해당하는 경우에는 그 소유자의 신청이나 시·도지사의 직권으로 등록을 말소할 수 있다.
1. 거짓이나 그 밖의 부정한 방법으로 등록을 한 경우
2. 건설기계가 천재지변 또는 이에 준하는 사고 등으로 사용할 수 없게 되거나 멸실된 경우
3. 건설기계의 차대가 등록 시의 차대와 다른 경우
4. 건설기계가 건설기계 안전기준에 적합하지 아니하게 된 경우
5. 정기검사 명령, 수시검사 명령 또는 정비 명령에 따르지 아니한 경우
6. 건설기계를 수출하는 경우
7. 건설기계를 도난당한 경우
8. 건설기계를 폐기한 경우
9. 건설기계해체재활용업을 등록한 자에게 폐기를 요청한 경우
10. 구조적 제작결함 등으로 건설기계를 제작자·판매자에게 반품한 경우
11. 건설기계를 교육·연구목적으로 사용하는 경우
12. 대통령령으로 정하는 내구연한을 초과한 건설기계(정밀진단을 받아 연장된 경우는 그 연장기간을 초과한 건설기계)
13. 건설기계를 횡령 또는 편취당한 경우

★★★
38 검사연기신청을 하였으나 불허통지를 받은 자는 언제까지 검사를 신청하여야 하는가?

① 불허통지를 받은 날부터 5일 이내
② 불허통지를 받은 날부터 10일 이내
③ 검사신청기간 만료일부터 5일 이내
④ 검사신청기간 만료일부터 10일 이내

✎해설 검사·명령이행 기간 연장 불허통지를 받은 자는 정기검사등의 신청기간 만료일부터 10일 이내에 검사신청을 해야 한다(건설기계관리법 시행규칙 제31조의2).

★★
39 무면허 건설기계조종사에 대한 벌금은?

① 300만 원 이하의 벌금
② 500만 원 이하의 벌금
③ 1천만 원 이하의 벌금
④ 2천만 원 이하의 벌금

✎해설 건설기계조종사 면허를 받지 아니하거나 취소되거나 효력정지 처분을 받은 후에도 건설기계를 계속하여 조종한 자에게는 1년 이하의 징역 또는 1천만 원 이하의 벌금에 처한다(건설기계관리법 제41조).

★
40 건설기계 조종 중 재산피해를 입혔을 경우 피해금액 50만 원마다 면허효력 정지기간은?

① 1일
② 2일
③ 3일
④ 5일

✎해설 건설기계 조종 중 재산피해를 입혔을 경우 피해금액 50만 원마다 면허효력정지 1일(90일을 넘지 못함)이다(건설기계관리법 시행규칙 별표22).

정답 32. ④ 33. ④ 34. ② 35. ① 36. ① 37. ④ 38. ④ 39. ③ 40. ①

41 도로교통 관련법상 차마의 통행을 구분하기 위한 중앙선에 대한 설명으로 옳은 것은?

① 백색 및 회색의 실선 및 점선으로 되어 있다.
② 백색의 실선 및 점선으로 되어 있다.
③ 황색의 실선 또는 황색 점선으로 되어 있다.
④ 황색 및 백색의 실선 및 점선으로 되어 있다.

✎해설 중앙선이란 차마의 통행 방향을 명확하게 구분하기 위하여 도로에 황색 실선이나 황색 점선 등의 안전표지로 표시한 선 또는 중앙분리대나 울타리 등으로 설치한 시설물을 말한다(도로교통법 제2조제5호).

42 도로교통법상 올바른 정차 방법은?

① 정차는 도로의 모퉁이에서도 할 수 있다.
② 안전지대가 설치된 도로에서는 안전지대에 정차할 수 있다.
③ 도로의 우측 가장자리에 타 교통에 방해가 되지 않도록 정차할 수 있다.
④ 정차는 교차로의 가장자리에서 할 수 있다.

✎해설 모든 차의 운전자는 도로에서 정차할 때에는 차도의 오른쪽 가장자리에 정차하여야 한다. 다만 차도와 보도의 구별이 없는 도로의 경우에는 도로의 오른쪽 가장자리로부터 중앙으로 50cm 이상의 거리를 두어야 한다(도로교통법 시행령 제11조).

43 풀리에 벨트를 걸거나 벗길 때 안전하게 하기 위한 작동상태는?

① 중속인 상태   ② 정지한 상태
③ 역회전 상태   ④ 고속인 상태

✎해설 벨트를 풀리에 걸 때는 완전히 회전이 정지된 상태에서 하는 것이 철칙이다. 회전운동이 있는 동안은 그 속도에 상관없이 안전사고가 발생할 수 있다.

44 술에 취한 상태의 기준은 혈중알코올농도가 최소 몇 퍼센트 이상인 경우인가?

① 0.25   ② 0.03
③ 1.25   ④ 1.50

✎해설 운전이 금지되는 술에 취한 상태의 기준은 운전자의 혈중알코올농도가 0.03% 이상인 경우로 한다(도로교통법 제44조).

45 장비점검 및 정비작업에 대한 안전수칙과 가장 거리가 먼 것은?

① 알맞은 공구를 사용해야 한다.
② 기관을 시동할 때 소화기를 비치하여야 한다.
③ 차체 용접 시 배터리가 접지된 상태에서 한다.
④ 평탄한 위치에서 한다.

✎해설 차체 전기 용접 시 전기적인 충격이 배터리 접지를 통해 전기 회로로 흘러 들어갈 수 있으므로 배터리 단자를 모두 빼고 해야 한다.

46 안전표지의 종류 중 경고표지가 아닌 것은?

① 인화성 물질   ② 방사성 물질
③ 방독마스크 착용   ④ 산화성 물질

✎해설 안전표지에는 금지표지, 경고표지, 안내표지 등이 있으며 방독마스크 착용은 지시표지이다.

47 응급구호표지의 바탕색으로 맞는 것은?

① 흰색   ② 노랑
③ 주황   ④ 녹색

✎해설 응급구호표지의 바탕은 녹색, 관련 부호 및 그림은 흰색을 사용한다.

48 작업에 필요한 수공구의 보관으로 알맞지 않은 것은?

① 공구함을 준비하여 종류와 크기별로 보관한다.
② 공구는 소정의 장소에 보관한다.
③ 날이 있거나 뾰족한 물건은 위험하므로 뚜껑을 씌워둔다.
④ 사용한 수공구는 녹슬지 않도록 손잡이 부분에 오일을 발라서 보관한다.

✎해설 수공구에 오일을 발라 놓으면 작업 시 손에서 미끄러져 공구를 놓치기 쉽다. 해머 작업 시 장갑이나 기름 묻은 손으로 자루를 잡지 않도록 하는 것도 같은 이유이다.

49 시·도지사의 정비명령을 이행하지 아니한 자에 대한 벌칙은?

① 30만 원 이하의 벌금
② 100만 원 이하의 벌금 또는 1년 이하의 징역
③ 50만 원 이하의 벌금
④ 1,000만 원 이하의 벌금

✎해설 정비명령을 이행하지 아니한 자는 1년 이하의 징역 또는 1천만 원 이하의 벌금에 처한다(건설기계관리법 제41조).

50 스패너 사용 시 주의할 사항 중 틀린 것은?

① 스패너 손잡이에 파이프를 이어서 사용하는 것은 삼갈 것
② 미끄러지지 않도록 조심성 있게 죌 것
③ 스패너는 당기지 말고 밀어서 사용할 것
④ 치수를 맞추기 위하여 스패너와 너트 사이에 다른 물건을 끼워서 사용하지 말 것

✎해설 **스패너 및 렌치 안전수칙**
• 사용 목적 외에 다른 용도로 절대 사용하지 않는다.
• 힘을 주기적으로 가하여 회전시키고 옆으로 당겨서 사용한다.
• 파이프를 끼우거나 망치로 때려서 사용하지 않는다.
• 스패너는 볼트 및 너트 두부에 잘 맞는 것을 사용한다.

51 ★★ 산업공장에서 재해의 발생을 적게 하기 위한 방법 중 틀린 것은?

① 폐기물은 정해진 위치에 모아둔다.
② 공구는 소정의 장소에 보관한다.
③ 소화기 근처에 물건을 적재한다.
④ 통로나 창문 등에 물건을 세워 놓아서는 안 된다.

✎해설 소화기는 유사시에 즉시 사용해야 하는 물건이다. 그러므로 주변에 물건을 적재해 놓지 않아야 필요시 방해를 받지 않고 사용할 수 있다.

52 드릴 작업 시 유의사항으로 잘못된 것은?

① 작업 중 칩제거를 금지한다.
② 작업 중 면장갑 착용을 금한다.
③ 작업 중 보안경 착용을 금한다.
④ 균열이 있는 드릴은 사용을 금한다.

✎해설 장갑을 착용한 채로 드릴링 머신을 사용하게 되면 장갑이 드릴링 날에 끌려 들어가 손까지 다치는 경우가 발생할 수 있다. 그러므로 드릴링 머신을 사용할 때는 장갑을 끼지 않는 것이 원칙이다. 그러나 드릴링 시 쇳조각이 눈에 튀어 다칠 수 있으므로 보안경은 꼭 착용해야 한다.

53 ★ 안전관리상 옳지 못한 것은?

① 기름 묻은 걸레는 정해진 용기에 보관한다.
② 흡연장소로 정해진 장소에서 흡연한다.
③ 쓰고 남은 기름은 하수구에 버린다.
④ 연소하기 쉬운 물질은 특히 주의를 요한다.

✎해설 기름이 물에 들어가면 자연분해가 되지 않기 때문에 쓰고 남은 기름을 하수구에 버리면 안 된다.

54 화재 및 폭발의 우려가 있는 가스발생장치 작업장에서 지켜야 할 사항으로 맞지 않는 것은?

① 불연성 재료 사용금지
② 화기 사용금지
③ 인화성 물질 사용금지
④ 점화원이 될 수 있는 기계 사용금지

✎해설 작업장에 인화성 가스가 축적될 경우 폭발 및 이에 의한 화재사고가 발생할 수 있다. 그러므로 화재의 확산을 막아주는 불연성 재료는 사용이 장려되어야 한다.

55 ★★ 건설기계로 작업 중 가스배관을 손상시켜 가스가 누출되고 있을 경우 긴급 조치사항으로 가장 거리가 먼 것은?

① 가스배관을 손상한 것으로 판단되면 즉시 기계작동을 멈춘다.
② 가스가 다량 누출되고 있으면 우선적으로 주위 사람들을 대피시킨다.
③ 즉시 해당 도시가스회사나 한국가스안전공사에 신고한다.
④ 가스가 누출되면 가스배관을 손상시킨 장비를 빼내고 안전한 장소로 이동한다.

✎해설 작업자의 안전도 중요하지만 큰 사고에 의해 인명피해가 나지 않도록 조치하는 것이 필요하다. 그러므로 안전한 장소로 이동하기 전에 주위 사람들을 먼저 대피시키는 것이 옳다.

56 ★★★ 연소의 3요소에 해당되지 않는 것은?

① 물   ② 공기
③ 점화원   ④ 가연물

✎해설 연소가 이루어지려면 태워야 할 물질, 즉 가연물이 있어야 하고 가연물에 불을 붙일 점화원이 있어야 하며, 연소 시 산소를 공급할 공기가 있어야 한다.

57 다음 〈보기〉에서 유류화재에 사용할 수 있는 소화기를 모두 고르면?

보기
㉠ 분말소화기   ㉡ 이산화탄소 소화기
㉢ 할론소화기   ㉣ 포말소화기

① ㉠, ㉡   ② ㉠, ㉣
③ ㉠, ㉡, ㉢   ④ ㉠, ㉡, ㉢, ㉣

✎해설 제시된 모든 소화기는 유류화재에 사용될 수 있다. 가장 적당한 것은 포말소화기이며 유류화재 시 물을 뿌리는 것은 오히려 불을 확산시킬 수 있어 위험하다.

58 전기기기에 의한 감전사고를 막기 위하여 필요한 설비로 다음 중 가장 중요한 것은?

① 고압계 설비   ② 접지 설비
③ 방폭등 설비   ④ 대지 전위 상승 장치

✎해설 접지 설비는 감전 사고를 예방하는 데 있어서 중요한 역할을 한다. 즉, 고전류가 통하게 될 때 이를 즉시 땅 속으로 흘려보내 사람 몸을 통하지 않게 하는 역할을 해준다.

59 ★ 도시가스배관의 안전조치 및 손상방지를 위해 다음과 같이 안전조치를 하여야 하는데 굴착공사자는 굴착공사 예정지역의 위치에 어떤 조치를 하여야 하는가?

> 도시가스사업자는 굴착공사자에게 연락하여 굴착공사 현장 위치와 매설배관 위치를 굴착공사자와 공동으로 표시할 것인지 각각 단독으로 표시할 것인지를 결정하고, 굴착공사 담당자의 인적사항 및 연락처, 굴착공사 개시예정일시가 포함된 결정사항을 정보지원센터에 통지할 것

① 황색 페인트로 표시   ② 적색 페인트로 표시
③ 흰색 페인트로 표시   ④ 청색 페인트로 표시

✎해설 굴착공사자는 굴착공사 예정지역의 위치를 흰색 페인트로 표시하여야 한다(도시가스사업법 시행규칙 별표16).

60 ★ 일반도시가스사업자의 지하배관 설치 시 도로폭 8m 이상인 도로에서는 관련법상 어느 정도의 깊이에 배관이 설치되어 있는가?

① 1.5m 이상   ② 1.2m 이상
③ 1.0m 이상   ④ 0.6m 이상

✎해설 폭 8m 이상인 도로에는 1.2m 이상(저압 배관에서 횡으로 분기하여 수요자에게 직접 연결 시 1m 이상) 심도를 유지하여야 한다(도시가스사업법 시행규칙 별표6).

굴착기 운전기능사
기출문제집

2024년 1월 15일 개정11판 발행
2009년 1월 20일 초판 발행
편 저 자 JH건설기계자격시험연구회
발 행 인 전 순 석
발 행 처 정율사
주   소 서울특별시 중구 마른내로 72, 421호 A
등   록 2-3884
전   화 (02) 737-1212
팩   스 (02) 737-4326